职业教育·城市轨道交通类专业教材

工程力学
（第2版）

于苏民　王道远　主　编
蒋英礼　卢伟荣　李现者　副主编
　　　　　叶　涛　主　审

人民交通出版社股份有限公司
北　京

内 容 提 要

本教材按照教育部发布的高等职业教育相关专业教学标准要求,适应课程内容和相关学时数需要。教材共18个模块,分别为:静力学基础、平面汇交力系、力矩和平面力偶、平面任意力系、轴向拉伸和压缩、剪切与挤压、扭转、截面几何性质、弯曲、应力状态与强度理论、组合变形的强度计算、压杆稳定、平面体系的几何组成分析、静定结构的内力计算、静定结构的位移计算、力法、位移法和力矩分配法、影响线。

本教材注重工程力学的系统性和严密性,注重为专业课程学习打基础,力求文字简洁、术语规范,按照认知规律讲透要点和难点。本版教材中增配微课,便于学习者课下复习和预习。

* 教材配套PPT课件可加入"职教轨道教学研讨群"获取,任课教师专用QQ群号:129327355。

图书在版编目(CIP)数据

工程力学/于苏民,王道远主编. —2版. —北京:人民交通出版社股份有限公司,2022.9
ISBN 978-7-114-18103-0

Ⅰ.①工… Ⅱ.①于…②王… Ⅲ.①工程力学 Ⅳ.①TB12

中国版本图书馆CIP数据核字(2022)第125923号

职业教育·城市轨道交通类专业教材
Gongcheng Lixüe

书 名:	工程力学(第2版)
著 作 者:	于苏民 王道远
责任编辑:	司昌静
责任校对:	席少楠 卢 弦
责任印制:	张 凯
出版发行:	人民交通出版社股份有限公司
地 址:	(100011)北京市朝阳区安定门外外馆斜街3号
网 址:	http://www.ccpcl.com.cn
销售电话:	(010)59757973
总 经 销:	人民交通出版社股份有限公司发行部
经 销:	各地新华书店
印 刷:	北京印匠彩色印刷有限公司
开 本:	787×1092 1/16
印 张:	18.5
字 数:	462千
版 次:	2013年8月 第1版 2022年9月 第2版
印 次:	2023年1月 第2版 第2次印刷 总第9次印刷
书 号:	ISBN 978-7-114-18103-0
定 价:	52.00元

(有印刷、装订质量问题的图书,由本公司负责调换)

第2版前言

编写背景

本教材第一版是人民交通出版社股份有限公司组织全国十多所职业院校组成的职业教育城市轨道交通工程技术专业骨干教师编写的系列教材之一。按照相关专业的教学标准要求,为了适应课程内容和教学时数需要,根据编者长期从事理论力学、材料力学、结构力学等课程的教学经验编写而成。

编写特点

新版教材在结构安排上,以职业教育教学改革的实践成果为基础,注重工程力学的系统性和严密性,注重结合相关专业对力学知识的基本要求,力求培养学生良好的力学知识基础;在内容的组织表达上,注重文字简洁易懂、术语规范,注重抓住关键点、讲透要点难点,力求按照认知规律归纳总结便于学生理解的内容;在配套教学资源上,增加了大量的微课,便于学生课下巩固复习。

本教材适合作为高等职业院校城市轨道交通工程技术专业以及土木建筑类专业60~90学时的工程力学课程教学用书,可根据实际教学需要选择多学时或少学时授课。

编写分工

本教材由南京交通职业技术学院于苏民、河北交通职业技术学院王道远担任主编,由广东交通职业技术学院蒋英礼、甘肃交通职业技术学院卢伟荣、河北交通职业技术学院李现者担任副主编。蒋英礼负责对插图等内容进行校核,并在本版教材中增配了微课资源。本教材由南京交通职业技术学院叶涛担任主审。特别感谢人民交通出版社股份有限公司的司昌静和刘倩两位编辑对新版教材修订提供的指导和协助。

由于编者水平有限,在内容选择、层次结构等方面难免有疏漏或不足,敬请广大读者批评指正,提出宝贵意见。反馈邮箱:26485854@qq.com。

作　者

2022年5月

目 录
Contents

微课资源索引
课程导学 ·· 001

模块 01　静力学基础 ·· 005
　　单元 1.1　静力学基本概念与公理 ·· 005
　　单元 1.2　约束与约束反力 ·· 009
　　单元 1.3　物体受力分析 ··· 011
　　模块小结 ·· 016
　　知识拓展 ·· 016
　　模块测试 ·· 018

模块 02　平面汇交力系 ·· 020
　　单元 2.1　平面汇交力系合成与平衡的几何法 ··· 020
　　单元 2.2　平面汇交力系合成与平衡的解析法 ··· 024
　　模块小结 ·· 027
　　知识拓展 ·· 027
　　模块测试 ·· 027

模块 03　力矩和平面力偶 ··· 029
　　单元 3.1　力矩 ·· 029
　　单元 3.2　平面力偶系 ·· 031
　　模块小结 ·· 033
　　知识拓展 ·· 033
　　模块测试 ·· 034

模块 04　平面任意力系 ·· 037
　　单元 4.1　平面任意力系的简化 ··· 037
　　单元 4.2　平面任意力系的平衡 ··· 041
　　单元 4.3　物体系统的平衡 ·· 043
　　单元 4.4　考虑摩擦时的平衡问题 ·· 046
　　模块小结 ·· 051

  知识拓展 ……………………………………………………………… 052
  模块测试 ……………………………………………………………… 053

模块 05　轴向拉伸和压缩 …………………………………………………… 056
  单元 5.1　轴向拉(压)杆的内力 ……………………………………… 056
  单元 5.2　轴向拉(压)杆横截面和斜截面上的应力 ………………… 058
  单元 5.3　拉(压)杆的变形与胡克定律 ……………………………… 061
  单元 5.4　材料在拉伸和压缩时的力学性能 ………………………… 063
  单元 5.5　拉(压)杆的强度计算 ……………………………………… 068
  单元 5.6　应力集中的概念 …………………………………………… 072
  模块小结 ……………………………………………………………… 073
  知识拓展 ……………………………………………………………… 074
  模块测试 ……………………………………………………………… 075

模块 06　剪切与挤压 ………………………………………………………… 078
  单元 6.1　剪切与挤压的概念 ………………………………………… 078
  单元 6.2　剪切的实用计算 …………………………………………… 079
  单元 6.3　挤压的实用计算 …………………………………………… 080
  模块小结 ……………………………………………………………… 082
  知识拓展 ……………………………………………………………… 082
  模块测试 ……………………………………………………………… 083

模块 07　扭转 ………………………………………………………………… 085
  单元 7.1　扭转的概念 ………………………………………………… 085
  单元 7.2　圆轴扭转时横截面上的内力 ……………………………… 086
  单元 7.3　圆轴扭转时的应力与强度计算 …………………………… 089
  单元 7.4　圆轴扭转时的变形与刚度计算 …………………………… 094
  模块小结 ……………………………………………………………… 097
  知识拓展 ……………………………………………………………… 098
  模块测试 ……………………………………………………………… 098

模块 08　截面几何性质 ……………………………………………………… 101
  单元 8.1　物体的重心与图形的形心 ………………………………… 101
  单元 8.2　静矩与惯性矩 ……………………………………………… 105
  模块小结 ……………………………………………………………… 108
  知识拓展 ……………………………………………………………… 108
  模块测试 ……………………………………………………………… 109

模块 09　弯曲 … 110

- 单元 9.1　平面弯曲的概念 … 110
- 单元 9.2　梁的内力计算 … 111
- 单元 9.3　梁的内力图 … 116
- 单元 9.4　梁横截面上的正应力及其强度条件 … 120
- 单元 9.5　梁横截面上的切应力及其强度条件 … 126
- 单元 9.6　梁的变形和刚度计算 … 129
- 单元 9.7　提高梁的强度和刚度的措施 … 135
- 模块小结 … 138
- 知识拓展 … 139
- 模块测试 … 140

模块 10　应力状态与强度理论 … 143

- 单元 10.1　平面应力状态分析 … 143
- 单元 10.2　强度理论 … 149
- 模块小结 … 153
- 知识拓展 … 154
- 模块测试 … 155

模块 11　组合变形的强度计算 … 158

- 单元 11.1　组合变形的概念 … 158
- 单元 11.2　斜弯曲 … 159
- 单元 11.3　偏心压缩(拉伸) … 161
- 模块小结 … 166
- 知识拓展 … 167
- 模块测试 … 168

模块 12　压杆稳定 … 170

- 单元 12.1　压杆稳定的概念 … 170
- 单元 12.2　细长压杆的临界力 … 171
- 单元 12.3　欧拉公式的适用范围及经验公式 … 172
- 单元 12.4　压杆的稳定计算 … 175
- 单元 12.5　提高压杆稳定性的措施 … 179
- 模块小结 … 180
- 知识拓展 … 180
- 模块测试 … 181

模块 13　平面体系的几何组成分析 …… 183
单元 13.1　几何组成分析的基本概念 …… 183
单元 13.2　几何不变体系的基本组成规则 …… 185
单元 13.3　几何组成分析示例 …… 186
模块小结 …… 188
知识拓展 …… 188
模块测试 …… 188

模块 14　静定结构的内力计算 …… 191
单元 14.1　多跨静定梁 …… 191
单元 14.2　静定平面刚架 …… 193
单元 14.3　静定平面桁架 …… 196
单元 14.4　三铰拱结构 …… 201
单元 14.5　静定组合结构 …… 205
模块小结 …… 206
知识拓展 …… 207
模块测试 …… 209

模块 15　静定结构的位移计算 …… 212
单元 15.1　结构位移计算的目的 …… 212
单元 15.2　虚功原理 …… 213
单元 15.3　荷载作用下的位移计算 …… 217
单元 15.4　图乘法 …… 219
单元 15.5　温度变化和支座移动时静定结构的位移计算 …… 223
单元 15.6　线弹性结构的互等定理 …… 225
模块小结 …… 226
知识拓展 …… 227
模块测试 …… 229

模块 16　力法 …… 231
单元 16.1　超静定结构的概念 …… 231
单元 16.2　力法基本原理 …… 232
单元 16.3　荷载作用下超静定结构的计算 …… 236
单元 16.4　温度变化时超静定结构的计算 …… 240
单元 16.5　支座移动时超静定结构的计算 …… 241
单元 16.6　超静定结构的特性 …… 244

模块小结 ·· 245
　　　知识拓展 ·· 245
　　　模块测试 ·· 247

模块 17　位移法和力矩分配法 ······································ 250
　　　单元 17.1　位移法的基本概念 ································ 250
　　　单元 17.2　转角位移方程 ···································· 251
　　　单元 17.3　位移法典型方程 ·································· 254
　　　单元 17.4　对称性的利用 ···································· 256
　　　单元 17.5　力矩分配法 ······································ 257
　　　模块小结 ·· 260
　　　知识拓展 ·· 260
　　　模块测试 ·· 261

模块 18　影响线 ·· 263
　　　单元 18.1　影响线的概念 ···································· 263
　　　单元 18.2　用静力法作单跨静定梁的影响线 ···················· 263
　　　单元 18.3　用机动法作多跨静定梁的影响线 ···················· 266
　　　单元 18.4　影响线的应用 ···································· 266
　　　模块小结 ·· 268
　　　知识拓展 ·· 269
　　　模块测试 ·· 269

附录　《热轧型钢》（GB/T 706—2016）（节选） ···················· 271
参考文献 ·· 286

微课资源索引

序号	微课名称	页码	序号	微课名称	页码
1	静力学基本概念	5	15	平面任意力系的平衡方程一般式	41
2	二力平衡公理、加减平衡力系公理	7	16	轴力	57
3	平行四边形公理、作用力与反作用力公理	8	17	扭矩及扭矩图	87
4	约束与约束反力	9	18	扭矩图例题	87
5	平面力系与平面汇交力系	20	19	平行移轴公式	107
6	几何法	20	20	弯矩-剪力-荷载集度的微分关系	118
7	几何法例题	22	21	控制截面画内力图	119
8	投影定理和合力投影定理	24	22	提高梁弯曲强度的措施	135
9	解析法及例题	25	23	拉伸或压缩与弯曲的组合变形概念	161
10	力矩及合力矩定理	29	24	拉伸或压缩与弯曲的组合变形例题	162
11	力偶的概念	31	25	压杆稳定的概念	170
12	力偶的等效	31	26	欧拉公式	171
13	力偶的特点	31	27	临界应力	172
14	力偶的合成和平衡	32			

课程导学

1. 明确工程力学的研究对象和任务。
2. 掌握强度、刚度和稳定性的概念。
3. 了解工程构件的基本变形形式。

一、工程力学的研究对象

任何一座结构物或一种机械,都是由很多构件按照一定的规律组合而成的,而任何一个构件又都是用某种材料制成的。当结构物或机械工作时,构件就受到外力的作用。在外力的作用下,构件的尺寸和形状都会发生变化,并在外力增大到一定数值时发生破坏。构件的过大变形和破坏,都会影响结构物或机械的正常工作。工程力学就是研究结构中构件的变形、破坏与作用在构件上的外力之间的关系,在保证构件安全、可靠、经济的前提下,为构件选择适当的材料、合理的截面形状和尺寸。

二、工程力学的任务

1. 研究构件的强度、刚度和稳定性

为了保证构件在荷载的作用下能正常工作,工程中对设计的构件有以下要求。

1) 要有足够的强度

强度是指构件或材料抵抗破坏的能力。所谓破坏,在工程力学中,是指构件断裂或产生了过大的塑性变形。为了保证构件或材料在规定的使用条件下不致发生破坏,要求构件具有足够的强度。

2) 要有足够的刚度

刚度是指构件抵抗变形的能力。构件虽然具有足够的强度,但是如果变形过大也会影响构件的正常工作。例如,桥梁结构中的板或梁如果变形过大,将会影响车辆的正常行驶,甚至造成桥梁的整体破坏。因此,工程中对构件的变形常根据不同的工作情况给予一定的限制,使构件在荷载作用下的弹性变形不超过一定的范围,也就是要求构件具有足够的刚度。

3) 要有足够的稳定性

稳定性是指构件维持其原有平衡状态的能力。工程中有些构件在荷载作用下可能出现不能保持它原有平衡状态的现象。例如,对于细长压杆,当压力逐渐增大到一定数值时,压杆就会突然从原来的直线形状变成曲线形状,这时压杆便丧失了正常工作的能力。这种构件的破坏不是因为强度不足而出现的破坏,而是因为受压杆稳定性不足而造成的。因此,城市轨道交通、建筑、路桥等工程中的构件除了必须具有足够的强度和刚度外,还应具有足够的稳定性。

构件的强度、刚度及稳定性问题是工程力学所要研究的主要内容。

2. 合理地解决安全与经济之间的矛盾

当构件满足了强度、刚度及稳定性的要求时,统称满足了安全要求。一般来说,只要为构件选用较好的材料和较大的几何尺寸,安全总是可以保证的。但在一定的荷载作用下,过大的结构尺寸或较大自重力的材料,不但会使结构变得庞大、笨重,而且浪费了资金和材料,所以在设计构件时,既要保证构件有足够的承载能力,还要尽可能降低成本、节约材料。因此,为构件选用合适的材料,设计合理的截面形状和尺寸,这是工程力学的又一任务。

3. 研究材料的力学性质

构件都是由一定的材料制成的,而用不同材料制成的构件其抵抗变形和破坏的能力是不同的。这说明强度、刚度和稳定性与构件所用的材料有关。因此,为了合理地使用材料就必须研究材料的力学性质。在工程力学中,材料的力学性质是通过试验来研究的。通过对不同种类的材料进行力学试验,可获得各种材料在外力作用下所表现出的各种不同的性质,使我们对材料的力学性质有一定了解,从而为正确使用材料和对构件进行设计提供重要的理论依据,这是工程力学的又一任务。

三、变形固体及基本假设

在理论力学中,我们曾把固体看作是刚体,即假定固体在外力作用(外在因素的影响)下,其形状和尺寸大小都绝对不变。实践证明,绝对刚性的材料是不存在的,任何固体在外力作用下都会发生形状和尺寸的变化。也就是说,在外力作用下任何固体都将发生变形,称为变形固体。

工程力学主要研究物体在外力作用下的变形和破坏的规律,变形成为工程力学研究的主要内容。因此,在工程力学中将物体视为变形固体。

试验指出,当荷载不超过某一定范围时,大多数材料在去除荷载后即可恢复它的原有形状和尺寸。材料的这种性质称为弹性。在工程力学中,把去除荷载后能够消失的变形称为弹性变形。当荷载超过某一定范围时,材料在去除荷载后,变形只能部分地恢复,而残留下的一部分变形不能消失。材料的这种性质称为塑性。不能恢复而残留下来的变形称为塑性变形。工程力学研究的是弹性小变形固体。为了便于对变形固体进行分析和研究,提出如下有关变形固体的基本假设:

(1)连续性假设。连续性假设认为,组成物体的物质毫无间隙地充满了整个物体的几何容积。

(2)均匀性假设。均匀性假设认为,在物体内,各处的力学性质完全相同。

(3)各向同性假设。各向同性假设认为,材料在各个不同方向都具有相同的力学性质。

四、杆件变形的基本形式

在城市轨道交通工程、建筑、路桥等工程结构中,构件的形状是多种多样的,但按其几何形状大体可分为杆、板、壳和块等。凡是细长的构件，其长度远大于横截面尺寸的统称为杆。如果杆的轴线是直线则称为直杆。如果构件的厚度比宽度和长度小得多，当呈平面形状时则称为板，当呈曲面形状则称为壳。如果构件长、宽、高的尺寸相差不多，则称为块，如图0-1所示。

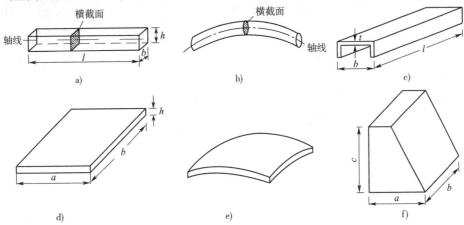

图0-1 构件

a)直杆；b)曲杆；c)薄壁杆；d)板；e)壳；f)块

工程力学中主要研究的对象是直杆。

在城市轨道交通、建筑、路桥等工程结构中，外力常以不同的方式作用在杆件上。因此，杆件的变形也是各种各样的，但是不管其变形怎样复杂，它们通常是以下4种基本变形中的一种或者几种基本变形的组合，见表0-1。

几种基本变形　　　　　　　　　　表0-1

基本变形	变形实例	变形特征
拉伸与压缩		拉杆伸长／压杆缩短
剪切		截面产生相对错动
扭转		截面绕轴线相对转动
弯曲		轴线变为曲线

（1）拉伸与压缩。这种变形是由作用线与杆件的轴线重合的外力所引起的，表现为杆件的长度发生伸长或缩短，如桁架中的杆件主要产生拉伸或压缩变形。

（2）剪切。这种变形是由大小相等、方向相反、作用线垂直于杆件轴线且相距很近的一对外力引起的，表现为受剪杆件的两部分沿外力作用方向发生相对的错动，如铆钉、销钉等。

（3）扭转。这种变形是由一对大小相等、转向相反、作用面垂直于杆轴的力偶引起的，表现为杆件在两力偶作用面之间的任意两个截面间发生绕轴线的相对转动，如汽车的转向轴，就是受扭构件。

（4）弯曲。这种变形是由于垂直于杆件轴线的横向力作用或作用于杆轴平面内的力偶引起的，表现为杆件的轴线由直线变成曲线，如各种梁在受力时大都要发生弯曲变形。

若构件同时承受两种或两种以上的基本变形，称为组合变形。

静力学基础

1. 理解力的概念及力的三要素。
2. 理解静力学基本公理及推论。
3. 熟悉工程中常用的约束类型及其相应的约束反力。
4. 掌握单个物体和物体系统的受力分析。

单元 1.1 静力学基本概念与公理

一、基本概念

1. 力

1）定义

力是物体间的相互作用,这种作用使物体运动状态或形状发生改变。例如,图 1-1 中弹簧能够伸长是由于人用力拉弹簧使其变形,同时人的手也能感觉到弹簧的作用力。因此,一个物体受到力的作用,必定有别的物体对它施加了这种作用。受力物体和施力物体是相对而言的。物体间的相互作用可分为两类:一类是物体间直接接触的相互作用;另一类是场和物体间的相互作用。

物体在受到力的作用后,产生的效应可以分为两种:一种是使物体运动状态改变,称为运动效应或外效应;另一种是使物体的形状发生变化,称为变形效应或内效应。静力学主要研究物体的外效应。

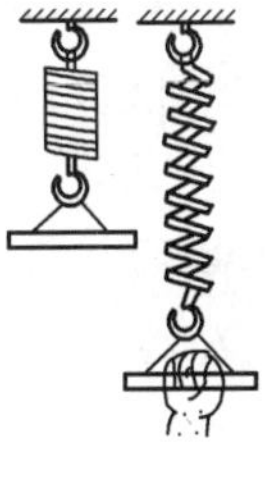

静力学基本概念

2）力的三要素

力的大小、方向和作用点称为**力的三要素**。力的大小表示物体间相互机械作用的强弱程度;力的方向表示物体间的相互作用具有方向性,具体指力的方位和指向;力的作用点表示力在物体上的作用位置。力的三要素中任何一个要素发生改变,力的作用效果将随之发生变化。要准确表达一个力,就必须将力的大小、方向和作用点都表示出来。

图 1-1 弹簧受力

3）力的表示方法

力是既有大小又有方向的矢量,可以用一个带箭头的线段来表示力的三要素,如图 1-2

所示。线段 AB 的长度(按一定比例尺绘出)表示力的大小,线段的方位和箭头的指向表示力的方向;线段的始端或终端表示力的作用点。通过力的作用点并沿着力的方位的直线(一般用虚线表示),称为力的作用线。

通常用黑体字母 **F** 表示力的矢量,而力的大小是标量,用普通字母 F 表示。

4)力的单位

在国际单位制(SI)中,力的单位是牛顿(N)或千牛顿(kN),其换算关系为 1kN = 1000N。

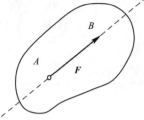

图1-2 力的表示方法

2. 力系

作用于物体上的一群力称为**力系**。如果一个物体在两个力系分别作用下其效应相同,则称这两个力系互为等效力系。如果一个力与一个力系等效,则称此力为该力系的合力,而该力系中的各力称为此力的分力。在不改变作用效果的前提下,用一个简单力系等效替代复杂力系的过程,称为力系的简化。对力系进行简化是静力学的主要任务之一。

如果物体在一个力系的作用下处于平衡,则称该力系为**平衡力系**。使一个力系成为平衡力系的条件,称为**力系的平衡条件**。物体在各力系作用下的平衡条件在城市轨道交通、建筑、路桥等工程中有着广泛的应用。研究刚体的平衡条件是静力学的另一主要任务。

工程中常见的力系,按其作用线所在的位置,分为平面力系和空间力系;按其作用线的相互关系,分为平行力系、汇交力系和一般力系。

3. 荷载

工程上把主动作用于结构或构件的外力称为**荷载**。荷载的分类情况如下。

1)按作用范围的情况分类

(1)集中荷载。当荷载的作用面积相对于物体很小以至于可以忽略不计时,就可以把荷载近似看作是作用在一点上,这类荷载称为集中荷载。集中荷载的单位为 N 或 kN。例如,火车车轮作用在钢轨上的压力、面积较小的柱体传递到面积较大的基础上的压力等,都可看作是集中荷载。

(2)分布荷载。当荷载的作用范围较大时,荷载的作用是连续的,不能近似简化作用在某一点上,称为分布荷载。一般来说,把连续作用在结构或构件长度上的荷载称为线分布荷载(线荷载),如梁的自重,可以简化为沿梁的轴线分布的线荷载;把连续作用在结构或构件较大面积上的荷载称为面分布荷载(面荷载),如屋面雪荷载、风荷载等;把连续作用在整个物体体积上的荷载称为体荷载,如物体的重力等。分布均匀、大小处处相同的分布荷载称为均布荷载;反之,称为非均布荷载。

线荷载以每米长度上的力的大小来表示,单位为 N/m 或 kN/m;面荷载以每平方米面积上的力的大小来表示,单位为 N/m^2 或 kN/m^2;体荷载以每立方米体积上的力的大小来表示,单位为 N/m^3 或 kN/m^3。

2)按作用时间分类

(1)永久荷载。永久荷载也称为恒荷载,是指永久作用在结构或构件上,其大小和作用位置都不发生改变,或变化值较小可以忽略不计的荷载,如结构自重、土压力等。

(2)可变荷载。可变荷载也称为活荷载,是指暂时作用在结构或构件上,荷载的大小和作用位置都可能发生变化,且变化值不可忽略的荷载,如人群荷载、风荷载、列车荷载等。

3)按对结构产生的动力效应分类

(1)静荷载。静荷载是指荷载的大小、方向和位置不随时间变化或变化很慢,静荷载不会使结构产生明显的振动。静荷载的基本特点是:荷载在施加过程中,结构上各点不产生加速度或加速度不明显,在荷载达到最大值以后,结构处于平衡状态。

(2)动荷载。动荷载是指随时间迅速变化的荷载,它能引起结构振动,如打桩机产生的冲击荷载、地震产生的荷载等。动荷载的基本特点是:荷载作用使结构上各点产生明显的加速度,结构的内力和变形都随时间而发生变化。

4)按荷载作用位置有无变化分类

(1)固定荷载。固定荷载是指在结构上的作用位置不变的荷载,如恒荷载及某些活荷载(风、雪等)。

(2)移动荷载。移动荷载是指在结构上的作用位置是移动的荷载,如行驶的列车、汽车、吊车、人群等。

二、公理

静力分析中的几个基本公理是人类长期经验的积累和总结,又经实践反复检验,证明是符合客观实际的普遍规律。它阐述了力的一些基本性质,是静力学的基础。

1. 二力平衡公理

刚体在两个力作用下保持平衡的必要条件和充分条件是:此两个力大小相等,方向相反,作用在一条直线上。这个公理说明了刚体在两个力的作用下处于平衡状态时应满足的条件,如图1-3所示。

对于只受两个力作用而处于平衡的刚体,称为**二力构件**,如图1-4所示。根据二力平衡条件可知:二力构件不论其形状如何,所受两个力的作用线必沿二力作用点的连线。若一根直杆只在两点受力作用而处于平衡,则此二力作用线必与杆的轴线重合,此杆称为二力杆。

二力平衡公理、加减平衡力系公理

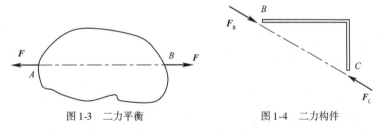

图1-3 二力平衡   图1-4 二力构件

注意:二力平衡公理只适用于刚体,不适用于变形体。例如,绳索的两端受到大小相等、方向相反、沿同一条直线作用的两个压力,是不能平衡的。

2. 加减平衡力系公理

在作用于刚体的力系中,加上或去掉一个平衡力系,并不改变原力系对刚体的作用效果。这是因为一个平衡力系作用在物体上,对物体的运动状态是没有影响的,即新力系与原力系对物体的作用效果相同。

由上述两个公理可以得出一个**推论**:作用在刚体上的力可沿其作用线移动到刚体内任一点,而不改变该力对刚体的作用效果,这个推论称为**力的可传性原理**。

证明：

(1) 设力 F 作用在物体 A 点，如图 1-5a) 所示。

(2) 根据加减平衡力系公理，可在力的作用线上任取一点 B，加上一个平衡力系 F_1 和 F_2，并使 $F_1 = F_2 = F$，如图 1-5b) 所示。

(3) 由于 F 和 F_2 是一个平衡力系，可以去掉，所以只剩下作用在 B 点的力 F_1，如图 1-5c) 所示。

(4) 力 F_1 和原力 F 等效，就相当于把作用在 A 点的力 F 沿其作用线移到 B 点。

由此，力的可传性原理得到了证明。

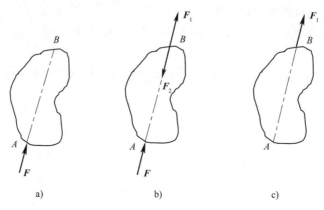

图 1-5　力的可传性原理

力的可传性原理只适用于刚体而不适用于变形体。如果改变变形体受力的作用点，则物体上发生变形的部位也将随之改变，这也就改变了力对物体的作用效果。

3. 平行四边形公理

作用于物体上同一点的两个力，可以合成一个合力，合力的作用点也作用于该点，合力的大小和方向用这两个力为邻边所构成的平行四边形的对角线表示，如图 1-6a) 所示。

平行四边形公理、作用力与反作用力公理

力的平行四边形法则是力系合成与分解的基础。作用于物体上同一点的两个力的合力，等于这两个力的矢量和。这种求合力的方法称为矢量加法。其矢量表达式为

$$R = F_1 + F_2$$

为了方便，也可由 O 点作矢量 F_1，再由 F_1 的末端作矢量 F_2，则矢量 OA 即合力 R，如图 1-6b) 所示。这种求合力的方法称为力的三角形法则。

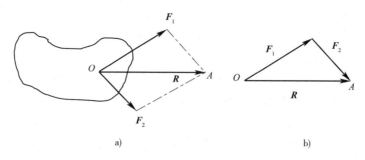

图 1-6　力的三角形法则

应用上述公理可推导出同平面而不平行的**三力平衡汇交定理**。

若一刚体受三个同平面且互不平行的力作用处于平衡状态时,则此三力必汇交于一点。

证明:如图 1-7 所示,刚体在 F_1、F_2、F_3 三个力的作用下处于平衡,根据力的可传性原理,将力 F_1、F_2 移到此两个力作用线的交点 O 并按平行四边形法则合成为一个合力 F_{12},这样,刚体就在 F_{12} 和 F_3 的作用下处于平衡。由二力平衡公理可知,F_{12} 和 F_3 必共线,即力 F_3 必通过 F_1 和 F_2 的交点 O。定理由此得到证明。

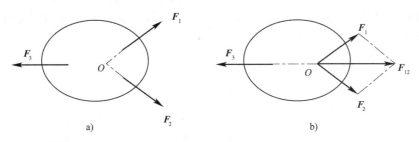

图 1-7 三力平衡汇交

4. 作用与反作用公理

两物体间的作用力与反作用力,总是等值、反向、共线地分别作用在这两个物体上,如图 1-8 中构件 ABD 在 B 受到构件 BC 的力 F'_B,构件 BC 在 B 受到构件 ABD 的力 F_B。此公理是研究两个或两个以上物体系统平衡的基础。

注意:作用力与反作用力虽等值、反向、共线,但并不构成平衡,因为此二力分别作用在两个物体上。这是与二力平衡公理的本质区别。

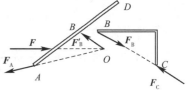

图 1-8 作用与反作用

单元 1.2 约束与约束反力

一、约束与约束反力概念

在力学中通常把考察的物体分为自由体和非自由体两类。如果物体不受任何约束,可以自由运动,称为自由体。例如,在空中飞行的飞机、炮弹和火箭等。在某些方向的运动受到一定限制的物体称为非自由体。例如,用绳索悬挂而不能下落的重物、支撑于墙上或柱子的梁与屋架等均属于非自由体。

约束与约束反力

限制或阻碍非自由体运动的装置称为约束物体(简称约束)。例如,地基是基础的约束,墙或柱子是梁的约束。由于约束限制物体的运动,因此当物体沿着约束所限制的方向有运动或运动趋势时,约束对被约束的物体必然有力的作用,以阻碍被约束物体的运动或运动趋势。这种力称为约束反力(简称反力)。

在受力物体上,那些主动使物体有运动或运动趋势的力称为主动力例如,重力、水压力、土压力等均为主动力。在一般情况下物体总是同时受到主动力和约束反力的作用。通常主动力是已知的,约束反力是未知的,并且约束反力的方向总是和该约束所能阻碍物体的运动方向相反。

二、常见约束类型

1. 柔体约束

由绳索、皮带、链条等柔性物体所形成的约束,称为柔体约束。

柔体约束的特点:只能受拉,不能受压,只能限制物体沿柔体中心线背离柔体的运动,不能限制物体沿其他方向的运动。因此,柔体约束的约束反力通过接触点沿柔体的中心线背离被约束物体,即物体受拉力,常用字母 F_T 表示。如图 1-9 所示,在绳索对物块和皮带传动装置中,皮带对轮的约束均是柔体约束。

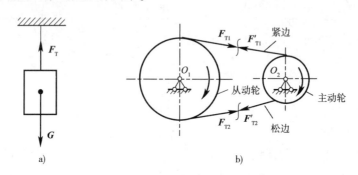

图 1-9 柔体约束

2. 光滑面约束

由光滑面所形成的约束称为光滑面约束。

光滑面约束的特点:只能受压,不能受拉,只能限制物体沿接触面公法线指向支承面的运动,即只限靠近不限背离,只限法向不限切向。因此,光滑面约束的约束反力通过接触点沿接触面的公法线指向被约束物体,即物体受压力,常用字母 F_N 表示,如图 1-10 所示。

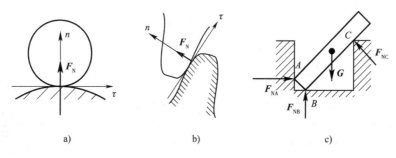

图 1-10 光滑面约束

3. 铰链约束

1) 连接铰链

两构件用圆柱形销钉连接且均不固定,即构成连接铰链,其约束反力用两个正交的分力 F_x 和 F_y 表示,如图 1-11 所示。

2) 活动铰链支座

在桥梁、屋架等工程结构中经常采用这种约束。在铰链支座的底部安装一排滚轮,可使支座沿固定支承面移动,这种支座的约束性质与光滑面约束反力相同,其约束反力必垂直于支承面,且通过铰链中心,如图 1-12 所示。

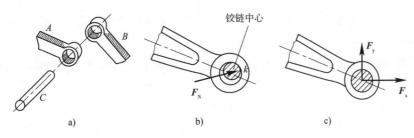

图 1-11　连接铰链

3）固定铰链支座

如果连接铰链中有一个构件与地基或机架相连，便构成固定铰链支座，其约束反力仍用两个正交的分力 F_x 和 F_y 表示，如图 1-13 所示。

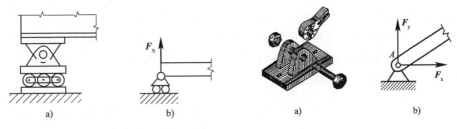

图 1-12　活动铰链支座　　　　　　图 1-13　固定铰链支座

4. 固定端约束

非自由体与其约束物体固结在一起的约束称为固定端约束。常见的固定端约束有墙面对悬臂梁、地面对大水坝等。固定端约束使非自由体不能产生任何方向的移动与转动。非自由体受到的约束力为空间力系，向某点简化可由一个主矢与一个主矩等效。可用主矢的三个分量和主矩的三个分量替代待定的该约束力主矢与主矩。例如，房屋建筑中的阳台挑梁就是固定端约束，如图 1-14a) 所示。它的一端嵌固在墙壁内，或者与墙壁、屋内梁一次性浇筑。墙壁对挑梁的约束，既限制它沿任何方向移动，又限制它的转动。它的平面构造简图如图 1-14b) 所示，它的平面计算简图和受力分析图如图 1-14c) 所示。

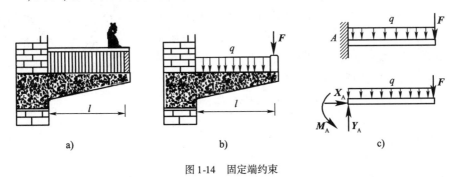

图 1-14　固定端约束

单元 1.3　物体受力分析

一、概述

在城市轨道交通、建筑、路桥等工程实际中，为了进行力学计算，首先要对物体进行受力分析,即分析物体受到哪些力的作用,哪些是已知的,哪些是未知的,以及每个力的作用位置和力的作用方向。

为了清晰地表示物体的受力情况,我们把需要研究的物体从周围物体中分离出来,单独画出它的简图,这个步骤称为**取研究对象**。被分离出来的研究对象称为分离体。在研究对象上画出它受到的全部作用力(包括主动力和约束反力),这种表示物体受力的简明图形称为**受力图**。正确地画出受力图是解决力学问题的关键,是进行力学计算的依据。

二、单个物体的受力图

在画单个物体受力图之前,先要明确研究对象,再根据实际情况,弄清与研究对象有联系的是哪些物体,这些和研究对象有联系的物体就是研究对象的约束,然后根据约束性质,用相应的约束反力来代替约束对研究物体的作用。经过这样的分析后即可画出单个物体的受力图。其一般的步骤是:先画出研究对象的简图,再将已知的主动力画在简图上,最后在各相互作用点上画出相应的约束反力。

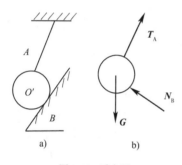

图 1-15 受力图

【例 1-1】 重力为 G 的球,用绳索系住靠在光滑斜面上,如图 1-15a)所示。试画出球的受力图。

解:以球为研究对象,先将其单独画出来,再画出与球有关系的物体有地球、光滑斜面及绳索。地球对球的吸引力就是重力 G,作用于球心并垂直向下;光滑斜面对球的约束反力是 N_B,它通过切点 B 并沿公法线指向球心;绳索对球的约束反力是 T_A,它通过接触点 A 沿绳的中心线而背离球。球的受力图如图 1-15b)所示。

【例 1-2】 图 1-16a)中的梯子 AB 重为 G,在 C 处用绳索拉住,A、B 处分别搁在光滑墙面或地面上。试画出梯子的受力图。

解:以梯子为研究对象,先将其单独画出来。作用在梯子上的主动力是已知的重力,G 作用在梯子的中点,铅垂向下;光滑墙面的约束反力是 N_A,它通过接触点 A,垂直于梯子并指向梯子;光滑地面的约束反力是 N_B,它通过接触点 B,垂直于地面并指向梯子;绳索的约束反力是 T_C,其作用于绳索与梯子的接触点 C,沿绳索中心线,背离梯子。梯子受力图如图 1-16b)所示。

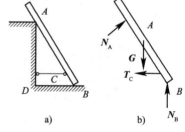

图 1-16 梯子受力图

三、物体系统的受力图

物体系统受力图的画法与单个物体的受力图画法基本相同,区别只在于所取的研究对象是由两个或两个以上的物体联系在一起的物体系统。研究时可以将物体系统看作一个整体,在其上画出主动力和约束反力。

注意:物体系统内各部分之间的相互作用力属于作用力和反作用力,其作用效果互相抵消,整体受力图中不用画出来。

【例1-3】 梁 AC 和 CD 用圆柱铰链 C 连接,并支承在三个支座上,A 处是固定铰支座,B 和 D 处是活动铰支座,如图1-17a)所示。试画出梁 AC、CD 及整梁 AD 的受力图,梁 AD 的中梁的自重可忽略不计。

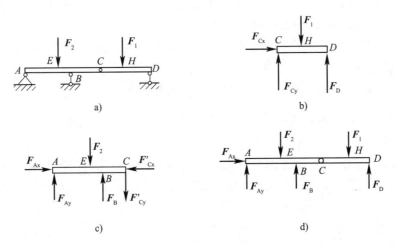

图 1-17　梁的受力图

解:(1)梁 CD 的受力分析。受主动力 F_1 作用,D 处是活动铰支座,其约束力 F_D 垂直于支承面,指向假定向上;C 处为铰链约束,其约束力可用两个相互垂直的分力 F_{Cx} 和 F_{Cy} 来表示,指向假定,如图1-17b)所示。

(2)梁 AC 的受力分析。受主动力 F_2 作用。A 处是固定铰支座,它的约束力可用 F_{Ax} 和 F_{Ay} 表示,指向假定;B 处是可动铰支座,其约束力用 F_B 表示,指向假定;C 处是铰链,它的约束力是 F'_{Cx} 和 F'_{Cy},与作用在梁 CD 上的 F_{Cx} 和 F_{Cy} 是作用力与反作用力关系,其指向不能再任意假定。梁 AC 的受力图如图1-17c)所示。

(3)取整梁 AD 为研究对象。A、B、D 处支座反力假设的指向应与图1-17b)、c)相符合。C 处由于没有解除约束,所以 AC 与 CD 两段梁相互作用的力不必画出。梁 AD 的受力图如图1-17d)所示。

【例1-4】 图1-18a)所示的三角形托架中,A、C 处是固定铰支座,B 处为铰链连接。各杆的自重及各处的摩擦忽略不计。试画出水平杆 AB、斜杆 BC 及整体的受力图。

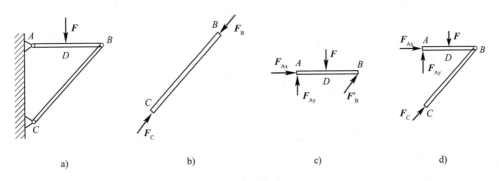

图 1-18　三角形托架受力图

解:(1)斜杆 BC 的受力分析。BC 杆的两端都是铰链连接,其约束力应当是通过铰链中心且方向不定的未知力 F_C 和 F_B,而 BC 杆只受到这两个力的作用,且处于平衡,F_C 与 F_B 两力必定大小相等、方向相反,作用线沿两铰链中心的连线,指向可先任意假定。BC 杆的受力如图 1-18b)所示,图中假设 BC 杆受压。

(2)水平杆 AB 的受力分析。杆上作用有主动力 F。A 处是固定铰支座,其约束力用 F_{Ax}、F_{Ay} 表示;B 处为铰链连接,其约束力用 F'_B 表示,F'_B 与 F_B 应为作用力与反作用力关系,即 F'_B 与 F_B 等值、反向且共线,如图 1-18c)所示。

(3)整个三角形托架 ABC 的受力分析。如图 1-18d)所示,B 处作用力不画出,A、C 处固定铰链支座反力的指向应与图 1-18b)、c)所示相符合。

说明: 在受力分析中,正确地判别二力杆可使问题简化。

【**例 1-5**】 图 1-19 所示为一简易起重架计算简图。它由 AC、BC 和 DE 三根杆连接而成,A 处是固定铰支座,B 处是滚子,相当于一个活动铰支座,C 处安装滑轮,滑轮轴相当于销钉。在绳子的一端用力 F_T 拉动,使绳子的另一端重量为 G 重物匀速缓慢地上升。假设忽略各杆以及滑轮的自重。试对重物连同滑轮、DE 杆、BC 杆、AC 杆、AC 杆连同滑轮和重物、整个系统进行受力分析并画出它们的受力图。

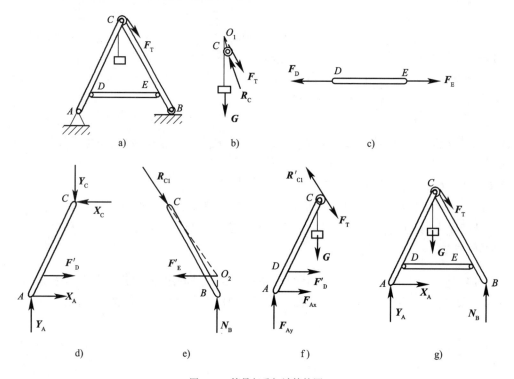

图 1-19 简易起重架计算简图

解: (1)取重物连同滑轮为研究对象。其上作用的主动力有重物的重力 G 和绳子的拉力 F_T,由于重物匀速缓慢地上升,处于平衡状态,因此 F_T 与 G 应相等。而约束力 R_C 是滑轮轴对滑轮的支承力,根据三力平衡汇交定理,R_C 的作用线通过 G、F_T 作用线的延长线的交点 O_1,如图 1-19b)所示。

(2)DE 杆的受力分析。由于 DE 杆的自重不计,只在其两端受到铰链 D 和 E 的约束反力且处于平衡,因此,DE 杆为二力杆,只在其两端受力,设为受拉,其受力图如图 1-19c)所示,并且 $F_D = -F_E$。

(3) BC 杆的受力分析。其受到的主动力为滑轮连同 AC 杆通过滑轮轴给它的力 R_{C1}。约束反力有 DE 杆通过铰链 E 给它的反力 F'_E（F'_E 与 F_E 互为作用力与反作用力），以及滚子 B 对它的约束反力 N_B。力 F'_E 与 F_{NB} 的作用线延长相交于 O_2 点，根据三力平衡汇交定理可知，R_{C1} 作用线必通过 C、O_2 两点的连线，如图 1-19e)所示，其中 $F'_E = -F_E$。

(4) AC 杆的受力分析。其受到的主动力为滑轮连同 BC 杆通过滑轮轴给它的力，由于这种表示方法较烦琐，因此用通过 C 点的两个相互垂直的分力 X_C 和 Y_C 表示。约束反力有 DE 杆通过铰 D 给它的反力 F'_D，根据作用力与反作用力定理，$F'_D = -F_D$。另外，固定铰支座 A 处的反力，可用两个相互垂直的分力 X_A 和 Y_A 表示，如图 1-19d)所示。

(5) 取 AC 杆连同滑轮与重物为研究对象。作用在其上的主动力是重物的重力 G 和绳子的拉力 F_T。约束反力有固定铰支座 A 对它的约束反力 X_A、Y_A；铰链 D 的约束反力 F'_D 以及 BC 杆通过滑轮给它的约束反力 R'_{C1}，根据作用力与反作用力定理，$R'_{C1} = -R_{C1}$。其受力图如图 1-19f)所示。

注意：图 1-19f) 中的 F_{Ax}、F_{Ay} 应当与图 1-19d) 中 AC 杆的 X_A、Y_A 完全一致。

(6) 取整体为研究对象。作用在其上的主动力有重物的重力 G 和绳子的拉力 F_T，约束反力有支座 A、B 处的反力 X_A、Y_A 和 N_B。其受力图如图 1-19g)所示。

通过以上例题的分析，可以总结出画受力图时应注意以下几点：

(1) 必须明确研究对象。画受力图时首先必须明确画哪个物体的受力图，因为不同的研究对象的受力图是不同的。

(2) 明确约束力的个数。凡是研究对象与周围物体相接触的地方，都有约束反力，不可随意增加或减少。

(3) 注意约束力与约束类型相对应。画受力图时要根据约束的类型画约束力，即按约束的性质确定约束力的作用位置和方向，不能主观臆断。另外，同一约束力在不同的受力图中假定的指向应一致。

(4) 二力杆要优先分析。

(5) 注意作用力与反作用力之间的关系。当分析两物体之间的相互作用时，要注意作用力与反作用力的关系。作用力的方向一旦确定，其反作用力的方向就必须与其相反。

四、受力图分析步骤

通过以上各例的分析，画受力图的步骤可归纳如下：

(1) 明确研究对象，即明确画哪个物体的受力图，然后将与它联系的一切约束（物体）去掉，单独画出其简单轮廓图形。

注意：既可取整个物体系统为研究对象，也可取物体系统某个部分为研究对象。

(2) 先画主动力。主动力指重力和已知外力。

(3) 再画约束反力。约束反力的方向和作用线一定要严格按约束类型来画，约束反力的指向不能确定时，可以假定。

注意：二力杆件一定要先确定先画。

(4) 检查。不要多画、错画、漏画，注意作用与反作用关系。作用力的方向一旦确定，反作用力的方向必定与它相反，不能再随意假设。此外，在以几个物体构成的物体系统整体为研究对象时，系统中各物体间成对出现的相互作用力不再画出。

模块小结

1. 本模块内容不仅是刚体静力学的基础,而且是整个工程力学课程的基础,因此在教学过程中要给予特别的重视。
2. 掌握约束形式,并能准确地判断约束力。
3. 通过具体的练习,掌握受力分析的基本方法。取隔离体、画受力图时应注意以下4点:
   (1) 根据约束的性质确定约束力。
   (2) 分清施力体与受力体。
   (3) 在物体接触处要正确应用作用与反作用定律。
   (4) 善于应用二力平衡与三力平衡原理。
4. 在以后的分析中,为了比较容易地确定所要求的未知力,还要选择合适的研究对象,这一问题将在下一模块详细讨论。

知识拓展

(1) 想一想,足球赛场上如何踢出"香蕉球"?

如果你经常观看足球比赛的话,一定见过罚前场直接任意球。这时候,通常是防守方五六个球员在球门前组成一道"人墙",挡住进球路线。进攻方的主罚队员,起脚一记劲射,球绕过了"人墙",眼看球要偏离球门飞出,却又沿弧线拐过弯来直入球门,让守门员措手不及,眼睁睁地看着球进了大门。这就是颇为神奇的"香蕉球"。这时候富有物理知识的你,可能会奇怪为何足球竟然不符合牛顿定律。你可能会想,足球在空气中只受地心吸力的影响,所以应该沿抛物线运动。但是,足球却真的向内弯了,代表它受到一个水平方向的力,这个力从何而来呢?

图1-20a) 为足球水平运动和旋转两种运动同时存在的情形。

图1-20b) 为足球在没有旋转下水平运动的情形(在此图中球正在向下运动)。

图1-20c) 为足球只有旋转而没有水平运动的情形。

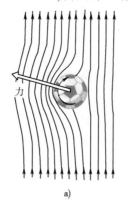
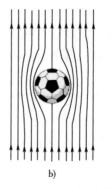

a)　　　　　　　b)　　　　　　　c)

图1-20　足球运动情形

(2) 结构计算简图的确定。

恰当地选取实际结构的计算简图,是城市轨道交通、建筑、路桥等工程结构设计中十分重要的问题。为此,不仅要掌握计算简图的选取原则,还要具有丰富的实践经验与足够的施工知识、构造知识及设计概念。必须指出的是,由于结构的重要性、设计进行的阶段、计算问题的性质以及计算工具等因素的不同,即使是同一结构也可以画出不同的计算简图。对于重要的结构,应选取比较精确的计算简图;在初步设计阶段可选取比较粗略的计算简图,而在技术设计阶段可选取比较精确的计算简图;对结构进行静力计算时,应选取比较复杂的计算简图,而对结构进行动力或稳定计算时,可选取比较简单的计算简图;当计算工具比较先进时,应选取比较精确的计算简图;对于工程中常用的结构,如果已有成熟的计算简图,可以直接采用。对于一些新型结构,只有经过反复试验和实践,才能获得比较合理的计算简图。下面以实例的形式来说明结构计算简图的确定方法。

【例1-6】 图1-21a)、b)所示为工业建筑厂房内的组合式吊车梁,上弦为钢筋混凝土 T 形截面梁,下面的杆件由角钢和钢板组成,结点处为焊接。梁上铺设钢轨,吊车在钢轨上可左右移动,最大吊车轮压为 P_1、P_2,吊车梁两端由柱子上的牛腿支撑。对该结构,现从以下几个方面来考虑选取其计算简图。

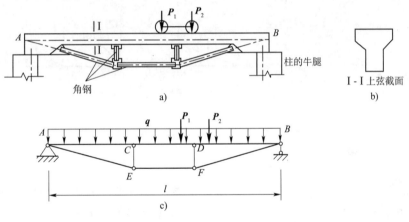

图1-21 组合式吊车梁

① 体系、杆件及其相互连接的简化。

首先假设组成结构的各杆其轴线都是直线并且位于同一平面内,将各杆都用其轴线来表示,由于上弦为整体的钢筋混凝土梁,其截面较大,因此将 AB 简化为一根连续梁;而其他杆与 AB 杆相比,基本上只受到轴力,所以都视为二力杆(链杆)。AE、BF、EF、CE 和 DF 各杆之间的连接,都简化为铰接,其中 C、D 铰链在 AB 梁的下方。

② 支座的简化。

整个吊车梁搁置在柱的牛腿上,梁与牛腿之间仅由较短的焊缝连接,吊车梁既不能上下移动,也不能水平移动,但是,梁在受到荷载作用后,其两端仍然可以做微小的转动。此外,当温度发生变化时,梁还可以发生自由伸缩。为便于计算,同时考虑到支座的约束反力情况,将支座简化成一端为固定铰支座,另一端为活动铰支座。由于吊车梁的两端搁置在柱的牛腿上,其支撑接触面的长度较小，所以，可取梁两端与柱子牛腿接触面中心的间距，即两支座间的水平距离作为梁的计算跨度 l。

③荷载的简化。

作用在整个吊车梁上的荷载有恒载和活荷载。恒载包括钢轨、梁的自重，可简化为作用在沿梁纵向轴线上的均布荷载 q；活荷载是吊车的轮压 P_1 和 P_2，由于吊车轮子与钢轨的接触面积很小，可简化为分别作用于梁上两点的集中荷载。

综上所述，吊车梁的计算简图如图 1-21c) 所示。

【例 1-7】 图 1-22a) 为一钢屋顶桁架，所有结点都用铰链连接。按理想桁架考虑时，屋架的计算简图如图 1-22b) 所示。

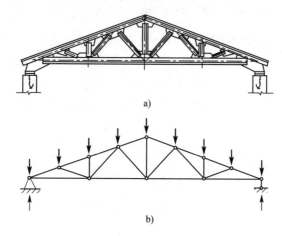

图 1-22 钢屋顶桁架

1-1 试画出题图 1-1 中物体 A，构件 AB、BC 或 ABC 的受力图，未标注重力的物体的重量均不计，所有接触处均为光滑接触。

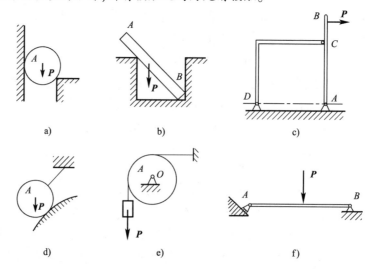

题图 1-1

1-2　试画出题图 1-2 中 AC 杆（带销钉）和 BC 杆的受力图。

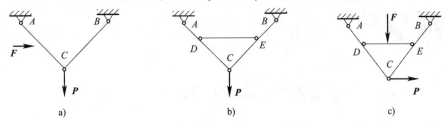

题图　1-2

1-3　试画出题图 1-3 中指定物体的受力图。所有的接触面都为光滑接触面，未注明的，自重均不计。

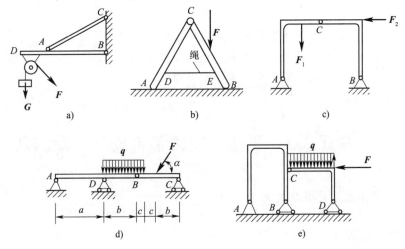

题图　1-3

a) AC 杆、BD 杆连同滑轮、整体；b) AC 杆、BC 杆、整体；c) AC 杆、BC 杆、整体；d) AB 杆、BC 杆、整体；e) AB、CD、整体

模块 02 平面汇交力系

1. 理解平面汇交力系的概念。
2. 理解力在直角坐标轴上的投影和合力投影定理。
3. 掌握平面汇交力系合成的几何法和解析法。
4. 掌握平面汇交力系平衡方程。

单元 2.1　平面汇交力系合成与平衡的几何法

一、基本概念和基本定律

平面力系与平面汇交力系

1. 平面汇交力系

各力作用线在同一平面内且汇交于一点的力系称为**平面汇交力系**。平面汇交力系是最简单、最基本的力系。图 2-1 中的梁和吊环就是受到平面汇交力系作用的例子。本单元研究平面汇交力系的合成与平衡等问题。工程力学中平面汇交力系的解题方法有两种：一种是几何法；另一种是解析法。

2. 几何法

设刚体上作用有一个平面汇交力系 F_1、F_2 和 F_3，如图 2-2a) 所示，根据力的可传性，可简化为一个等效的平面共点力系，如图 2-2b) 所示。连续应用力三角形法则，如图 2-2c) 所示。先将 F_1 和 F_2 合成为合力 F_{12}，再将 F_{12} 与 F_3 合成为合力 F，则 F 就是力系的合力。如果只需求出合力 F，则代表 F_{12} 的

图 2-1　梁和吊环

虚线可不必画出，只需将力系中各力首尾相连成折线，构成力多边形，则封闭边就表示合力 F，其方向与各分力的绕行方向相反。比较图 2-2c) 和图 2-2d) 可以看出，画分力的先后顺序并不影响合成的结果。这种用作力多边形来求平面汇交力系合力的方法称为**几何法**。对于有 n 个力的平面汇交力系，上述方法也是适用的。可见，平面汇交力系合成的结果为一个合力 F，它等于各分力的矢量和。

几何法

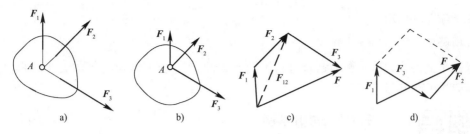

图 2-2 平面汇交力系

3. 合力矢

1）合力的定义

合力 F_R 对刚体的作用与原力系对该刚体的作用等效。如果一力与某一力系等效，则此力称为该力系的**合力**。

2）合力的矢量表达式

设平面汇交力系包含 n 个力，以 F_R 表示它们的**合力矢**，则有

$$F_R = F_1 + F_2 + \cdots + F_n = \sum_{i=1}^{n} F_i \tag{2-1}$$

3）结论

平面汇交力系可简化为一个合力，其合力的大小与方向等于各分力的矢量和，合力的作用线通过汇交点。

4. 共线力系

1）共线力系的定义

如果力系中各力的作用线都沿同一直线，则此力系称为**共线力系**。它是平面汇交力系的特殊情况，它的力多边形在同一直线上。

2）共线力系的合力表达式

若沿直线的某一指向为正，相反为负，则力系合力的大小与方向取决于各分力的代数和，即

$$F_R = \sum_{i=1}^{n} F_i \tag{2-2}$$

二、平面汇交力系平衡的几何条件

1. 平衡的必要和充分条件

1）合力等于零

由于平面汇交力系可用其合力来代替，显然，平面汇交力系平衡的充要条件是：该力系的合力等于零，即

$$F_R = \sum_{i=1}^{n} F_i = 0 \tag{2-3}$$

2）封闭的力多边形

在平衡条件下，力多边形中最后一力的终点与第一力的起点重合，此时的力多边形称为封闭的力多边形。

3）结论

平面汇交力系平衡的必要条件和充分条件是：该力系的力多边形自行封闭，这是平面汇

交力系平衡的几何条件。

2. 图解法

求解平面汇交力系平衡问题时可采用图解法,即按比例先画出封闭的力多边形,然后,量得所要求的未知量。

三、几何法应用实例

几何法例题

【**例 2-1**】 支架的横梁 AB 与斜杆 DC 彼此以铰链 C 相连接,如图 2-3a)所示。已知:$AC=CB$;杆 DC 与水平线成 $45°$ 角;荷载 $F=10\text{kN}$,作用于 B 处。假设梁和杆的重量忽略不计,求铰链 A 的约束力和杆 DC 所受的力。

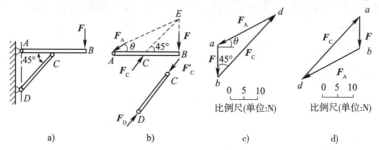

图 2-3 支架

解:(1)选取横梁 AB 为研究对象。横梁在 B 处受荷载 F 的作用。DC 为二力杆,它对横梁 C 处的约束力 F_C 的作用线必沿两铰链 DC 中心的连线。铰链 A 的约束力 F_A 的作用线可根据三力平衡汇交定理确定,即通过另两力的交点 E,如图 2-3b)所示。

(2)根据平面汇交力系平衡的几何条件,这三个力应组成一个封闭的力三角形。按照图中力的比例尺,先画出已知力矢 $\overrightarrow{ab}=F$,再由点 a 作直线平行于 AE,由点 b 作直线平行于 CE,这两条直线相交于点 d,如图 2-3c)所示。由力三角形 abd 封闭,可确定 F_C 和 F_A 的指向。

(3)在力三角形中,线段 bd 和 da 分别表示力 F_C 和 F_A 的大小,量出它们的长度,按比例换算即可求得 F_C 和 F_A 的大小。但一般都是利用三角公式计算,在图 2-3b)、c)中,通过简单的三角计算可得

$$F_C = 28.29\text{kN}, F_A = 22.37\text{kN}$$

说明:在本题中,有关三角计算过程如下:

$$EB = CB = AC, \tan\theta = 0.5, \theta = 26.57°$$

在力三角形 abd 中,F_A 对应的角度是 $45°$,F_C 对应的角度是 $90°+26.57°=116.57°$,F 对应的角度是 $180°-(116.57°+45°)=18.43°$。

应用正弦定理,有

$$\frac{F_A}{\sin 45°} = \frac{F_C}{\sin 116.57°} = \frac{F}{\sin 18.43°}$$

其中,$F=10\text{kN}$,$\sin 18.43°=0.3161$,$\sin 116.57°=0.8944$,$\sin 45°=0.7071$,计算即得 $F_C=28.29\text{kN}$,$F_A=22.37\text{kN}$

根据作用力和反作用力的关系,作用于 DC 杆的 C 端的力 F'_C 与 F_C 大小相等,方向相反,可知 DC 杆受压力,如图 2-3b)所示。

应该指出,封闭力三角形也可以如图 2-3d)所示,同样可以求得力 F_C 和 F_A,且结果相同。

【例 2-2】 图 2-4a)所示为一利用定滑轮匀速提升工字钢梁的装置。若已知梁的重力 $W = 15\text{kN}$,几何角度 $\alpha = 45°$,不计摩擦和吊索、吊环的自重。试用几何法求吊索 1、2 所受的拉力。

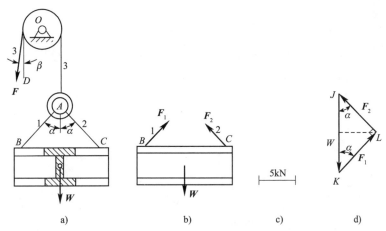

图 2-4 定滑轮提升工字钢梁装置

解:(1)取梁为研究对象。

(2)受力分析。梁受重力 W 和吊索 1、2 的拉力 F_1 和 F_2 的作用。其中,W 的大小和方向均为已知;F_1 和 F_2 为沿着吊索方向的拉力,大小待求,且三力组成平面汇交力系,并处于平衡。

(3)作出梁的受力图,如图 2-4b)所示。

(4)作封闭的力多边形。首先,选取适当的比例尺 $\mu_F = 5\text{kN/cm}$,如图 2-4c)所示;然后画出已知力 W,即取 $JK = W/\mu_F = 15/5 = 3\text{cm}$,如图 2-4d)所示,并从力 W 的末端 K 和始端 J 分别作力 F_1 和 F_2 的方向线,得交点 L,则 KL 即力 F_1,LJ 即力 F_2。量得两线段的长度为 $KL = LJ = 2.1\text{cm}$,因此吊索 1、2 的拉力为

$$F_1 = F_2 = \mu_F \cdot KL = 5 \times 2.1 = 10.5\text{kN}$$

或按几何关系计算

$$F_1 = F_2 = \mu_F \cdot KL = \mu_F \frac{JK}{2\cos\alpha} = \frac{W}{2\cos\alpha} = \frac{15}{2\cos 45°} = 10.6\text{kN}$$

四、几何法求解平面汇交力系平衡的主要步骤

通过以上例题,可总结几何法解题的主要步骤如下。

(1)选取研究对象。根据题意,选取适当的平衡物体为研究对象,并画出简图。

(2)画受力图。在研究对象上,画出它所受的全部已知力和未知力(包括约束力)。

(3)画出力多边形或力三角形。选择适当的比例尺,画出该力系的封闭多边形或封闭力三角形。

注意:画图时总是从已知力开始。根据矢序规则和封闭特点,就可以确定未知力的指向。

(4)求出未知量:按比例确定未知量,或者用三角公式计算出来。

单元 2.2　平面汇交力系合成与平衡的解析法

一、基本概念和基本定律

1. 力在坐标轴上的投影

投影定理和合力投影定理

设有一力 F(图 2-5),在力 F 作用平面内选取直角坐标系 Oxy,过力 F 的起点 A 和终点 B 分别向 x 轴和 y 轴作垂线,得垂足 a_1、b_1 和 a_2、b_2,则线段 a_1b_1 和 a_2b_2 分别称为力 F 在 x 轴上和 y 轴上的投影,并分别用 F_x 和 F_y 表示。

设力 F 与 x 轴所夹的锐角为 α,则求力 F 投影的表达式为

$$\left.\begin{array}{l} F_x = \pm F\cos\alpha \\ F_y = \pm F\sin\alpha \end{array}\right\} \quad (2\text{-}4)$$

当由 a_1 到 b_1 和 a_2 到 b_2 的指向分别与 x 轴、y 轴的正方向一致时取"$+$",反之取"$-$"。在图 2-5 中,F_x 应取"$+$",F_y 应取"$-$"号,即

$$\left.\begin{array}{l} F_x = +F\cos\alpha \\ F_y = -F\sin\alpha \end{array}\right\} \quad (2\text{-}5)$$

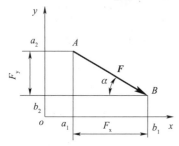

图 2-5　力在坐标轴上的投影

注意:力是矢量,而力在坐标轴上的投影则是代数量。

2. 合力投影定理

设有力系 F_1、F_2、$\cdots$、F_n,其合力为 F。由于力系的合力与整个力系等效,所以**合力在某轴上的投影一定等于各分力在同一轴上的投影的代数和**(证明从略),这一结论称为**合力投影定理**。其方程表达式可写为

$$\left.\begin{array}{l} F_x = F_{1x} + F_{2x} + \cdots + F_{nx} = \sum F_{ix} \\ F_y = F_{1y} + F_{2y} + \cdots + F_{ny} = \sum F_{iy} \end{array}\right\} \quad (2\text{-}6)$$

解析法求平面汇交力系合力的步骤如下:

(1) 由式(2-4)求出各分力在两坐标轴上的投影。

(2) 由式(2-6)求出合力 F 在两坐标轴上的投影 F_x 和 F_y。

(3) 由下式求出合力的大小:

$$F = \sqrt{F_x^2 + F_y^2} = \sqrt{(\sum F_{ix})^2 + (\sum F_{iy})^2} \quad (2\text{-}7)$$

二、平面汇交力系平衡的解析条件

平面汇交力系平衡的条件为合力 $F=0$。由式(2-7)可知,$\sum F_{ix}$ 和 $\sum F_{iy}$ 必须分别等于零。因此可得平面汇交力系平衡的解析条件为

$$\left.\begin{array}{l} \sum F_{ix} = 0 \\ \sum F_{iy} = 0 \end{array}\right\} \quad (2\text{-}8)$$

即力系中各力在两个坐标轴上的投影的代数和应分别等于零。

式(2-8)通常称为**平面汇交力系的平衡方程**。这是两个独立的方程,因此可以求解两个未知数。

三、解析法应用实例

【例2-3】 题目同例2-2。试用解析法求吊索1和2所受的拉力。

解：选梁为研究对象、受力分析、作受力图，以上步骤均同几何法。

列平衡方程

$$\sum F_{ix} = 0, F_1 \sin\alpha - F_2 \sin\alpha = 0$$

$$\sum F_{iy} = 0, F_1 \cos\alpha + F_2 \cos\alpha - W = 0$$

解方程组，可得 $F_1 = F_2 = \dfrac{W}{2\cos\alpha} = \dfrac{15}{2\cos 45°} = 10.6 \text{kN}$

解析法及例题

F_1 和 F_2 的方向如图2-4b)所示。

说明：本装置中，当角度 α（$0° \leq \alpha \leq 90°$）改变时，拉力 F_1 和 F_2 将如何变化？如何求吊索3的拉力 F_3？请自行分析求解。在图2-4d)的力三角形中，W 一定，若角度 α 减小，则拉力 F_1 和 F_2 将减小；α 增大，则拉力 F_1 和 F_2 将增大。取吊环和梁整体为研究对象，吊索3的拉力 $F_3 = W$，方向向上。

【例2-4】 如图2-6所示，支架由 AB 杆与 AC 杆组成，A、B、C 处均为铰链，在圆柱销 A 上悬挂重量为 G 的重物。试求杆 AB 与 AC 所受的力。

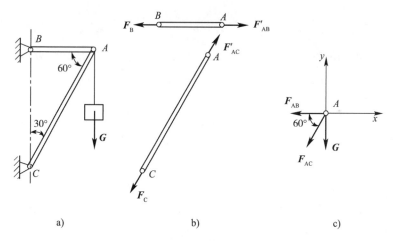

图2-6 支架平衡力系计算

解：(1) 取圆柱销 A 为研究对象，画受力图。作用于圆柱销 A 上有重力 G，AB 杆和 AC 杆的作用力 F_{AB} 和 F_{AC}，如图2-6c)所示。因 AB 杆和 AC 杆均为二力杆，如图2-6b)所示，所以力 F_{AB} 和 F_{AC} 的方向必分别沿 AB 杆和 AC 杆两端的连线，指向暂假设。圆柱销 A 受力如图2-6c)所示，显然这是一个平面汇交的平衡力系。

(2) 列平衡方程

建立坐标系如图2-6c)所示，列平衡方程如下

$$\sum F_{ix} = 0, \; -F_{AB} - F_{AC}\cos 60° = 0 \qquad ①$$

$$\sum F_{iy} = 0, \; -F_{AC}\sin 60° - G = 0 \qquad ②$$

由式②得 $F_{AC} = -\dfrac{G}{\sin 60°} = -\dfrac{2\sqrt{3}}{3}G$，$AC$ 杆受压。

将 F_{AC} 代入式①得 $F_{AB} = -F_{AC}\cos60° = \dfrac{2\sqrt{3}}{3}G \times \dfrac{1}{2} = \dfrac{\sqrt{3}}{3}G$，AB 杆受拉。

【例 2-5】 图 2-7 所示为一夹紧机构，AB 杆和 BC 杆的长度相等，各杆自重忽略不计，A、B、C 处为铰链连接。已知 BD 杆受压力 $F = 3\text{kN}$，$h = 200\text{mm}$，$l = 1500\text{mm}$。求压块 C 加于工件的压力。

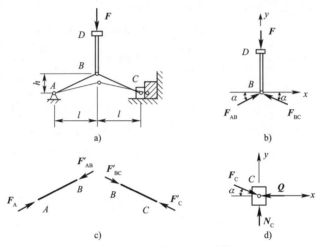

图 2-7 夹紧机构平衡力系计算

解：(1) 取 DB 杆为研究对象，作用于 DB 杆上有压力 F，作用于 AB 杆和 BC 杆上有压力 F_{AB} 和 F_{BC}，设二力杆 AB 和 BC 均受压力，如图 2-7c) 所示，因此 DB 杆受力如图 2-7b) 所示。这是一个平面汇交的平衡力系。建立直角坐标系 xBy，列平衡方程

$$\sum F_x = 0, F_{AB}\cos\alpha - F_{BC}\cos\alpha = 0$$
$$\sum F_y = 0, F_{AB}\sin\alpha + F_{BC}\sin\alpha - F = 0$$

解得
$$F_{AB} = F_{BC} = \dfrac{F}{2\sin\alpha}$$

(2) 取压块 C 为研究对象，受力如图 2-7d) 所示，也是一个平面汇交的平衡力系。由二力杆 BC 可知：$F'_C = F'_{BC} = F_{BC}$，又 $F_C = F'_C$，故 $F_C = F_{BC}$。建立直角坐标系 xCy，列平衡方程

$$\sum F_x = 0, -Q + F_C\cos\alpha = 0$$

得
$$Q = F_C\cos\alpha = \dfrac{F}{2\sin\alpha}\cos\alpha = \dfrac{F}{2}\cot\alpha = \dfrac{F}{2} \cdot \dfrac{l}{h} = \dfrac{3 \times 1500}{2 \times 200}\text{N} = 11.3\text{kN}$$

压块对工件的压力与力 Q 等值反向，作用于工件上。

四、解静力学平衡问题的一般方法和步骤

通过以上各例的分析，解静力学平衡问题的一般方法和步骤可归纳如下：

(1) 选择研究对象。所选研究对象应与已知力(已求出的力)、未知力有直接关系，这样才能应用平衡条件由已知条件求未知力。

(2) 画受力图。根据研究对象所受外部荷载、约束及其性质，对研究对象进行受力分析并作出它的受力图。

(3) 建立坐标系。在建立坐标系时，最好选取有一轴与一个未知力垂直。

(4) 列平衡方程解出未知量。根据平衡条件列平衡方程时,要注意各力投影的正负号。如果计算结果中出现负号时,说明原假设方向与实际受力方向相反。

1. 平面汇交力系的各力作用线在同一平面内且汇交于一点。
2. 合力投影定理:平面汇交力系的合力在某轴上的投影一定等于各分力在同一轴上的投影的代数和。
3. 平面汇交力系分析的方法通常有几何法和解析法。
4. 平面汇交力系平衡的几何条件:力系的力多边形自行封闭。
5. 平面汇交力系平衡的解析条件:合力 $F=0$,即 $\sum F_{ix}$ 和 $\sum F_{iy}$ 必须分别等于零。

梁吊装最佳吊点问题

【例 2-6】 城市轨道交通工程中梁的吊装(图 2-8)是施工的一个重要环节,因为在起吊过程中梁的受力与梁在设计时受力的偏差,所以吊点问题是其关键问题。施工中常用的梁起吊情况如图 2-9 所示,吊索通常与钢管相连接,钢管通过钢绳再将混凝土梁吊起。

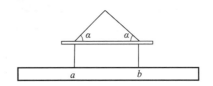

图 2-8 城市轨道交通工程中梁的吊装　　图 2-9 梁起吊示意图

问题:根据吊索和梁受力分析对梁的内力与外力进行计算,分析最佳吊点问题。

(1) 简化吊索和梁的受力图,并分别作受力分析。

(2) 假定梁的质量为 80t,钢索与钢管的夹角为 70°,试分别计算钢索与梁的内力。

(3) 从钢索受力角度分析,是否 α 角越大,钢索的受力越合理,请说明理由。

(4) 假设混凝土梁上下截面配筋相同,从受力的角度分析,a、b 两个吊点在什么位置时,梁的受力最合理,并分析其原因?

2-1　在刚体的 A 点作用有 4 个平面汇交力。已知:$F_1=2kN, F_2=3kN, F_3=1kN, F_4=2.5kN$,方向如题图 2-1 所示。试用解析法求该力系的合成结果。

2-2　题图 2-2 所示固定环受 3 条绳的作用,已知:$F_1=1kN, F_2=2kN, F_3=$

1.5kN。求该力系的合成结果。

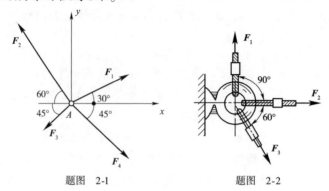

题图 2-1　　　　题图 2-2

2-3　力系如题图 2-3 所示。已知：$F_1=100\text{N}, F_2=50\text{N}, F_3=50\text{N}$。求该力系的合力。

2-4　球重为 $W=100\text{N}$，悬挂于绳上，并与光滑墙相接触，如题图 2-4 所示。已知：$\alpha=30°$，试求绳所受的拉力及墙所受的压力。

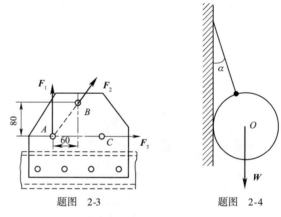

题图 2-3　　　　题图 2-4

2-5　均质杆 AB 重为 W、长为 l，两端置于相互垂直的两个光滑斜面上，如题图 2-5 所示。已知一斜面与水平成角 α，求平衡时杆与水平所成的角 φ 及距离 OA。

2-6　某重物重为 20kN，用不可伸长的柔索 AB 及 BC 悬挂于题图 2-6 所示的平衡位置。假设柔索的重量不计，柔索 AB 与铅垂线夹角 $\varphi=30°$，柔索 BC 水平，求柔索 AB 及 BC 的张力。

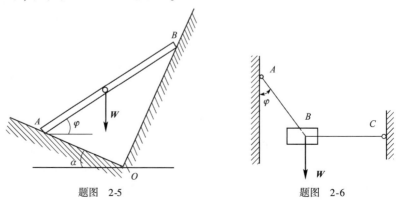

题图 2-5　　　　题图 2-6

模块 03 力矩和平面力偶

1. 理解力矩、力偶的概念。
2. 了解力矩和力偶的异同。
3. 掌握力矩和力偶的计算方法。

单元 3.1 力　　矩

一、力矩概念

力对刚体的移动效应取决于力的大小、方向和作用线,而力对刚体的转动效应则用力矩来度量。实践表明,我们用扳手拧(转动)螺母时[图 3-1a)],其转动效应取决于力 F 的大小、方向(扳手的旋向)以及力 F 到转动中心 O 的距离 h。

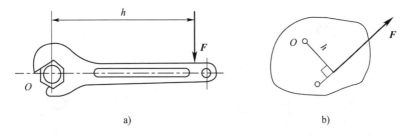

a)　　　　　　　　　　　b)

图 3-1　力矩

一般情况下,刚体在图示平面内受力 F 作用[图 3-1b)],并绕某一点 O 转动,则点 O 称为矩心。**矩心** O 到力 F 作用线的距离 h 称为**力臂**。乘积 $(F \cdot h)$ 并加上适当的正负号称为力对 O 点之矩,简称**力矩**,用符号 $M_O(F)$ 或 M_O 表示。其方程式为

$$M_O = M_O(F) = \pm Fh \tag{3-1}$$

力矩的正、负号规定如下:力使刚体绕矩心做逆时针方向转动时为正,反之为负。因此,力矩是一个与矩心位置有关的代数量。力矩的单位为 $N \cdot m$。

二、合力矩定理

设刚体受到一合力为 F 的平面力系 $F_1 、 F_2 、 \cdots 、 F_n$ 的作用,在平面内任取一点 O 为矩心,由于合力与整个力系等效,所以合力对 O 点的矩一定等

力矩及合力矩定理

于各个分力对 O 点之矩的代数和(证明从略),这一结论称为**合力矩定理**。记为

$$M_O(F) = M_O(F_1) + M_O(F_2) + \cdots + M_O(F_n) = \sum M_O(F_i) \tag{3-2}$$

或

$$M_O = M_{O1} + M_{O2} + \cdots + M_{On} = \sum M_{Oi} = \sum M_O \tag{3-3}$$

三、力矩应用实例

【例 3-1】 图 3-2 所示为一渐开线[在平面上,一条动直线(发生线)沿着一个固定的圆(基圆)做纯滚动时,此动直线上一点的轨迹]直齿圆柱齿轮,其齿廓在分度圆上的 P 点处受到一法向力 F_n 的作用,且已知 $F_n = 1000\text{N}$,分度圆直径 $d = 200\text{mm}$,分度圆压力角(P 点处的压力角) $\alpha = 20°$。试求力 F_n 对轮心 O 点之矩。

解:(1)根据力矩的定义求解

$$M_O(F_n) = -F_n h = -F_n \left(\frac{d}{2}\cos\alpha\right) = -1000 \times \left(\frac{0.2}{2} \times \cos 20°\right) = -94\text{N} \cdot \text{m}$$

(2)用合力矩定理求解

将法向力 F_n 分解为圆周力 F_t 和径向力 F_r,则可得

$$M_O(F_n) = M_O(F_t) + M_O(F_r) = -(F_n \cos\alpha)\frac{d}{2} + 0$$

$$= -(1000 \times \cos 20°) \times \frac{0.2}{2} = -94\text{N} \cdot \text{m}$$

【例 3-2】 如图 3-3 所示,每米长的挡土墙受土压力的合力为 $R = 150\text{kN}$。已知 $h = 4.5\text{m}, b = 1.5\text{m}$。求土压力 R 使墙倾覆的力矩。

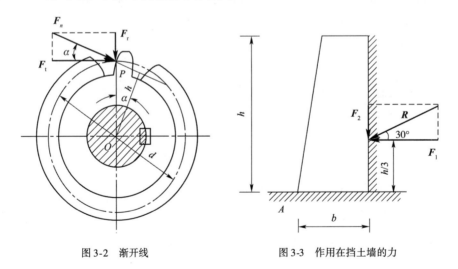

图 3-2 渐开线   图 3-3 作用在挡土墙的力

解:(1)把 R 正交分解为两个分力 F_1、F_2,则

$$F_1 = R\cos 30°$$
$$F_2 = R\sin 30°$$

(2)对 A 点取矩

$$M_A(R) = M_A(F_1) + M_A(F_2) = F_1\frac{h}{3} - F_2 b = 82.4\text{kN} \cdot \text{m}(逆时针)$$

单元 3.2　平面力偶系

一、概念和性质

1. 力偶和力偶系

作用在同一刚体上的一对等值、反向、不共线的平行力称为**力偶**。如图 3-4a)所示,力 F 和 F' 就组成了力偶,组成力偶的两力之间的距离 h 则称为**力偶臂**。汽车驾驶员用双手转动转向盘,就是力偶作用的一个实例,如图 3-4b)所示。

力偶的概念

如前所述,力使刚体绕某点转动的效应可用力矩来度量。因此力偶对刚体的转动效应就可以用组成力偶的两力对某点的矩的代数和来度量。如图 3-5 所示,在刚体上作用一力偶 F、F',在力偶作用平面内任取一点 O 为矩心,则力偶对 O 点的矩为 $M_O(F、F') = M_O(F) + M_O(F') = F(h+x) + (-F'x) = Fh$。

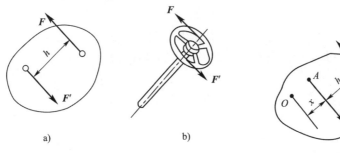

图 3-4　力偶　　　　　　　　图 3-5　力偶矩

同法可以证明,矩心 O 取在其他任何位置,其结果保持不变。由此说明,力偶中两力对任一点的力矩的代数和是一个恒定的代数量,这个与矩心位置无关的恒定的代数量称为**力偶矩**。力偶矩用"M"表示,其大小等于力偶中一力的大小与力偶臂的乘积,其正、负号规定与力矩的规定相同,即力偶使刚体逆时针转动时取正,反之取负。因此,力偶矩的一般表达式为

$$M = M_O(F、F') = M_O(F) + M_O(F') = \pm Fh \tag{3-4}$$

力偶矩的单位与力矩的单位相同,为 N·m。

2. 力偶的性质

(1) 力偶是一个由二力组成的特殊的不平衡力系,它不能合成为一个合力,所以不能与一力等效或平衡,力偶只能与力偶等效或平衡。

(2) 只要保持力偶矩不变,可以同时改变力偶中力的大小和力偶臂的长短,而不改变力偶对刚体的转动效应,如图 3-6a)、b)所示,即决定力偶对刚体转动效应的唯一特征量是力偶矩。因此,力偶可以直接用力偶矩(带箭头的弧线)来表示,如图 3-6c)所示。

力偶的等效

(3) 力偶可以在其作用平面内任意转移,因其力偶矩不变,所以并不改变它对刚体的转动效应。

力偶的特点

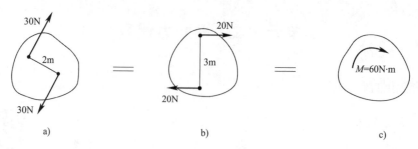

图 3-6 力偶矩的表示

二、平面力偶系的合成与平衡条件

力偶的合成和平衡

在同一平面内且作用于同一刚体上的多个力偶称为平面力偶系。显然,平面力偶系的合成结果必为一个合力偶,其合力偶矩等于各个分力偶矩的代数和,即

$$M = M_1 + M_2 + \cdots + M_n = \sum M_i \tag{3-5}$$

因此平面力偶系平衡的充要条件是:所有各力偶的力偶矩的代数和等于零,即

$$\sum M_i = 0 \tag{3-6}$$

由于组成力偶的两力对任一点的矩的代数和恒等于力偶矩,所以平面力偶系的平衡条件也可表达为:平面力偶系中的所有各力对任一点矩的代数和等于零,即

$$\sum M_O(F_i) = 0 \tag{3-7}$$

三、力偶应用实例

【例 3-3】 在图 3-7 所示的展开式两级圆柱齿轮减速器(用于降低转速、传递动力、增大转矩的独立传动部件)中(图中未示出中间传动轴),已知在输入轴Ⅰ上作用有力偶矩 $M_1 = -500\mathrm{N}\cdot\mathrm{m}$,在输出轴Ⅱ上作用有阻力偶矩 $M_2 = 2000\mathrm{N}\cdot\mathrm{m}$,地脚螺栓 A 和 B 相距 $l = 800\mathrm{mm}$,不计摩擦和减速器自重。求 A、B 处的法向约束力。

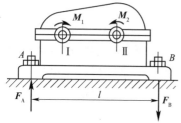

图 3-7 展开式两级圆柱齿轮减速器

解:(1)取减速器为研究对象。

(2)受力分析和受力图。减速器在图示平面内受到两个力偶 M_1 和 M_2 以及 A、B 处地脚螺栓的法向约束力的作用下平衡。由于力偶只能与力偶平衡,故 A、B 处的法向约束力 F_A 和 F_B 必构成一力偶。假设 F_A 和 F_B 的方向如图 3-7 所示。

(3)列平衡方程并求解。由平衡条件 $\sum M_i = 0$,可得平衡方程为

$$M_1 + M_2 + (-F_A l) = 0$$

得

$$F_A = F_B = \frac{M_1 + M_2}{l} = \frac{-500 + 2000}{0.8} = 1875\mathrm{N}$$

计算结果为正值,说明 F_A 和 F_B 的假设方向是正确的。

【例 3-4】 如图 3-8 所示,联轴器上有 4 个均匀分布在同

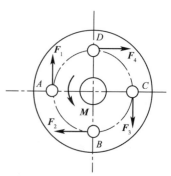

图 3-8 联轴器

一圆周上的螺栓 A、B、C、D，该圆的直径 $AC = BD = 150\text{mm}$，电动机传给联轴器的力偶矩 $M = 2.5\text{kN}\cdot\text{m}$。试求每个螺栓的受力。

解：(1) 作用在联轴器上的力为电动机施加的力偶，每个螺栓作用力的方向如图 3-8 所示。假设 4 个螺栓受力均匀，即 $F_1 = F_2 = F_3 = F_4 = F$，此四力组成两个力偶(平面力偶系)。联轴器等速转动时，平面力偶系平衡。

(2) 列平衡方程：

$$\sum M_O = 0, M - F \times AC - F \times BD = 0$$

因 $AC = BD$，故

$$F = \frac{M}{2AC} = \frac{2.5}{2 \times 0.15} = 8.33\text{kN}$$

每个螺栓受力均为 8.33kN，其方向分别与 F_1、F_2、F_3、F_4 的方向相反。

1. 力矩：乘积 $(F \cdot h)$ 并加上适当的正负号称为力对 O 点之矩(O 点为矩心)，矩心 O 到力 F 作用线的距离 h 称为力臂。
2. 力偶：作用在同一刚体上的一对等值、反向、不共线的平行力。
3. 力矩与力偶的区别：力矩与矩心有关，力偶与矩心无关。
4. 合力矩定理：在平面内任取一点 O 为矩心，由于合力与整个力系等效，所以合力对 O 点的矩一定等于各个分力对 O 点之矩的代数和。
5. 平面力偶系平衡的充要条件是所有各力偶的力偶矩的代数和等于零，即

$$\sum M_i = 0$$

基础倾覆稳定性验算问题

【例 3-5】 如图 3-9 所示，城市轨道交通工程中基础倾覆或倾斜往往发生在承受较大的单向水平推力而其合力作用点又离基础底面的距离较高的结构物上，如挡土墙或高桥台受侧向土压力作用，大跨度拱桥在施工中墩、台受到不平衡的推力，以及在多孔拱桥中一孔被毁等，此时在单向恒载推力作用下，均可能引起墩、台连同基础的倾覆和倾斜。

图 3-9 城市轨道交通工程中基础倾覆或倾斜

理论和实践证明，基础倾覆稳定性与合力的偏心距有关。合力偏心距越大，则基础抗倾覆的安全储备越小，如图 3-10 所示。因此，在设计时，可以用

限制合力偏心距 e_0 来保证基础的倾覆稳定性。

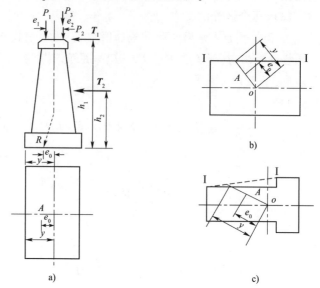

图 3-10 桥梁墩台

问题：根据基础倾覆或倾斜分析桥梁墩台的受力计算,分析合力偏心距问题。

(1) 简化墩台的受力图,并分别作受力分析。

(2) 计算合力矩的大小和作用位置,确定合力偏心距;计算公式如下:

$$e_0 = \frac{\sum P_i e_i + \sum T_i h_i}{\sum P_i}$$

式中：P_i——各竖直分力;

e_i——相应于各竖直分力 P_i 作用点至基础底面形心轴的距离;

T_i——各水平分力;

h_i——相应于各水平分力作用点至基底的距离。

(3) 设基底截面重心至压力最大一边的边缘的距离为 y (荷载作用在重心轴上的矩形基础 $y = \dfrac{b}{2}$),外力合力偏心距 e_0,则两者的比值 K_0 可反映基础倾覆稳定性的安全度,K_0 称为抗倾覆稳定系数,即

$$K_0 = \frac{y}{e_0}$$

为工程安全考虑,一般取 $K_0 \geq 1.5$。

3-1 题图 3-1 中 A、B、C、D 均为滑轮,绕过 B、D 两轮的绳子两端的拉力为 400N,绕过 A、C 两轮的绳子两端的拉力 F 为 300N,$\alpha = 30°$。滑轮大小忽略不计。试求这两力偶的合力偶的大小和转向。

3-2 已知梁 AB 上作用一力偶,力偶矩为 M,梁长为 L,梁重不计。求在题图 3-2 中 a、b、c 三种情况下,支座 A 和 B 的约束力。

3-3 齿轮箱的两个轴上作用的力偶如题图 3-3 所示，它们的力偶矩的大小分别为 $M_1 = 500\text{N} \cdot \text{m}$，$M_2 = 125\text{N} \cdot \text{m}$。图中长度单位为 cm。试求两螺栓处的铅垂约束力。

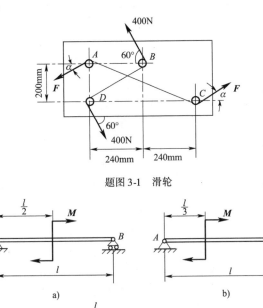

题图 3-1 滑轮

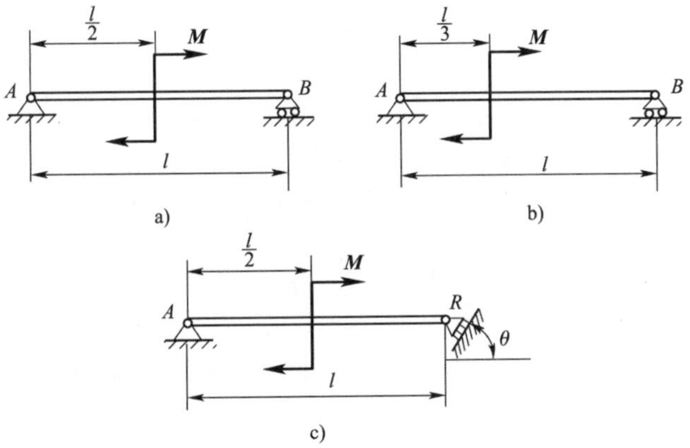

题图 3-2 梁的约束力

3-4 如题图 3-4 所示，汽锤在锻打工件时，由于工件偏置使锤头受力偏心而发生偏斜，它将在导轨 DA 和 BE 上产生很大的压力，从而加速导轨的磨损并影响锻件的精度。已知：锻打力 $F = 1000\text{kN}$，偏心距 $e = 20\text{mm}$，$h = 150\text{mm}$。试求锻锤给两侧导轨的压力。

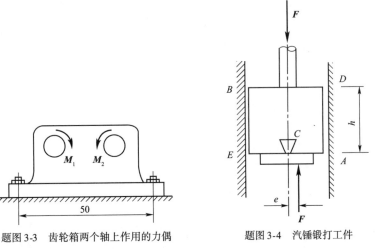

题图 3-3 齿轮箱两个轴上作用的力偶　　题图 3-4 汽锤锻打工件

3-5 四连杆机构在题图 3-5 所示位置平衡，已知 $OA = 60\text{cm}$，$BC = 40\text{cm}$，

作用在 BC 上力偶的力偶矩大小 $M_2 = 1\text{N} \cdot \text{m}$，各杆重量不计。试求作用在 OA 上力偶的力偶矩大小 M_1 和 AB 所受的力 F_{AB}。

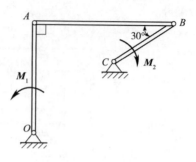

题图 3-5　四连杆机构

平面任意力系 模块 04

平面任意力系

1. 理解平面任意力系的概念。
2. 掌握平面任意力系的平衡条件和平衡方程。
3. 熟练地应用平面任意力系平衡方程,解决工程上的平衡问题。

单元 4.1　平面任意力系的简化

一、平面任意力系概念

所谓**平面任意力系**,是指位于同一平面内的各力的作用线既不汇交于一点也不互相平行的情况。它是城市轨道交通、建筑、路桥等工程实际中最常见的一种力系,工程计算中的许多实际问题都可以简化为平面任意力系问题来进行处理。例如,图 4-1 所示的摇臂式起重机及曲柄滑块机构等,其受力都在同一平面内,且各力的作用线既不汇交于一点也不互相平行,均为平面任意力系。

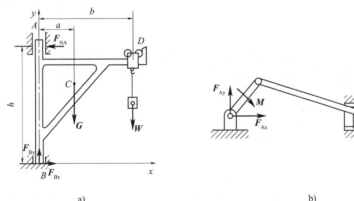

图 4-1　摇臂式起重机和曲柄滑块机构

另外,有些物体实际所受的力虽然明显地不在同一平面内,但由于其结构(包括支承)和所承受的力都对称于某个平面,因此作用于其上的力系仍可简化为平面任意力系。例如,图 4-2a)所示缆车,轨道对 4 个轮子的约束反力构成空间平行力系,但在它们对于缆车纵向对称面对称分布的情况下,可用位于缆车纵向对称面内的反力替代,如图 4-2b)所示,从而把作用于缆车上的所有力作为平面任意力系来处理。

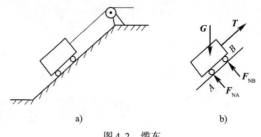

图 4-2 缆车

二、力的平移定理

作用在刚体上 A 点处的力 F，可以平移到刚体内任意点 O，但必须同时附加一个力偶，其力偶矩等于原来的力 F 对新作用点 O 的矩。这就是**力的平移定理**，如图 4-3 所示。

证明：根据加减平衡力系公理，在任意点 O 加上一对与 F 等值的平衡力 F'、F'' [图 4-3b)]，则 F 与 F'' 为一对等值反向不共线的平行力，组成了一个力偶，其力偶矩等于原力 F 对 O 点的矩，即

$$M = M_O(F) = Fd \qquad (4-1)$$

于是，作用在 A 点的力 F 就与作用于 O 点的平移力 F' 和附加力偶 M 的联合作用等效，如图 4-3c) 所示。

证毕。

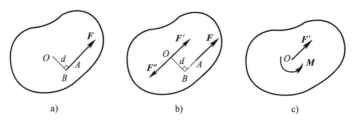

图 4-3 力的平移

力的平移定理表明了力对绕力作用线外的中心转动的物体有两种作用：一是平移力的作用，二是附加力偶对物体产生的旋转作用。

如图 4-4 所示，圆周力 F 作用于转轴的齿轮上，为观察力 F 的作用效应，将力 F 平移至轴心 O 点，则有平移力 F' 作用于轴上，同时有附加力偶 M 使齿轮绕轴旋转。

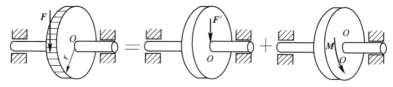

图 4-4 转轴齿轮

再以削乒乓球为例（图 4-5），分析力 F 对球的作用效应，将力 F 平移至球心，得平移力 F' 与附加力偶，平移力 F' 决定球心的轨迹，而附加力偶则使球产生转动。

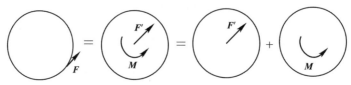

图 4-5 削乒乓球

三、平面任意力系的简化

1. 平面任意力系向平面内任意点简化

设刚体上作用有一平面任意力系 F_1、F_2、$\cdots$、F_n,如图 4-6a)所示,在平面内任意取一点 O,称为**简化中心**。根据力的平移定理,将各力都向 O 点平移,得到一个汇交于 O 点的平面汇交力系 F_1'、F_2'、$\cdots$、F_n',以及平面力偶系 M_1、M_2、$\cdots$、M_n,如图 4-6b)所示。

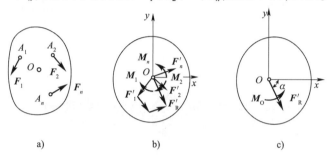

图 4-6 平面任意力系向面内任一点简化

(1)平面汇交力系 F_1'、F_2'、$\cdots$、F_n',可以合成为一个作用于 O 点的合矢量 F_R',如图 4-6c)所示。

$$F_R' = \sum F' = \sum F \tag{4-2}$$

它等于力系中各力的矢量和。显然,单独的 F_R' 不能和原力系等效,它被称为原力系的**主矢**。将式(4-2)写成直角坐标系下的投影形式,即

$$\left. \begin{array}{l} F_{Rx}' = F_{1x} + F_{2x} + \cdots + F_{nx} = \sum F_x \\ F_{Ry}' = F_{1y} + F_{2y} + \cdots + F_{ny} = \sum F_y \end{array} \right\} \tag{4-3}$$

因此,主矢 F_R' 的大小及其与 x 轴正向的夹角分别为

$$\left. \begin{array}{l} F_R' = \sqrt{F_{Rx}'^2 + F_{Ry}'^2} = \sqrt{(\sum F_x)^2 + (\sum F_y)^2} \\ \theta = \arctan \left| \dfrac{F_{Ry}'}{F_{Rx}'} \right| = \arctan \left| \dfrac{\sum F_y}{\sum F_x} \right| \end{array} \right\} \tag{4-4}$$

(2)附加平面力偶系 M_1、M_2、$\cdots$、M_n 可以合成为一个合力偶矩 M_O,即

$$M_O = M_1 + M_2 + \cdots + M_n = \sum M_O(F) \tag{4-5}$$

显然,单独的 M_O 也不能与原力系等效,因此它被称为原力系对简化中心 O 的**主矩**。

综上所述,得到如下结论:平面一般力系向平面内任一点简化可以得到一个力和一个力偶,这个力等于力系中各力的矢量和,作用于简化中心,称为原力系的主矢;这个力偶的矩等于原力系中各力对简化中心之矩的代数和,称为原力系的主矩。

原力系与主矢 F_R' 和主矩 M_O 的联合作用等效。主矢 F_R' 的大小和方向与简化中心的选择无关。主矩 M_O 的大小和转向与简化中心的选择有关。

平面任意力系的简化方法,在工程实际中可用来解决许多力学问题,如固定端约束问题。固定端约束是使被约束体插入约束内部,被约束体一端与约束成为一体而完全固定,既不能移动也不能转动的一种约束形式。

在工程实际中,固定端约束是很常见的,如机床上装卡加工工件的卡盘对工件的约束[图 4-7a)],大型机器中立柱对横梁的约束[图 4-7b)]。房屋建筑中墙壁对雨篷的约束

[图4-7c)],飞机机身对机翼的约束[图4-7d)]。

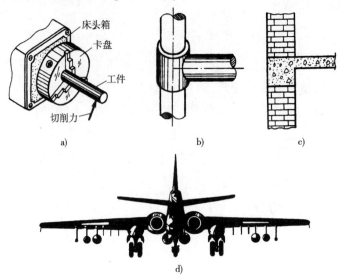

图4-7 常见几种固定端约束

固定端约束的约束反力是由约束与被约束体紧密接触而产生的一个分布力系。当外力为平面力系时,约束反力所构成的这个分布力系也是平面力系。由于其中各个力的大小与方向均难以确定,因而可将该力系向 A 点简化,得到的主矢用一对正交分力表示,而将主矩用一个反力偶矩来表示,这就是固定端约束的约束反力,如图4-8所示。

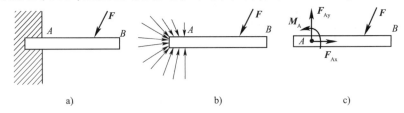

图4-8 固定端约束的约束反力

2. 平面任意力系的合成结果

由前述可知,平面任意力系向一点 O 简化后,一般来说得到主矢 F_R' 和主矩 M_O,但这并不是简化的最终结果,进一步分析可能出现以下4种情况:

(1)当 $F_R' = 0$ 时,$M_O \neq 0$。

说明该力系无主矢,而最终简化为一个力偶,其力偶矩就等于力系的主矩,此时主矩与简化中心无关。

(2)当 $F_R' \neq 0$ 时,$M_O = 0$。

说明原力系的简化结果是一个力,而且这个力的作用线恰好通过简化中心,此时 F_R' 就是原力系的合力 F_R。

(3)当 $F_R' \neq 0$ 时,$M_O \neq 0$。

这种情况还可以进一步简化,根据力的平移定理逆过程,可以把 F_R' 和 M_O 合成一个合力 F_R。合成过程如图4-9所示,合力 F_R 的作用线到简化中心 O 的距离为

$$d = \left|\frac{M_O}{F_R}\right| = \left|\frac{M_O}{F_R'}\right| \tag{4-6}$$

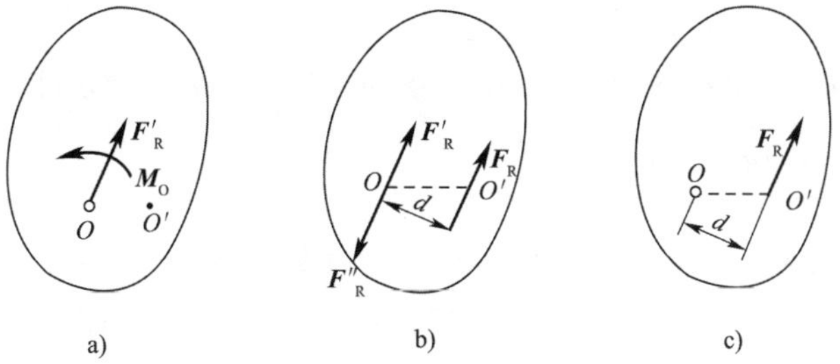

图 4-9 合成过程

(4) 当 $F'_R = 0$ 时，$M_O = 0$。

这表明，该力系对刚体总的作用效果为零，即物体处于平衡状态。

单元 4.2　平面任意力系的平衡

一、平面任意力系的平衡方程

1. 基本形式

由上述讨论可知，若平面任意力系的主矢和对任一点的主矩都为零，则物体处于平衡状态；反之，若力系是平衡力系，则其主矢、主矩必同时为零。因此，平面任意力系平衡的充要条件是

平面任意力系的
平衡方程一般式

$$\left. \begin{array}{l} F'_R = \sqrt{(\sum F_x)^2 + (\sum F_y)^2} = 0 \\ M_O = \sum M_O(F) = 0 \end{array} \right\} \quad (4\text{-}7)$$

故得平面任意力系的平衡方程为

$$\left. \begin{array}{l} \sum F_x = 0 \\ \sum F_y = 0 \\ \sum M_O(F) = 0 \end{array} \right\} \quad (4\text{-}8)$$

式(4-8)满足平面任意力系平衡的充要条件，所以平面任意力系有 3 个独立的平衡方程，可求解最多 3 个未知量。

用解析表达式表示平衡条件的方式不是唯一的。平衡方程式的形式还有二矩式和三矩式两种形式。

2. 二矩式

$$\left. \begin{array}{l} \sum F_x = 0 \\ \sum M_A(F) = 0 \\ \sum M_B(F) = 0 \end{array} \right\} \quad (4\text{-}9)$$

附加条件：AB 连线不得与 x 轴相垂直。

3. 三矩式

$$\left. \begin{array}{l} \sum M_A(F) = 0 \\ \sum M_B(F) = 0 \\ \sum M_C(F) = 0 \end{array} \right\} \quad (4\text{-}10)$$

附加条件:A、B、C 三点不在同一直线上。

式(4-9)和式(4-10)是物体取得平衡的必要条件,但不是充分条件,读者可自行推证。

二、平面任意力系平衡方程应用实例

【例 4-1】 重 W、半径为 r 的均匀圆球,用长为 l 的软绳 AB 及半径为 R 的固定光滑圆柱面支持,如图 4-10a)所示。已知:A 与圆柱面的距离为 d。求绳子的拉力 F_T 及固定面对圆球的作用力 F_N。

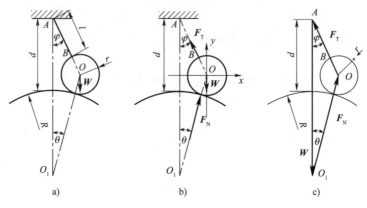

图 4-10 圆球作用力的计算

解 1:(1)取圆球为研究对象,画出受力图。软绳 AB 的延长线必过球的中心,拉力 F_T 沿 AB 背离圆球。F_N 沿两个圆心线连线在接触处指向圆球,其受力图如图 4-10b)所示;F_T 与 y 轴夹角为 φ,F_N 与 y 轴夹角为 θ。

(2)列平衡方程:

$$\sum F_x = 0, \ -F_T\sin\varphi + F_N\sin\theta = 0 \quad ①$$

$$\sum F_y = 0, \ F_T\cos\varphi + F_N\cos\theta - W = 0 \quad ②$$

(3)解平衡方程:

将正弦定理代入①式得

$$\frac{\sin\varphi}{\sin\theta} = \frac{R+r}{l+r} = \frac{F_N}{F_T}$$

由余弦定理得

$$\cos\varphi = \frac{(R+d)^2 + (l+r)^2 - (R+r)^2}{2(R+d)(l+r)}$$

$$\cos\theta = \frac{(R+d)^2 + (R+r)^2 - (l+r)^2}{2(R+d)(R+r)}$$

代入平衡方程解得

$$F_T = \frac{l+r}{R+d}W$$

$$F_N = \frac{R+r}{R+d}W$$

解 2:由图 4-10b)可知,球的受力为一平面汇交力系,可用自行封闭的力多边形求解其平衡问题。作其自行封闭的力多边形,即 $\triangle AO_1O$,如图 4-10c)所示。

显然有

$$\begin{cases} \dfrac{F_T}{W} = \dfrac{l+r}{R+d} \\ \dfrac{F_N}{W} = \dfrac{R+r}{R+d} \end{cases}$$

解得
$$\begin{cases} F_T = \dfrac{l+r}{R+d}W \\ F_N = \dfrac{R+r}{R+d}W \end{cases}$$

【例 4-2】 绞车通过钢丝牵引小车沿斜面轨道匀速上升,如图 4-11 所示。已知:小车重 $P=10\text{kN}$,绳与斜面平行,$\alpha=30°$,$a=0.75\text{m}$,$b=0.3\text{m}$,均不计摩擦。求钢丝绳的拉力及轨道对车轮的约束反力。

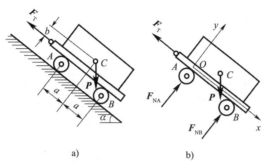

图 4-11 小车约束反力计算示意图

解:(1)取小车为研究对象,画出受力图,如图 4-11b)所示。小车上作用有重力 P,钢丝绳的拉力 F_T,轨道在 A、B 处的约束反力 F_{NA} 和 F_{NB}。

(2)取图示坐标系,列平衡方程如下:
$$\sum F_x = 0, \ -F_T + P\sin\alpha = 0$$
$$\sum F_y = 0, \ F_{NA} + F_{NB} - P\cos\alpha = 0$$
$$\sum M_O(F) = 0, \ F_{NB}(2a) - Pb\sin\alpha - Pa\cos\alpha = 0$$

解得
$$F_T = 5\text{kN}$$
$$F_{NB} = 5.33\text{kN}$$
$$F_{NA} = 3.33\text{kN}$$

三、平面一般力系平衡方程的解题步骤

平面一般力系平衡方程的解题步骤可归纳如下:

(1)确定研究对象,画出受力图。应取有已知力和未知力作用的物体,画出其分离体的受力图。

(2)列平衡方程并求解。适当选取坐标轴和矩心。若受力图上有两个未知力互相平行,可选垂直于此二力的坐标轴,列出投影方程。如果不存在两未知力平行,则选任意两个未知力的交点为矩心并列出力矩方程,先行求解。一般水平和垂直的坐标轴可画也可不画,但倾斜的坐标轴必须画出。

单元 4.3 物体系统的平衡

一、概述

物体系统平衡时,组成系统的每一个物体也都保持平衡。若物体系统由 n 个物体组成,

对每个受平面任意力系作用的物体至多只能列出 3 个独立的平衡方程,对整个物体系统至多只能列出 3n 个独立的平衡方程。若问题中未知量的数目不超过独立的平衡方程的总数,即用平衡方程可以解出全部未知量,这类问题称为**静定问题**。若问题中未知量的数目超过了独立的平衡方程的总数,则单靠平衡方程不能解出全部未知量,这类问题称为**超静定问题**或**静不定问题**。在城市轨道交通、建筑、路桥等工程实际中,为了提高刚度和稳固性,常对物体增加一些支承或约束,因而使问题由静定变为超静定。例如,图 4-12a)、b) 为静定结构,图 4-13a)、b) 为静不定结构。在用平衡方程来解决工程实际问题时,应首先判别该问题是否静定。本单元只研究静定问题。

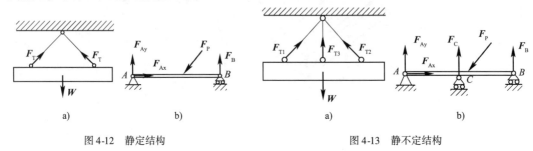

图 4-12　静定结构　　　　　　　　图 4-13　静不定结构

二、物体系统平衡应用实例

【**例 4-3**】　如图 4-14a)所示,吊桥 AB 长 L,重 W_1,重心在中心。A 端由铰链支于地面,B 端由绳拉住,绳绕过小滑轮 C 挂重物,重量 W_2 已知。重力作用线沿铅垂线 AC,AC = AB。问吊桥与铅垂线的交角 θ 为多大方能平衡,并求此时铰链 A 对吊桥的约束力 F_A。

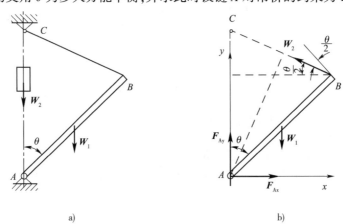

图 4-14　吊桥约束力计算

解:(1)选取 AB 杆件为研究对象,画出受力图,如图 4-14b)所示。

(2)列平衡方程,求解未知参量。

由 $\sum M_A = 0$,则 $\quad W_1 \dfrac{L}{2}\sin\theta - W_2 L\cos\dfrac{\theta}{2} = 0 \quad$ ①

由于 $\sin\theta = 2\sin\dfrac{\theta}{2}\cos\dfrac{\theta}{2}$ 代入①式得 $\sin\dfrac{\theta}{2} = \dfrac{W_2}{W_1}$

故得 $\quad \theta = 2\arcsin\dfrac{W_2}{W_1}$

由 $\sum F_x = 0$,则
$$F_{Ax} - W_2\cos\frac{\theta}{2} = 0 \qquad ②$$
得
$$F_{Ax} = W_2\cos\frac{\theta}{2}$$
由 $\sum F_y = 0$,则
$$F_{Ay} + W_2\sin\frac{\theta}{2} - W_1 = 0 \qquad ③$$
得
$$F_{Ay} = \frac{W_1^2 - W_2^2}{W_1}$$

【**例 4-4**】 图 4-15 中三铰拱在左半部分受到均布力 q 作用,A、B、C 三点都是铰链连接。已知:每个半拱重 $W = 300\text{kN}$,$a = 16\text{m}$,$e = 4\text{m}$,$q = 10\text{kN/m}$。求支座 A、B 的约束力。

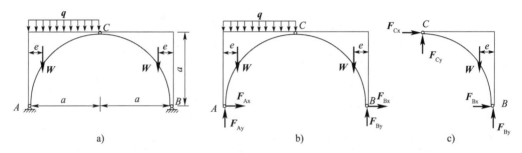

图 4-15 三铰拱

解:(1)选取整体为研究对象,画出受力图如图 4-15b)所示。列平衡方程求解部分约束力:

由 $\sum M_A = 0$,则
$$2aF_{By} - \frac{1}{2}qa^2 - We - W(2a - e) = 0$$
得
$$F_{By} = 340\text{kN}$$
由 $\sum F_y = 0$,则
$$F_{Ay} + F_{By} - 2W - qa = 0$$
得
$$F_{Ay} = 420\text{kN}$$
$$F_{Ay} = W - F_{By} = 15\text{kN}$$

(2)选取 BC 部分为研究对象,画受力图如图 4-15c)所示。列平衡方程:

由 $\sum M_C = 0$,则
$$F_{By}a + F_{Bx}a - W(a - e) = 0$$
得
$$F_{Bx} = -115\text{kN}(\text{与所设方向相反})$$

(3)再以整体为研究对象,如图 4-15b)所示,列平衡方程

由 $\sum F_x = 0$,则 $F_{Ax} + F_{Bx} = 0$
得
$$F_{Ax} = -F_{Bx} = 115\text{kN}$$

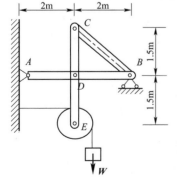

图 4-16 构架尺寸

【**例 4-5**】 图 4-16 所示构架中,物体重 $W = 1200\text{N}$,由细绳跨过滑轮 E 而水平系于墙上,尺寸如图 4-16 所示。求支承 A 和 B 处的约束力及 BC 杆的内力 F_{BC}。

解:(1)取系统整体为研究对象,画出受力,如图 4-17a)所示。其中 $F = W$,设滑轮 E 的半径为 r。列平衡方程,求 A 和 B 处的约束力。

由 $\sum M_A = 0$,则 $4 \times F_{By} - F \times (1.5 - r) - W \times (2 + r) = 0$

得 $F_{By} = 1050\text{N}$

由 $\sum F_x = 0$,则 $F_{Ax} - F = 0$

得 $F_{Ax} = F = W = 1200\text{N}$

由 $\sum F_y = 0$,则 $F_{Ay} - W + F_{By} = 0$

得 $F_{Ay} = W - F_{By} = 1200 - 1050 = 150\text{N}$

(2) BC杆为二力杆,其受力如图4-17c)所示。为求其内力,以ADB杆为研究对象,画出其受力如图4-17b)所示。列平衡方程

由 $\sum M_D = 0$,则 $-F_{Ay} \times 2 + F_{By} \times 2 + F_{BC} \times \sin\angle B \times 2 = 0$

得 $F_{BC} = -1500\text{N}$

F_{BC} 即BC杆的内力。解得负值,说明二力杆BC受压。

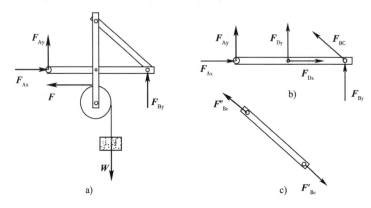

图4-17 构件受力示意图

三、物体系统平衡的解题步骤

物体系统平衡的解题步骤归纳如下:

(1) 适当选取研究对象,画出各研究对象分离体的受力图(研究对象可以是物系整体、单个物体,也可以是物系中几个物体的组合)。

(2) 分析各受力图,确定求解顺序。

研究对象的受力图可分为两类:一类是未知量数等于独立平衡方程的数目,称为是可解的;另一类是未知量数超过独立平衡方程的数目,称为暂不可解的。若未知量数是可解的,应先取其为研究对象,求出某些未知量,再利用作用与反作用关系,扩大求解范围。有时也可利用其受力特点,列出平衡方程,解出某些未知量。如某物体受平面一般力系作用,有4个未知量,但有3个未知量汇交于一点,则可取该3个力汇交点为矩心,列方程解出不汇交于该点的那个未知力。这便是解题的突破口,由于某些未知量的求出,其他不可解的研究对象也可以成为可解了。这样便可确定求解顺序。

(3) 根据确定的求解顺序,逐个列出平衡方程求解。

由于同一问题中有几个受力图,所以在列出平衡方程前应加上受力图号,以示区别。

单元4.4 考虑摩擦时的平衡问题

摩擦是机械运动中的普遍现象,在某些问题中,因其不起主要作用,在初步计算中忽略

它的影响而使问题大为简化。但在大多数工程技术问题中,它是不可忽略的重要因素。摩擦通常表现为有利和有害两个方面。人靠摩擦行走,车靠摩擦制动,螺钉若无摩擦将自动松开,带轮若无摩擦将无法传动,这些都是摩擦有利的一面。但是,摩擦还会引起机械发热、零件磨损、降低机械效率和减少使用寿命等,这些是摩擦有害的一面。研究摩擦的目的在于掌握摩擦规律,从而达到兴利除弊的目的。

摩擦可分为滑动摩擦和滚动摩擦,其中,滑动摩擦又分为静滑动摩擦和动滑动摩擦。本单元主要介绍无润滑的静滑动摩擦的性质,以及考虑摩擦时力系平衡问题的分析方法。

一、滑动摩擦力

两个相互接触的物体,如有相对滑动或滑动趋势,这时在接触面间彼此会产生阻碍相对滑动的切向阻力,这种阻力称为**滑动摩擦力**。为了研究滑动摩擦的规律,可做如下实验:将重为 G 的物体放在表面粗糙的固定水平面上,这时物体在重力 G 与法向反力 F_N 作用下处于平衡,如图4-18a)所示。若给物体一水平拉力 F_P,并由零逐渐增大,物体将有滑动趋势或发生相对滑动,讨论如下:

(1)静摩擦力。在拉力 F_P 值由零逐渐增大至某一临界值的过程中,物体虽有向右滑动的趋势,但仍保持静止状态,这说明在两接触面之间除法向反力外必存在一阻碍物体滑动的切向阻力 F,如图4-18b)所示。这个力称为静滑动摩擦力,简称**静摩擦力**。静摩擦力 F 的大小随主动力 F_P 大小而改变,其方向与物体滑动趋势方向相反。

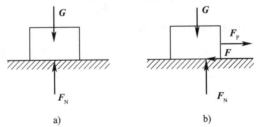

图4-18 滑动摩擦力

(2)最大静摩擦力。当拉力 F_P 达到某一临界值时,物体处于将要滑动而未滑动的临界状态,即拉力 F_P 再增大一点,物体即开始滑动。这时,静摩擦力达到最大值,称为最大静滑动摩擦力,简称**最大静摩擦力**,以 F_{max} 表示。

大量试验证明:最大静摩擦力的大小与两物体间的正压力(法向反力)成正比,即

$$F_{max} = f_s F_N \tag{4-11}$$

式(4-11)称为**静滑动摩擦定律**(又称**库仑摩擦定律**)。式中 f_s 称为静摩擦因数。它的大小与两物体的材料和接触面的粗糙程度有关,而与接触面的大小无关,一般可由实验测定,其数值可在机械工程手册中查到。

(3)动摩擦力。当拉力 F_P 再增大,只要稍大于 F_{max},物体就开始向右滑动,这时物体间的摩擦力称为动滑动摩擦力,简称**动摩擦力**,以 F' 表示。实验证明,动摩擦力的大小也与两物体间的正压力(法向反力)成正比,即

$$F' = f F_N \tag{4-12}$$

式(4-12)称为**动摩擦定理**。式中 f 称为动摩擦因数。它主要取决于接触面材料和表面情况。在一般情况下 f 略小于 f_s,可近似认为 $f = f_s$。

以上分析说明，考虑滑动摩擦问题时，要分清物体处于静止、临界平衡和滑动三种情况中的哪种状态，然后选用相应的方法进行计算。

滑动摩擦定律提供了利用摩擦和减小摩擦的途径。若要增大摩擦力，可以通过加大正压力和增大摩擦因数来实现。例如，在带传动装置中，若要增加胶带和胶带轮之间的摩擦，可用张紧轮，也可采用 V 型胶带代替平胶带的方法。又如，火车在下雪后行驶时，要在铁轨上撒细沙，以增大摩擦因数，避免打滑等。另外，若要减小摩擦时可以设法减小摩擦因数，在机器中常用降低接触表面的粗糙度或加润滑剂等方法，以减小摩擦和损耗。

二、摩擦角和自锁

仍以前述实验为例，当物体受到拉力 F_P 作用仍处于静止状态时，把它所受的法向反力 F_N 和切向摩擦力 F 合成为一个反力 F_R，称为**全约束反力**，或称为**全反力**。它与接触面法线间的夹角为 φ，如图 4-19a) 所示，由此得

$$\tan\varphi = \frac{F}{F_N} \tag{4-13}$$

φ 角将随主动力的变化而变化。当物体处于平衡的临界状态时，静摩擦力达到最大静摩擦力 F_{max}，φ 角也将达到相应的最大值 φ_f，称为**临界摩擦角**，简称**摩擦角**，如图 4-19b) 所示。此时，有

$$\tan\varphi_f = \frac{F_{max}}{F_N} = \frac{f_s F_N}{F_N} = f_s \tag{4-14}$$

式(4-14)表明，**静摩擦因数等于摩擦角的正切**。

由于静摩擦力不能超过其最大值 F_{max}，因此 φ 角总是小于或等于摩擦角(φ_f: $0 \leq \varphi \leq \varphi_f$)，即全反力的作用线不可能超出摩擦角的范围。

由此可知：

(1) 当主动力的合力 F_Q 的作用线在摩擦角 φ_f 以内时，由二力平衡公理可知，全反力 F_R 与之平衡(图 4-20)。因此，只要主动力合力的作用线与接触面法线间的夹角 α 不超过 φ_f，即

$$\alpha \leq \varphi_f \tag{4-15}$$

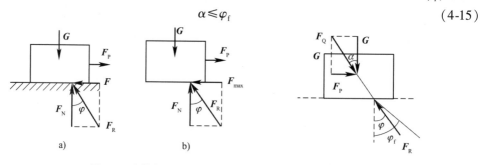

图 4-19 摩擦角　　　　图 4-20 自锁

不论该合力的大小如何，物体总处于平衡状态，这种现象称为**自锁**。式(4-15)称为**自锁条件**。利用自锁原理可设计某些机构或夹具(如千斤顶、压榨机、圆锥销等)，使之始终保持在平衡状态下工作。

(2) 当主动力合力的作用线与接触面法线间的夹角 $\alpha > \varphi_f$ 时，全反力不可能与之平衡，因此不论该合力多么小，物体一定会滑动。在工程实际中，对于传动机构，如利用这个原理，可避免自锁，使机构不致卡死。

三、考虑摩擦时的平衡问题应用实例

考虑摩擦时的平衡问题与前面没有摩擦时的平衡问题分析方法基本相同,所不同的是:

(1)分析物体受力时,除了一般约束反力外,还必须考虑摩擦力,其方向与滑动的趋势相反。

(2)需分清物体是处于一般平衡状态还是临界状态。在一般平衡状态下,静摩擦力的大小由平衡条件确定,并满足 $F \leq F_{max}$ 关系式;在临界状态下,静摩擦力为一确定值,满足 $F = F_{max} = f_s F_N$ 关系式。

(3)由于静摩擦力可在零与 F_{max} 之间变化,所以物体平衡时的解也有一个变化范围。为了避免解不等式,一般先假设物体处于临界状态,求得结果后再讨论解的范围。

【例 4-6】 图 4-21a)所示一重为 G 的物体放在倾角为 α 的固定斜面上。已知:物块与斜面间的静摩擦因数 f_s(摩擦角为 $\varphi_f = \arctan f_s$)。试求维持物块平衡的水平推力 F 的取值范围。

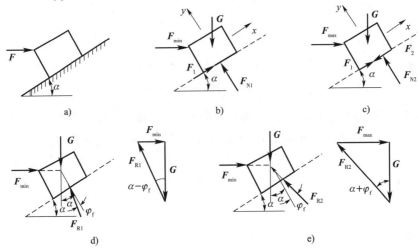

图 4-21 物块平衡水平推力的计算

解:根据经验,若 F 值过大,物块将上滑;若 F 值过小,物块将下滑,故 F 值只在一定范围内($F_{min} \leq F \leq F_{max}$)才能保持物块静止。$F_{min}$ 对应物块处于即将下滑的临界状态,F_{max} 对应物块处于即将上滑的临界状态。下面就两种情况进行分析。

(1)求 F_{min}。

假设静摩擦力 F_1 的方向应沿斜面向上,故其受力图和坐标轴如图 4-21b)所示。列平衡方程得

$$\sum F_x = 0, F_{min}\cos\alpha + F_1 - G\sin\alpha = 0$$
$$\sum F_y = 0, -F_{min}\sin\alpha - G\cos\alpha + F_{N1} = 0$$

由静摩擦定律,建立补充方程

$$F_1 = f_s F_{N1} = F_{N1}\tan\varphi_f$$

解得

$$F_{min} = \frac{\sin\alpha - f_s\cos\alpha}{\cos\alpha + f_s\sin\alpha} = G\tan(\alpha - \varphi_f)$$

(2)求 F_{max}。

假设静摩擦力 F_2 的方向应沿斜面向下,故其受力图和坐标轴如图 4-21c)所示。列平衡

方程得

$$\sum F_x = 0, F_{max}\cos\alpha - G\sin\alpha - F_2 = 0$$
$$\sum F_y = 0, -F_{max}\sin\alpha - G\cos\alpha + F_{N2} = 0$$

由静摩擦定律,建立补充方程

$$F_2 = f_s F_{N2} = F_{N2}\tan\varphi_f$$

解得

$$F_{max} = G\frac{\sin\alpha + f_s\cos\alpha}{\cos\alpha - f_s\sin\alpha} = G\tan(\alpha + \varphi_f)$$

由以上分析得知,若使物块保持平衡,力 F 的取值范围为

$$G\tan(\alpha - \varphi_f) \leqslant F \leqslant G\tan(\alpha + \varphi_f)$$

另外,如果应用摩擦角的概念,采用几何法求解本题,将更为简便。

当 $F = F_{min}$ 时,物块处于即将下滑的临界平衡状态,全反力 F_{R1} 与法线的夹角为摩擦角 φ_f,物块在 G、F、F_{R1} 三力作用下处于平衡,如图 4-21d)所示。作封闭的力三角形可得

$$F_{min} = G\tan(\alpha - \varphi_f)$$

当 $F = F_{max}$ 时,物块处于即将上滑的临界平衡状态,全反力 F_{R2} 与法线的夹角也是 φ_f,但 F_{R1} 与 F_{R2} 分布于接触面公法线的两侧,如图 4-21e)所示。作封闭的力三角形可得

$$F_{max} = G\tan(\alpha + \varphi_f)$$

【例 4-7】 图 4-22a)所示一重为 200N 的梯子,AB 一端靠在铅垂的墙壁上,另一端搁置在水平地面上,$\theta = \arctan 4/3$。假设梯子与墙壁间为光滑约束,而与地面之间存在摩擦,静摩擦因数 $f_s = 0.5$。问梯子是处于静止还是会滑倒?求此时摩擦力的大小。

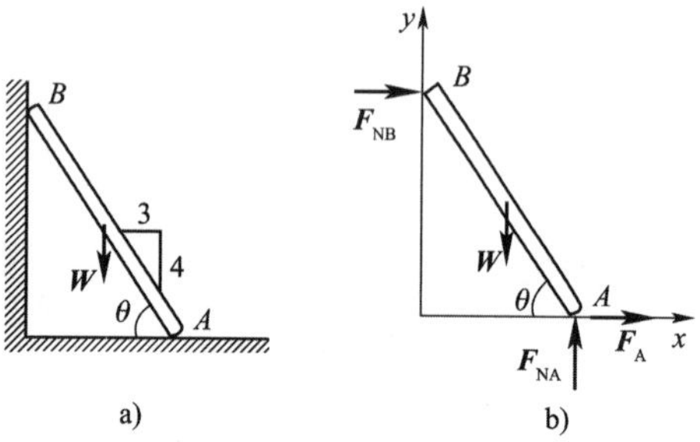

图 4-22 梯子受力图

解:解这类问题时,可先假设物体静止,求出此时物体所受的约束反力与静摩擦力 F,把所求得的 F 与可能达到的最大静摩擦力 F_{max} 进行比较,就可确定物体的真实情况。

取梯子为研究对象。其受力图及所取坐标轴如图 4-22b)所示。此时,设梯子 A 端有向左滑动的趋势。列平衡方程:

$$\sum F_x = 0$$
$$F_A + F_{NB} = 0$$
$$\sum F_y = 0$$
$$F_{NA} - W = 0$$
$$\sum M_A(F) = 0$$
$$W\frac{l}{2}\cos\theta - F_{NB} l\sin\theta = 0$$

解得

$$F_{NA} = W = 200\text{N}$$
$$F_A = -\frac{1}{2}W \cdot \cot\theta = -75\text{N}$$

根据静摩擦定律,可能达到的最大静摩擦力为

$$F_{A\max} = -fF_{NA} = 0.5 \times 200 = 100\text{N}$$

求得的静摩擦力为负值,说明它真实的指向与假设方向相反,即梯子应具有向右的趋势,又因为 $|F_A| < F_{A\max}$,说明梯子处于静止状态。

对这种类型的摩擦平衡问题,即已知作用在物体上的主动力,需判断物体是否处于平衡状态,可将摩擦力作为一般约束反力来处理。然后列平衡方程求出所受的摩擦力,并通过与最大静摩擦力做比较,判断物体所处的状态。

模块小结

1. 平面任意力系的简化

(1)力的平移定理:作用于刚体上的力 F 可以平移到刚体内任意点 O,但必须附加一力偶,此附加力偶的力偶矩等于原力 F 对点 O 之矩。

(2)平面一般力系的简化结果。

主矢 $\qquad F_R' = \sum F' = \sum F$

主矩 $\qquad M_O = \sum M_O(F)$

2. 平面任意力系的平衡(表4-1)

平面任意力系的平衡 　　　　表4-1

力系名称	平衡方程	其他形式的平衡方程	独立方程数目
平面一般力系	$\left.\begin{array}{l}\sum F_x=0\\ \sum F_y=0\\ \sum M_O(F)=0\end{array}\right\}$	$\left.\begin{array}{l}\sum F_x=0\\ \sum M_A(F)=0\\ \sum M_B(F)=0\end{array}\right\}$ 或 $\left.\begin{array}{l}\sum M_A(F)=0\\ \sum M_B(F)=0\\ \sum M_C(F)=0\end{array}\right\}$ (AB 连线不垂直轴)(A、B、C 不共线)	3
平面汇交力系	$\left.\begin{array}{l}\sum F_x=0\\ \sum F_y=0\end{array}\right\}$		2
平面平行力系	$\left.\begin{array}{l}\sum F_y=0\\ \sum M_O(F)=0\end{array}\right\}$	$\left.\begin{array}{l}\sum M_A(F)=0\\ \sum M_B(F)=0\end{array}\right\}$ (AB 连线不平行于各力作用线)	2
平面力偶系	$\sum M=0$		1

3. 物体系统平衡问题的解题步骤

(1)适当选取研究对象,画出各研究对象的受力图。

(2)分析各受力图,确定求解顺序,并根据选定的顺序逐个选取研究对象求解。

4. 考虑摩擦时的平衡问题与不考虑摩擦时的平衡问题的区别

(1)分析物体受力时,除了一般约束反力外,还必须考虑摩擦力,其方向与滑动的趋势相反。

(2)需分清物体是处于一般平衡状态还是临界状态。在一般平衡状态下,静摩擦力的大小由平衡条件确定,并满足 $F \leqslant F_{\max}$ 关系式;在临界状态下,静摩擦力为一确定值,满足 $F = F_{\max} = f_s F_N$ 关系式。

(3)由于静摩擦力可在零与 $F_{\max}$ 之间变化,所以物体平衡时的解也有一个变化范围。为了避免解不等式,一般先假设物体处于临界状态,求得结果后再讨论解的范围。

工程中可以简化为平面任意力系的实例

(1) 图4-23a) 所示为钢桁梁桥简图, 在初步分析时可以简化为图4-23b) 平面任意力系。

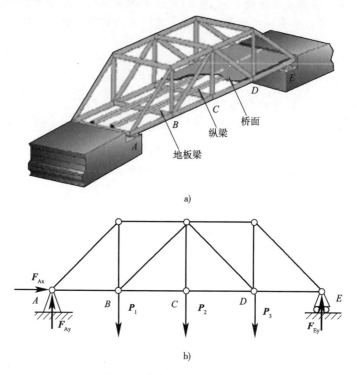

图4-23 钢桁梁桥平面任意力系

(2) 图4-24a) 所示的屋架, 它所承受的恒载、风载以及支座反力可简化为图4-24b) 平面任意力系。

(3) 图4-25a) 所示为起重机简图, 其配重、荷载、自重及支座反力可视为图4-25b) 平面任意力系。

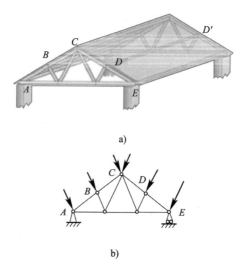

图4-24 屋架平面任意力系

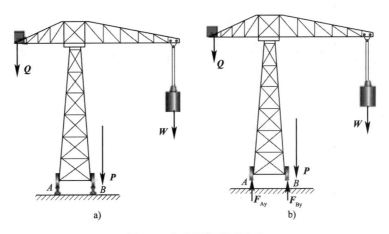

图 4-25 起重机平面任意力系

4-1 如题图 4-1 所示,人字梯 ACB 置于光滑水平面上,且处于平衡。已知:人字梯重为 G,夹角为 α,长度为 l。试求 A、B 和铰链 C 处的约束反力。

4-2 一构架如题图 4-2 所示,已知 F 和 a,且 $F_1 = 2F$。试求两固定铰链 A、B 和铰链 C 的约束反力。

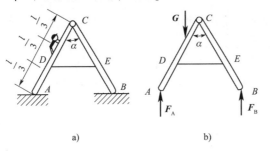

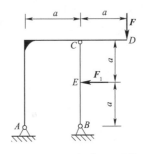

题图 4-1 人字梯约束反力计算

题图 4-2 构架约束反力计算

4-3 组合梁由 AC 和 CE 用铰链连接,荷载及支承情况如题图 4-3 所示。已知:$l = 8\text{m}$,$F = 5\text{kN}$,均布荷载集度 $q = 2.5\text{kN/m}$,力偶的矩 $M = 5\text{kN} \cdot \text{m}$。试求支座 A、B、E 及中间铰链 C 的反力。

4-4 题图 4-4 所示构架中,物体重 $W = 1200\text{N}$,由细绳跨过滑轮 E 而水平系于墙上。试求支承 A 和 B 处的约束力及杆 BC 的内力 F_{BC}。

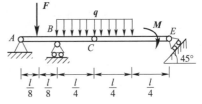

题图 4-3 组合梁反力计算

4-5 如题图 4-5 所示,活动梯子置于光滑水平面上,并在铅垂面内,梯子两部分 AC 和 AB 各重为 Q,重心在中点,彼此用铰链 A 和绳子 DE 连接。一人重为 P 立于 F 处,试求绳子 DE 的拉力和 B、C 两点的约束力。

4-6 由 AC 和 CD 构成的组合梁通过铰链 C 连接,其支座和荷载如题图 4-6 所示。已知:$q = 10\text{kN/m}$,力偶矩 $M = 40\text{kN} \cdot \text{m}$,不计梁重。试求支座 A、B、D 和铰链 C 处所受的约束力。

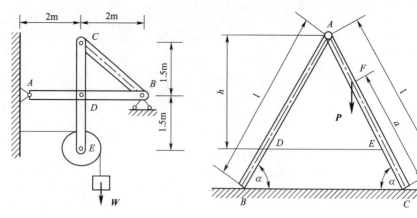

题图 4-4 构架约束力计算　　题图 4-5 活动梯子约束力计算

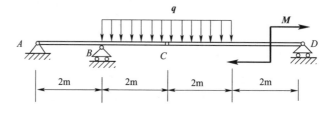

题图 4-6 组合梁支座及荷载计算示意图

4-7 承重框架如题图 4-7 所示，A、D、E 均为铰链，各杆件和滑轮的重量不计。试求 A、D、E 点的约束力。

4-8 题图 4-8 所示的三角形平板 A 点铰链支座，销钉 C 固结在 DE 杆上，并与滑道光滑接触。已知：$F=100$N，各杆件重量忽略不计。试求铰链支座 A 和 D 的约束反力。

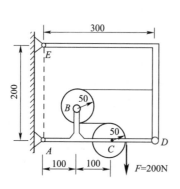

题图 4-7 承重框架约束力计算
（尺寸单位:cm）

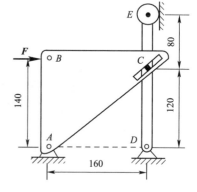

题图 4-8 三角形平板约束力计算
（尺寸单位:cm）

4-9 桁架的荷载和尺寸如题图 4-9 所示。试求 BH 杆、CD 杆和 GD 杆的受力。

4-10 如题图 4-10 所示，两物块 A 和 B 叠放在粗糙水平面上，物块 A 的顶上作用一斜力 F。已知：A 重 100N，B 重 200N，A 与 B 之间及物块 B 与粗糙水平面间的摩擦因数均为 $f=0.2$。问：当 $F=60$N，是物块 A 相对物块 B 滑动呢？还是物块 A、B 一起相对地面滑动？

4-11 如题图4-11所示,物块A、B分别重$W_A=1\text{kN}$,$W_B=0.5\text{kN}$,A、B以及A与地面间的摩擦因数均为$f_s=0.2$,A、B通过滑轮C用一绳连接,滑轮处摩擦不计。今在物块A上作用一水平力F,求能拉动物块A时该力的最小值。

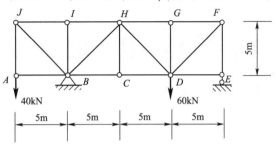

题图4-9 桁架荷载和尺寸计算示意图

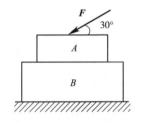

题图4-10 物块滑动计算示意图

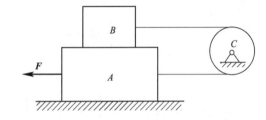

题图4-11 物块滑动力的计算

模块 05 轴向拉伸和压缩

1. 理解轴向拉伸与压缩的概念和内力的概念。
2. 熟练应用截面法求轴力和轴力图的绘制。
3. 了解材料在拉伸和压缩时的力学性能。
4. 掌握拉压杆的强度计算。

单元 5.1 轴向拉（压）杆的内力

一、基本概念

城市轨道交通、建筑、路桥等工程实际中，发生轴向拉伸或压缩变形的构件很多。例如，钢木组合桁架中的钢拉杆（图 5-1）和三角支架 ABC（图 5-2）中的杆，作用于杆上的外力（外力合力）的作用线与杆的轴线重合。在这种轴向荷载作用下，杆件以轴向伸长或缩短为主要变形形式，称为**轴向拉伸**或**轴向压缩**。以轴向拉压为主要变形的杆件，称为拉（压）杆。

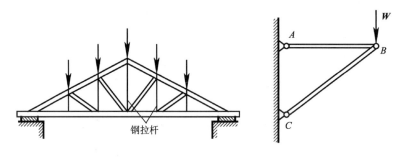

图 5-1 钢拉杆　　　　图 5-2 三角支架

实际拉（压）杆的端部连接情况和传力方式是各不相同的，但在讨论时可以将它们简化为一根等直杆（等截面的直杆），两端的力系用合力代替，其作用线与杆的轴线重合，则其计算简图如图 5-3 所示。

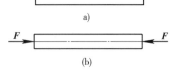

图 5-3 拉（压）杆计算简图

二、截面法求轴向拉（压）杆内力

在研究杆件的强度、刚度等问题时，都需要先求出杆件的内力。如图 5-4a）所示，等直杆在拉力的作用下处于平衡，欲求某横截面 m—m 上的内力,按截面法,先假想将杆沿 m—m 截面截开,留下任一部分作为脱离体进行分析,并将去掉部分对留下部分的作用以分布在横截面 m—m 上各点的内力来代替(图 5-4b)。对于留下部分而言,横截面 m—m 上的内力就成为外力。由于整个杆件处于平衡状态,杆件的任一部分均应保持平衡。于是,杆件横截面 m—m 上的内力系的合力(轴力)F_N 与其左端外力 F 形成共线力系,由平衡方程

$$\sum F_x = 0, F_N - F = 0$$

得
$$F_N = F$$

式中,F_N 为杆件任一横截面上的内力,其作用线与杆的轴线重合,即垂直于横截面并通过其形心。这种内力称为**轴力**,用 F_N 表示。

若在分析时取右段为脱离体,如图 5-4c)所示,则由作用与反作用原理可知,右段在截面上的轴力与前述左段上的轴力数值相等而指向相反。同样,也可以从右段的平衡条件来确定轴力。

对于压杆,同样可以通过上述过程求得其任一横截面上的轴力 F_N。为了研究方便,给轴力规定一个正负号:当轴力的方向与截面的外法线方向一致时,杆件受拉,规定轴力为正,称为拉力;反之,杆件受压,规定轴力为负,称为压力。

当杆受到多个轴向外力作用时,在杆的不同位置的横截面上,轴力往往不同。为了形象而清晰地表示横截面上的轴力沿轴线变化的情况,可用平行于轴线的坐标表示横截面的位置,称为基线,用垂直于轴线的坐标表示横截面上轴力的数值,正的轴力(拉力)画在基线的上侧,负的轴力(压力)画在基线的下侧。这样绘出的轴力沿杆件轴线变化的图线,称为轴力图。

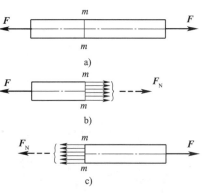

图 5-4 截面法求轴向拉(压)杆内力

轴力

三、截面法求内力应用实例

【**例 5-1**】 一等直杆所受外力如图 5-5a)所示。试求各段截面上的轴力,并作杆的轴力图。

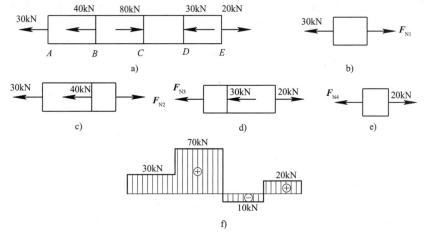

图 5-5 等直杆内力计算

解：在 AB 段范围内任一横截面处将杆截开，取左段为脱离体，如图 5-5b) 所示，假定轴力 F_{N1} 为拉力（以后轴力都按拉力假设），由平衡方程

$$\sum F_x = 0, F_{N1} - 30 = 0$$

得

$$F_{N1} = 30 \text{kN}$$

结果为正值，故 F_{N1} 为拉力。

同理，可求得 BC 段内任一横截面上的轴力，如图 5-5c) 所示。

$$F_{N2} = 30 + 40 = 70 \text{kN}$$

在求 CD 段内的轴力时，将杆截开后取右段为脱离体，如图 5-5d) 所示，因为右段杆上包含的外力较少。由平衡方程得

$$\sum F_x = 0, -F_{N3} - 30 + 20 = 0$$

得

$$F_{N3} = -30 + 20 = -10 \text{kN}$$

结果为负值，说明 F_{N3} 为压力。

同理，可求得 DE 段内任一横截面上的轴力 F_{N4} 为

$$F_{N4} = 20 \text{kN}$$

按上述画轴力图的规则，画出杆件的轴力图，如图 5-5f) 所示。F_N 最大值发生在 BC 段内的任一横截面上，其值为 70kN。

由上述计算可见，在求轴力时，先假设未知轴力为拉力时，则得数前的正负号，既表明所设轴力的方向是否正确，也符合轴力的正负号规定。

单元 5.2　轴向拉(压)杆横截面和斜截面上的应力

若要判断受力构件能否发生强度破坏，仅知道某个截面上内力的大小是不够的，还需要求出截面上各点的应力。下面首先研究拉(压)杆横截面上的应力。

一、拉(压)杆横截面上的应力

若要确定拉(压)杆横截面上的应力，必须了解其内力系在横截面上的分布规律。由于内力与变形有关，因此，首先通过试验来观察杆的变形。取一等截面直杆，如图 5-6a) 所示，先在其表面刻两条相邻的横截面的边界线（ab 和 cd）和若干条与轴线平行的纵向线，然后在杆的两端沿轴线施加一对拉力 F 使杆发生变形，此时可观察到：①所有纵向线发生伸长，且伸长量相等；②横截面边界线发生相对平移。ab、cd 分别移至 a_1b_1、c_1d_1，但仍为直线，仍与纵向线垂直，如图 5-6b) 所示，根据这一现象可做如下假设：变形前为平面的横截面，变形后仍为平面，只是相对地沿轴向发生了平移，这个假设称为**平面假设**。

根据这一假设，任意两横截面间的各纵向纤维的伸长均相等。根据材料均匀性假设，在弹性变形范围内，变形相同时，受力也相同，于是可知，内力系在横截面上均匀分布，即横截面上各点的应力可用求平均值的方法得到。由于拉(压)杆横截面上的内力为轴力，其方向垂直于横截面，且通过截面的形心，而截面上各点处应力与微面积 dA 之乘积的合成为该截面上的内力。显然，截面上各点处的切应力不可能合成为一个垂直于截面的轴力。所以，与轴力相应的只可能是垂直于截面的正应力 σ，设轴力为 F_N，横截面面积为 A，由此可得

$$\sigma = \frac{F_N}{A} \quad (5\text{-}1)$$

式(5-1)中,若 F_N 为拉力,则 σ 为拉应力;若 F_N 为压力,则 σ 为压应力。σ 的正负规定与轴力相同,拉应力为正,压应力为负,如图 5-6c)、d)所示。应力常用单位有 Pa、kPa、MPa、GPa。

二、拉(压)杆斜截面上的应力

以上研究了拉(压)杆横截面上的应力,为了更全面地了解杆内的应力情况,现在研究斜截面上的应力。如图 5-7a)所示拉杆,利用截面法,沿任一斜截面 m—m 将杆截开,取左段杆为研究对象,该截面的方位以其外法线 on 与 x 轴的夹角 α 表示。由平衡条件可得斜截面 m—m 上的内力 F_α 为

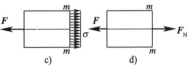

图 5-6 拉(压)杆横截面上的应力

$$F_\alpha = F \quad (5\text{-}2)$$

由前述分析可知,杆件横截面上的应力均匀分布,由此可以推断,斜截面 m—m 上的总应力 p_α 也为均匀分布[图5-7b)],且其方向必与杆轴平行。假设斜截面的面积为 A_α,A_α 与横截面面积 A 的关系为

$$A_\alpha = \frac{A}{\cos\alpha}$$

则

$$p_\alpha = \frac{F_\alpha}{A_\alpha} = \frac{F}{A}\cos\alpha = \sigma_0 \cos\alpha \quad (5\text{-}3)$$

式中:$\sigma_0 = \frac{F}{A}$——拉杆在横截面($\alpha = 0$)上的正应力。

将总应力 p_α 沿截面法向与切向分解[图 5-7c)],得斜截面上的正应力与切应力分别为

$$\sigma_\alpha = p_\alpha \cos\alpha = \sigma_0 \cos^2\alpha \quad (5\text{-}4)$$

$$\tau_\alpha = p_\alpha \sin\alpha = \frac{\sigma_0}{2}\sin 2\alpha \quad (5\text{-}5)$$

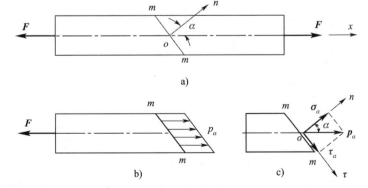

图 5-7 拉(压)杆斜截面上的应用

上列两式表达了通过拉压杆内任一点处不同方位截面上的正应力 σ_α 和切应力 τ_α 随截

面方位角 α 的变化而变化。通过一点的所有不同方位截面上的应力的集合,称为该点处的**应力状态**。由式(5-4)、式(5-5)可知,通过拉压杆内任意一点不同方位截面上的正应力 σ_α 和切应力 τ_α,随截面方位角 α 作周期性变化。

(1)当 α = 0 时,正应力最大,其值为

$$\sigma_{\max} = \sigma_0 \tag{5-6}$$

即拉压杆的最大正应力发生在横截面上。

(2)当 α = 45°时,切应力最大,其值为

$$\tau_{\max} = \frac{\sigma_0}{2} \tag{5-7}$$

即拉压杆的最大切应力发生在与杆轴线成 45°的斜截面上。

为便于应用上述公式,现对方位角与切应力的正负号做如下规定:以 x 轴为始边,方位角 α 为逆时针转向者为正;斜截面外法线 on 沿顺时针方向旋转 90°,与该方向同向的切应力为正。按此规定,图 5-7c)所示的 α 与 τ_α 均为正。

当等直杆受几个轴向外力作用时,由轴力图可求得其最大轴力 $F_{N\max}$,那么杆内的最大正应力为

$$\sigma_{\max} = \frac{F_{N\max}}{A} \tag{5-8}$$

最大轴力所在的横截面称为危险截面,危险截面上的正应力称为最大工作应力。

【**例 5-2**】 一正方形截面的阶梯形砖柱,其受力情况、各段长度及横截面尺寸如图 5-8a)所示。已知 P = 40kN。试求荷载引起的最大工作应力。

解:首先作柱的轴力图,如图 5-8b)所示。由于此柱为变截面杆,应分别求出每段柱的横截面上的正应力,从而确定全柱的最大工作应力。

Ⅰ、Ⅱ 两段柱横截面上的正应力,分别由求得的轴力和已知的横截面尺寸算得

$$\sigma_1 = \frac{F_{N1}}{A_1} = \frac{-40 \times 10^3}{240 \times 240} = -0.69\text{MPa}(压应力)$$

$$\sigma_2 = \frac{F_{N2}}{A_2} = \frac{-120 \times 10^3}{370 \times 370} = -0.88\text{MPa}(压应力)$$

故最大工作压应力发生在 Ⅱ 段横截面上,大小为 0.88MPa。

【**例 5-3**】 有一受轴向拉力 P = 100kN 的拉杆,如图 5-9a)所示。已知横截面面积 A = 1000mm²。试分别计算 α = 0°、α = 90°及 α = 45°各截面上的 σ_α 和 τ_α 的数值。

解:(1) α = 0°的截面即杆的横截面,如图 5-9 中的截面 1-1。由式(5-4)和式(5-5)可分别算得

$$\sigma_\alpha = \sigma\cos^2\alpha = \sigma\cos^20° = \sigma = \frac{P}{A} = \frac{100 \times 10^3}{1000 \times 10^{-6}}$$

$$= 100 \times 10^6 \text{N/m}^2 = 100\text{MPa}$$

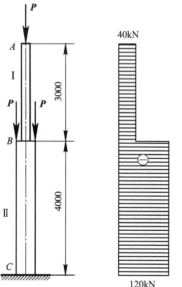

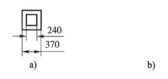

图 5-8 阶梯形砖柱应力计算
(尺寸单位:mm)

$$\tau_\alpha = \frac{1}{2}\sigma\sin 2\alpha = \frac{1}{2}\sigma\sin(2\times 0°) = \frac{1}{2}\sigma\sin 0° = 0$$

(2) $\alpha = 90°$ 的截面为与杆轴线平行的纵截面,如图 5-9a)中的截面 2-2,同样可算得

$$\sigma_\alpha = \sigma\cos^2 90° = 0$$

$$\tau_\alpha = \frac{1}{2}\sigma\sin(2\times 90°) = 0$$

(3) $\alpha = 45°$ 时,同样可算得

$$\sigma_\alpha = \sigma\cos^2 45° = 100\times\left(\frac{\sqrt{2}}{2}\right)^2 = 50\text{MPa}$$

$$\tau_\alpha = \frac{1}{2}\sigma\sin(2\times 45°) = \frac{\sigma}{2} = \frac{1}{2}\times 100 = 50\text{MPa}$$

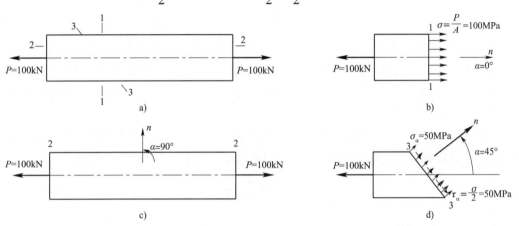

图 5-9 拉杆应力计算

以上各截面的正应力 σ_α 和剪应力 τ_α 在截面上的分布如图 5-9b)、c)、d)所示。

单元 5.3 拉(压)杆的变形与胡克定律

一、绝对变形胡克定律

实验表明,当拉杆沿其轴向伸长时,其横向将收缩,如图 5-10a)所示;而压杆则相反,当压杆沿其轴向缩短时,其横向将增大,如图 5-10b)所示。

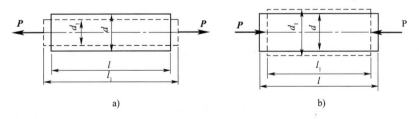

图 5-10 拉伸与压缩

设 l、d 为直杆变形前的长度与直径,l_1、d_1 为直杆变形后的长度与直径,则轴向和横向变形分别为

$$\Delta l = l_1 - l \tag{5-9}$$

$$\Delta d = d_1 - d \tag{5-10}$$

Δl 与 Δd 称为绝对变形。由式(5-9)、式(5-10)可知 Δl 与 Δd 符号相反。

实验结果表明：如果所施加的荷载使杆件的变形处于弹性范围内，杆的轴向变形 Δl 与杆所承受的轴向荷载 P、杆的原长 l 成正比，而与其横截面面积 A 成反比，其关系式为

$$\Delta l \propto \frac{Pl}{A}$$

引进比例常数 E，则有

$$\Delta l = \frac{Pl}{EA} \tag{5-11}$$

由于 $P = F_N$，故式(5-11)可改写为

$$\Delta l = \frac{F_N l}{EA} \tag{5-12}$$

这一关系式称为胡克定律。式中的比例常数 E 称为杆材料的弹性模量，其单位为 Pa。E 的数值随材料而定，是通过实验测定的，其值表征材料抵抗弹性变形的能力。EA 称为杆的拉伸(压缩)刚度，对于长度相等且受力相同的杆件，其拉伸(压缩)刚度越大则杆件的变形越小。Δl 的正负与轴力 F_N 一致。

当拉(压)杆有两个以上的外力作用时，需先画出轴力图，然后按式(5-12)分段计算各段的变形，各段变形的代数和为杆的总变形力，即

$$\Delta l = \sum_i \frac{F_{Ni} l_i}{(EA)_i} \tag{5-13}$$

二、相对变形与泊松比

绝对变形的大小只反映杆的总变形量，而无法说明杆的变形程度。因此，为了度量杆的变形程度，还需计算单位长度内的变形量。对于轴力为常量的等截面直杆，其变形处处相等。可将 Δl 除以 l，Δd 除以 d 表示单位长度的变形量，即

$$\varepsilon = \frac{\Delta l}{l} \tag{5-14}$$

$$\varepsilon' = \frac{\Delta d}{d} \tag{5-15}$$

式中：ε——纵向线应变；

ε'——横向线应变。

应变是单位长度的变形，是无因次的量。由于 Δl 与 Δd 具有相反符号，因此 ε 与 ε' 也具有相反的符号。将式(5-12)代入式(5-14)，得胡克定律的另一表达形式为

$$\varepsilon = \frac{\sigma}{E} \tag{5-16}$$

显然，式(5-16)中的纵向线应变 ε 和横截面上正应力的正负号也是相对应的。式(5-16)是经过改写后的胡克定律，它不仅适用于拉(压)杆，而且更普遍地用于所有的单轴应力状态，故它通常又称为单轴应力状态下的胡克定律。

实验表明，当拉(压)杆内应力不超过某一限度时，横向线应变 ε' 与纵向线应变 ε 之比的绝对值为一常数，即

$$\mu = \left|\frac{\varepsilon'}{\varepsilon}\right| \tag{5-17}$$

μ 称为**横向变形因数**或**泊松比**,是无因次的量,其数值随材料而异,也是通过实验测定的。

弹性模量 E 和泊松比 μ 都是材料的弹性常数。几种常用金属材料的 E、μ 的数值可参阅表 5-1。

常用金属材料的 E、μ 的数值 表 5-1

材料名称	$E(\text{GPa})$	μ	材料名称	$E(\text{GPa})$	μ
低碳钢	196~216	0.25~0.33	铜及其合金	72.6~128	0.31~0.742
中碳钢	205		铝合金	70	0.33
合金钢	186~216	0.24~0.33	混凝土	15.2~36	0.16~0.18
灰口铸铁	78.5~157	0.23~0.27	木材(顺纹)	9~12	
球墨铸铁	150~180				

必须指出,当沿杆长度为非均匀变形时,式(5-12)并不反映沿长度各点处的纵向线应变。对于各处变形不均匀的情形(图 5-11),则必须考核杆件上沿轴向的微段 dx 的变形,并以微段 dx 的相对变形来度量杆件局部的变形程度。这时有

$$\varepsilon_x = \frac{\Delta dx}{dx} = \frac{\frac{F_N dx}{EA(x)}}{dx} = \frac{\sigma_x}{E} \tag{5-18}$$

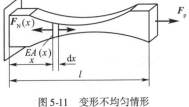

图 5-11 变形不均匀情形

可见,无论变形均匀还是不均匀,正应力与正应变之间的关系都是相同的。

单元 5.4 材料在拉伸和压缩时的力学性能

材料力学主要研究受力构件强度和刚度等问题。而构件的强度和刚度,除了与构件的几何尺寸及受力情况有关外,还与材料的力学性能有关。实验指出,材料的力学性能不仅决定于材料本身的成分、组织以及冶炼、加工、热处理等过程,而且决定于加载方式、应力状态和温度。本单元主要介绍工程实际中常用材料在常温、静载条件下的力学性能。

在常温、静载条件下,材料常分为塑性材料和脆性材料两大类。本单元重点讨论它们在拉伸和压缩时的力学性能。

一、材料的拉伸和压缩试验

在进行拉伸试验时,先将材料加工成符合国家标准[如《金属材料 拉伸试验 第 1 部分:室温试验方法》(GB/T 228.1—2021)]的试样。为了避开试样两端受力部分对测试结果的影响,试验前先在试样的中间等直部分上划两条横线,如图 5-12 所示。当试样受力时,横线之间的一段杆中任何横截面上的应力均相等,这一段则为杆的工作段,其长度称为标距。在试验时就量测工作段的变形。常用的试样有圆形截面和矩形截面两种。为了能比较不同粗细的试样在拉断后工作段的变形程度,通常对圆形截面标准试样的标距长度 l 与其横截面直径 d 的比例加以规定。矩形截面标准试样,则规定其标距长度 l 与横截面面积 A 的比

例。常用的标准比例有两种,即

$$l = 10d \text{ 和 } l = 5d \text{（对圆形截面试样）}$$

或

$$l = 11.3\sqrt{A} \text{ 和 } l = 5.65\sqrt{A} \text{（对矩形截面试样）}$$

压缩试样通常用圆形截面或正方形截面的短柱体,如图5-13所示,其长度 l 与横截面直径 d 或边长 b 的比值一般规定为 $1\sim3$,这样才能避免试样在试验过程中被压弯。

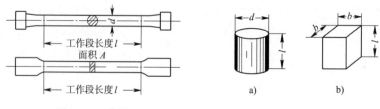

图5-12　工作段　　　　　　图5-13　压缩试样

拉伸或压缩试验时使用的设备是多功能万能试验机(简称万能试验机)。万能试验机由机架、加载系统、测力示值系统、荷载位移纪录系统以及夹具、附具等部分组成。关于万能试验机的具体构造和原理,可参阅有关材料力学实验书籍。

二、低碳钢拉伸时的力学性能

将准备好的低碳钢试样装到万能试验机上,开动万能试验机使试样两端受轴向拉力 F 的作用。当力 F 由零逐渐增加时,试样逐渐伸长,用仪器测量标距 l 的伸长 Δl,将各 F 值与相应的 Δl 之值记录下来,直到试样被拉断时为止。然后,以 Δl 为横坐标,以力 F 为纵坐标,在纸上标出若干个点,以曲线相连,可得一条 F—Δl 曲线,如图5-14所示,称为低碳钢的拉伸曲线或拉伸图。一般万能试验机可以自动绘出拉伸曲线。

低碳钢试样的拉伸图只能代表试样的力学性能,因为该图的横坐标和纵坐标均与试样的几何尺寸有关。为了消除试样尺寸对试验的影响,将拉伸图中的 F 值除以试样横截面的原面积,即用应力来表示: $\sigma = F/A$;将 Δl 除以试样工作段的原长 l,即用应变来表示: $\varepsilon = \Delta l/l$。这样,所得曲线即与试样尺寸无关,而可以代表材料的力学性质,称为应力—应变曲线(σ—ε 曲线),如图5-15所示。

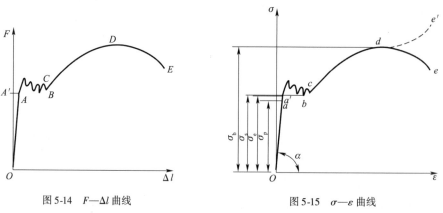

图5-14　F—Δl 曲线　　　　　　图5-15　σ—ε 曲线

低碳钢是工程中使用最广泛的材料,同时,低碳钢试样在拉伸试验中所表现出的变形与抗力之间的关系也比较典型。由 σ—ε 曲线图可见,低碳钢在整个拉伸试验过程中大致可分为以下四个阶段。

1. 弹性阶段

在弹性阶段(图 5-15 中的 Oa' 段),试样的变形完全是弹性的,全部卸除荷载后,试样将恢复其原长,这一阶段称为弹性阶段。

弹性阶段曲线有两个特点:

(1) Oa 段是一条直线,它表明在这段范围内,应力与应变成正比,即

$$\sigma = E\varepsilon \tag{5-19}$$

比例系数 E 称为**弹性模量**,在图 5-15 中 $E = \tan\alpha$。式(5-19)所表明的关系即**胡克定律**。成正比关系的最高点 a 所对应的应力值 σ_P,称为比例极限,Oa 段称为线性弹性区。低碳钢的 $\sigma_P = 200\text{MPa}$。

(2) aa' 段为非直线段,它表明应力与应变成非线性关系。试验表明,只要应力不超过 a' 点所对应的应力 σ_e,其变形是完全弹性的,σ_e 称为弹性极限,其值与 σ_P 接近,所以在应用上,对比例极限和弹性极限不做严格区分。

2. 屈服阶段

在应力超过弹性极限后,试样的伸长急剧地增加,而万能试验机的荷载读数却在很小的范围内波动,即试样的荷载基本不变而试样却不断伸长,就好像材料暂时失去了抵抗变形的能力,这种现象称为屈服,这一阶段称为屈服阶段。屈服阶段出现的变形是不可恢复的塑性变形。若试样经过抛光,则在试样表面可以看到一些与试样轴线成45°角的条纹,如图 5-16 所示。这种由材料沿试样的最大切应力面发生滑移而出现的现象,称为滑移线。

在屈服阶段内,应力 σ 有幅度不大的波动,最高点称为上屈服点,最低点 D 称为下屈服点。试验指出,加载速度等很多因素对上屈服值的影响较大,而下屈服值则较为稳定。因此,将下屈服点所对应的应力 σ_s 称为屈服极限。

3. 强化阶段

试样经过屈服阶段后,材料的内部结构得到了重新调整。在此过程中材料不断发生强化,试样中的抗力不断增长,材料抵抗变形的能力有所提高,表现为变形曲线自 c 点开始又继续上升,直到最高点 d 为止,这一现象称为强化,这一阶段称为强化阶段。其最高点 d 所对应的应力 σ_b,称为强度极限。低碳钢的 $\sigma_b \approx 400\text{MPa}$。

对于低碳钢来讲,屈服极限 σ_s 和强度极限 σ_b 是衡量材料强度的两个重要指标。

若在强化阶段某点 m 停止加载,并逐渐卸除荷载,变形将退到点 n,如图 5-17 所示。如果立即重新加载,变形将重新沿直线 nm 到达点 m,然后大致沿着曲线 mde 继续增加,直到拉断。材料经过这样处理后,其比例极限和屈服极限将得到提高,而拉断时的塑性变形减少,即塑性降低了。这种通过预拉卸载的方式而使材料的性质获得改变的做法称为**冷作硬化**。在工程中常利用冷作硬化来提高钢筋和钢缆绳等构件在线弹性范围内所能承受的最大荷载。值得注意的是,若试样拉伸至强化阶段后卸载,经过一段时间后再受拉,则其线弹性范围的最大荷载还有所提高,如图 5-17 中 $nfgh$ 所示。

钢筋冷拉后,其抗压的强度指标并不提高,所以在钢筋混凝土中,受压钢筋不用冷拉。

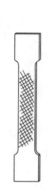 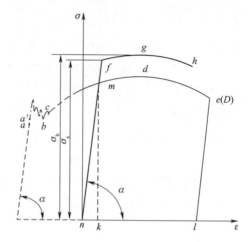

图 5-16　条纹　　　　　图 5-17　强化阶段

4. 缩颈阶段

试样从开始变形到 σ—ε 曲线的最高点 d，在工作长度 l 范围内沿横纵向的变形是均匀的。但自 d 点开始，到 e 点断裂时为止，变形将集中在试样的某一较薄弱的区域内，该处的横截面面积显著地收缩，出现"**缩颈**"现象。在试样继续变形的过程中，由于"缩颈"部分的横截面面积急剧缩小，因此，荷载读数（试样的抗力）反而降低，如图 5-14 中的 DE 线段。在图 5-17 中实线 de 是以变形前的横截面面积除拉力 F 后得到的，所以其形状与图 5-14 中的 DE 线段相似，也是下降。但实际缩颈处的应力仍是增长的，如图 5-15 中虚线 de' 所示。

为了衡量材料的塑性性能，通常以试样拉断后的标距长度 l_1 与其原长 l 之差除以 l 的比值（表示成百分率）来表示。

$$\delta = \frac{l_1 - l}{l} \times 100\% \tag{5-20}$$

式中：δ——**延伸率**，低碳钢的 $\delta = 20\% \sim 30\%$。

此值的大小表示材料在拉断前能发生的最大塑性变形程度，是衡量材料塑性的一个重要指标。工程中一般认为，$\delta \geq 5\%$ 的材料为**塑性材料**，$\delta < 5\%$ 的材料为**脆性材料**。

衡量材料塑性的另一个指标为**截面收缩率**，用 ψ 表示，其定义为

$$\psi = \frac{A - A_1}{A} \times 100\% \tag{5-21}$$

式中：A_1——试样拉断后断口处的最小横截面面积。

低碳钢的 ψ 一般在 60% 左右。

三、其他金属材料在拉伸时的力学性能

对于其他金属材料，σ—ε 曲线并不都像低碳钢那样具备 4 个阶段。图 5-18 所示为另外几种典型的金属材料在拉伸时的 σ—ε 曲线。可以看出，这些材料的共同特点是延伸率 δ 均较大，它们和低碳钢一样都属于塑性材料。但是有些材料（如铝合金）没有明显的屈服阶段，按照现行《金属材料　拉伸试验　第 1 部分：室温试验方法》（GB/T 228.1—2021）规定，取塑性应变为 0.2% 时所对应的应力值作为**名义屈服极限**，以 $\sigma_{0.2}$ 表示，如图 5-19 所示。确定

$\sigma_{0.2}$ 的方法是：在 ε 轴上取 0.2% 的点，过此点作平行于 σ—ε 曲线的直线段的直线（斜率为 E），与 σ—ε 曲线相交的点所对应的应力为 $\sigma_{0.2}$。

有些材料（如铸铁、陶瓷等）发生断裂前没有明显的塑性变形，这类材料称为脆性材料。图 5-20 是铸铁在拉伸时的 σ—ε 曲线，这是一条微弯曲线，即应力与应变不成正比。但由于直到拉断时试样的变形都非常小，且没有屈服阶段、强化阶段和局部变形阶段，因此，在工程计算中，通常取总应变为 0.1% 时 σ—ε 曲线的割线（图 5-20 所示的虚线）斜率来确定其弹性模量，称为**割线弹性模量**。衡量脆性材料拉伸强度的唯一指标是材料的强度极限 σ_b。

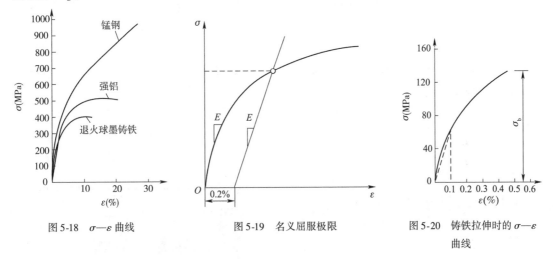

图 5-18　σ—ε 曲线　　　　图 5-19　名义屈服极限　　　　图 5-20　铸铁拉伸时的 σ—ε 曲线

四、金属材料在压缩时的力学性能

下面主要介绍低碳钢在压缩时的力学性能。将短圆柱体压缩试样置于万能试验机的承压平台间，并使之发生压缩变形。与拉伸试验相同，通过万能试验机，可绘出试样在试验过程的缩短量 Δl 与抗力 F 之间的关系曲线，称为试样的**压缩图**。为了使得到的曲线与所用试样的横截面面积和长度无关，同样可以将压缩图改画成 σ—ε 曲线，如图 5-21 所示实线。为了便于比较材料在拉伸和压缩时的力学性能，在图中以虚线绘出了低碳钢在拉伸时的 σ—ε 曲线。

由图 5-21 可以看出，低碳钢在压缩时的弹性模量、弹性极限和屈服极限等与拉伸时基本相同，但过了屈服极限后，曲线逐渐上升，这是因为在试验过程中，试样的长度不断缩短，横截面面积不断增大，而计算名义应力时仍采用试样的原面积。此外，由于试样的横截面面积越来越大，使得低碳钢试样的压缩强度 σ_{bc} 无法测定。

从图 5-21 可知，低碳钢拉伸试验的结果可以了解其在压缩时的力学性能。多数金属都有类似低碳钢的性质，所以塑性材料压缩时，在屈服阶段以前的特征值，都可用拉伸时的特征值，只是把拉伸换成压缩而已。但也有一些金属（如铬钼硅合金钢）在拉伸和压缩时的屈服极限并不相同，因此，对这些材料需要做压缩试验，以确定其压缩屈服极限。

塑性材料的试样在压缩后的变形如图 5-22 所示。试样的两端面由于受到摩擦力的影响，变形后呈鼓状。

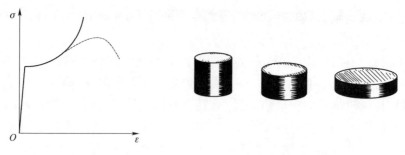

图 5-21　塑性材料 $\sigma—\varepsilon$ 曲线　　　　图 5-22　塑性材料压缩后变形

与塑性材料不同,脆性材料在拉伸和压缩时的力学性能有较大的区别。如图 5-23 所示,绘出了铸铁在拉伸(虚线)和压缩(实线)时的 $\sigma—\varepsilon$ 曲线,比较这两条曲线可以看出:①无论拉伸还是压缩,铸铁的 $\sigma—\varepsilon$ 曲线都没有明显的直线阶段,所以应力—应变关系只是近似地符合胡克定律;②铸铁在压缩时无论强度还是延伸率都比在拉伸时要大得多,因此这种材料宜用作受压构件。

铸铁试样受压破坏的情形如图 5-24 所示,其破坏面与轴线大致成 35°~45°倾角。

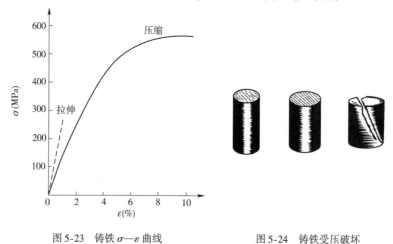

图 5-23　铸铁 $\sigma—\varepsilon$ 曲线　　　　图 5-24　铸铁受压破坏

单元 5.5　拉(压)杆的强度计算

一、概述

前面已经介绍了杆件在拉伸或压缩时最大工作应力的计算,以及材料在荷载作用下所表现的力学性能。但是,杆件是否会因强度不够而发生破坏,只有把杆件的最大工作应力与材料的强度指标联系起来,才有可能做出判断。

前述试验表明,当正应力达到强度极限 σ_b 时,会引起断裂;当正应力达到屈服极限 σ_s 时,将产生屈服或出现显著的塑性变形。构件工作时发生断裂是不容许的,构件工作时发生屈服或出现显著的塑性变形一般也是不容许的。所以,从强度方面考虑,断裂是构件破坏或失效的一种形式,同样,屈服也是构件失效的一种形式,是一种广义的破坏。

根据上述情况,通常将强度极限与屈服极限统称为**极限应力**,用 σ_u 表示。对于脆性材料,强度极限是唯一强度指标,因此以强度极限作为极限应力;对于塑性材料,由于其屈服应

力 σ_s 小于强度极限 σ_b,故通常以屈服应力作为极限应力。对于无明显屈服阶段的塑性材料,则用 $\sigma_{0.2}$ 作为 σ_u。

在理想情况下,为了充分利用材料的强度,似乎应使材料的工作应力接近于材料的极限应力,但实际上这是不可能达到的,主要有如下不确定因素:

(1)用在构件上的外力常常估计不准确。

(2)计算简图往往不能精确地符合实际构件的工作情况。

(3)实际材料的组成与品质等难免存在差异,不能保证构件所用材料完全符合计算时所作的理想均匀假设。

(4)结构在使用过程中偶尔会遇到超载的情况,即受到的荷载超过设计时所规定的荷载。

(5)极限应力值是根据材料试验结果按统计方法得到的,材料产品的合格与否也只能凭抽样检查来确定,所以实际使用材料的极限应力有可能低于给定值。

所有这些不确定的因素,都有可能使构件的实际工作条件比假设的工作条件要偏于危险。除以上原因外,为了确保安全,构件还应具有适当的强度储备,特别是对于因破坏将带来严重后果的构件,更应给予较大的强度储备。

由此可见,杆件的最大工作应力 σ_{max} 应小于材料的极限应力 σ_u,而且要有一定的安全裕度。因此,在选定材料的极限应力后,除以一个大于1的系数 n,所得结果称为**容许应力**,即

$$[\sigma] = \frac{\sigma_u}{n} \tag{5-22}$$

式中,n 称为**安全因数**。确定材料的容许应力就是确定材料的安全因数。确定安全因数是一项严肃的工作,安全因数定低了,构件不安全,安全因素定高了则浪费材料。各种材料在不同工作条件下的安全因数或容许应力,可从有关规范或设计手册中查到。在一般静强度计算中,对于塑性材料,按屈服应力所规定的安全因数 n_s,通常取为 $1.5 \sim 2.2$;对于脆性材料,按强度极限所规定的安全因数 n_b,通常取为 $3.0 \sim 5.0$,甚至更大。

二、强度条件

根据以上分析,为了保证拉(压)杆在工作时不致因强度不够而破坏,杆内的最大工作应力 σ_{max} 不得超过材料的容许应力 $[\sigma]$,即

$$\sigma_{max} = \left(\frac{F_N}{A}\right)_{max} \leqslant [\sigma] \tag{5-23}$$

式(5-23)为拉(压)杆的**强度条件**。对于等直杆,式(5-23)可改为

$$\sigma_{max} = \frac{F_{Nmax}}{A} \leqslant [\sigma] \tag{5-24}$$

利用上述强度条件,可以解决下列三种强度计算问题:

(1)强度校核。已知荷载、杆件尺寸及材料的容许应力,根据强度条件校核是否满足强度要求。

(2)选择截面尺寸。已知荷载及材料的容许应力,确定杆件所需的最小横截面面积。对于等截面拉(压)杆,其所需横截面面积为

$$A \geqslant \frac{F_{Nmax}}{[\sigma]} \tag{5-25}$$

（3）确定承载能力。已知杆件的横截面面积及材料的容许应力，根据强度条件可以确定杆能承受的最大轴力，即

$$F_{Nmax} \leq A[\sigma] \tag{5-26}$$

然后即可求出承载力。

注意：如果最大工作应力 σ_{max} 超过了容许应力 $[\sigma]$，但只要不超过容许应力的 5%，在工程计算中仍然是允许的。

三、拉压杆件强度计算应用实例

【例 5-4】 有一根由 3 号钢制成的拉杆。已知：3 号钢的容许应力 $[\sigma] = 170\text{MPa}$，杆的横截面为直径 $d = 14\text{mm}$ 的圆形。若杆受有轴向拉力 $P = 25\text{kN}$，试校核此杆是否满足强度要求。

解：已知杆中的最大轴力 $F_{Nmax} = P = 25\text{kN}$

杆的横截面积

$$A = \frac{\pi d^2}{4} = \frac{3.14 \times (14 \times 10^{-3})^2}{4}$$
$$= 154 \times 10^{-6} \text{m}^2$$

3 号钢的容许应力 $[\sigma] = 170\text{MPa}$，代入式(5-23)可得

$$\sigma_{max} = \frac{F_{Nmax}}{A} = \frac{P}{A} = \frac{25 \times 10^3}{154 \times 10^{-6}} = 162 \times 10^6 \text{N/m}^2$$
$$= 162\text{MPa} < [\sigma] = 170\text{MPa}$$

结果表明，此杆满足强度要求。

【例 5-5】 如图 5-25a) 所示的三角形托架，AB 杆是由两根等边角钢所组成。已知：荷载 $P = 75\text{kN}$，3 号钢的容许应力 $[\sigma] = 160\text{MPa}$。试选择等边角钢的型号。

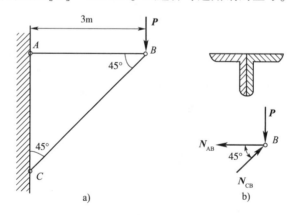

图 5-25 三角形托架计算示意

解：(1) 计算 AB 杆的轴力

取结点 B 为脱离体，如图 5-25b) 所示，列出其静力学平衡方程

$$\sum F_x = 0, N_{CB}\cos 45° - N_{AB} = 0 \qquad ①$$
$$\sum F_y = 0, N_{CB}\sin 45° - P = 0 \qquad ②$$

解方程组①②得

$$N_{CB} = \sqrt{2}P = \sqrt{2} \times 75 = 106.1\text{kN}$$

$$N_{AB} = P = 75\text{kN}$$

(2)根据强度条件确定 AB 杆的截面大小由式(5-24)有

$$A \geqslant \frac{F_{N\max}}{[\sigma]} = \frac{75 \times 10^3}{160 \times 10^6} = 0.4687 \times 10^{-3}\text{m}^2 = 468.7\text{mm}^2$$

(3)根据所需截面大小选择等边角钢型号

由型钢表查得边厚为 3mm 的 4 号等边角钢的横截面面积为 $2.359\text{cm}^2 = 235.9\text{mm}^2$。采用两个这样的角钢,其总横截面积为 $235.9 \times 2 = 471.8\text{mm}^2 > A = 468.7\text{mm}^2$,便能满足设计要求。

【例 5-6】 如图 5-26a)所示的起重机,其 BC 杆由钢丝绳 AB 拉住。已知钢丝绳的直径 $d = 24\text{mm}$,容许拉应力为 $[\sigma] = 40\text{MPa}$。试求容许该起重机吊起的最大荷载 P?

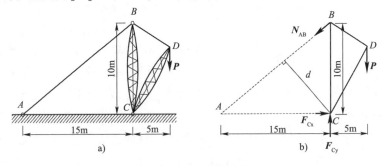

图 5-26 起重机计算示意

解:(1)计算钢丝绳 AB 能承受的最大轴力

运用截面法用假想截面将钢丝绳 AB 截断,并取脱离体如图 5-26b)所示。由式(5-25)计算可得

$$N_{AB} = A[\sigma] = \frac{\pi 0.024^2}{4} \times 40 \times 10^6 \text{N/m}^2$$
$$= 18.096 \times 10^3 \text{N} = 18.096\text{kN}$$

(2)根据几何关系确定点 C 到 AB 的垂距 d

$$\overline{AB} = \sqrt{BC^2 + AC^2} = \sqrt{10^2 + 15^2} = 18.1\text{m}$$

$$d = \overline{BC}\sin\alpha = \overline{BC} \times \frac{\overline{AC}}{\overline{AB}} = 10 \times \frac{15}{18.1} = 8.3\text{m}$$

(3)由平衡条件 $\sum M_C = 0$ 可列出静力学平衡方程

$$P \times 5 = N_{AB} \times d$$

将已求得的 N_{AB} 与 d 值代入,即可求得起重机的容许荷载

$$P = \frac{N_{AB}d}{5} = \frac{18.096 \times 10^3 \times 8.3}{5} = 30.039 \times 10^3 \text{N} = 30.039\text{kN}$$

【例 5-7】 如图 5-27a)所示,有一高度 $l = 24\text{m}$ 的方形截面等直石柱,在其顶部作用有轴向荷载 $P = 1000\text{kN}$。已知:材料的重度 $\gamma = 23\text{kN/m}^3$,容许应力 $[\sigma] = 1\text{MPa}$。试设计此石柱所需的截面尺寸。

解:在求解本例题时,应考虑到石柱是在轴向荷载 P 及其自重的共同作用下,柱的自重可看作是沿柱高均匀分布的荷载,如图 5-27a)所示。

(1) 计算轴力

在距柱顶面的距离为 x 处,假设一个横截面 $n-n$ 截出脱离体[图 5-27b)],则在 $n-n$ 截面上的轴力为

$$N(x) = -[P + W(x)] = -(P + \gamma Ax)$$

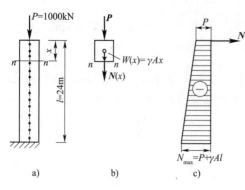

图 5-27 方形截面等直石柱计算示意图

式中,$W(x) = \gamma Ax$ 为 $n-n$ 截面以上高度 x 的一段石柱的重量。因材料的重度 γ 和等直石柱的横截面面积 A 都是常量,故上式中的 $W(x)$ 沿柱高按直线变化,且当 $x=0$ 时,$W(x)=0$,即在柱的顶面上不受自重作用;当 $x=l$ 时,$W(x)=\gamma Al$,即在柱的底面上要承受柱的全部重量。故石柱在自重单独作用下的轴力图构成三角形。当同时考虑外荷载 P 及自重 $W(x)$ 作用时,石柱的轴力图如图 5-27c)所示,最大轴力 N_{max} 出现在柱的底面上,其值为 $N_{max} = -(P + \gamma Al)$。

(2) 设计横截面

等直石柱的横截面应根据最大轴力 N_{max} 来设计,即柱的截面大小应能满足下列强度条件:

$$\sigma_{max} = \frac{N_{max}}{A} = \frac{P}{A} + \gamma l \leq [\sigma]$$

得

$$A \geq \frac{P}{[\sigma] - \gamma l} \qquad ①$$

将有关的已知数值代入,得

$$A \geq \frac{P}{[\sigma] - \gamma l} = \frac{10^6}{10^6 - 23 \times 10^3 \times 24} = 2.23 \text{m}^2$$

故方形截面的边长 a 应为

$$a = \sqrt{A} = \sqrt{2.23} = 1.49 \text{m}$$

取 $a = 1.5 \text{m}$。

将式①与由式(5-24)改写的 $A \geq \dfrac{P}{[\sigma]}$ 进行比较,可见在计算受拉(压)的等直杆时,考虑自重作用的影响,相当于从材料的容许应力 $[\sigma]$ 里减去 γl。

单元 5.6 应力集中的概念

一、应力集中

对于等截面直杆在轴向拉伸或轴向压缩时,除两端受力的局部地区外,截面上的应力是均匀分布的。但在工程实际中,由于构造与使用等方面的需要,许多构件常常带有沟槽(如螺纹)、孔和圆角(构件由粗到细的过渡圆角)等。在外力作用下,构件在形状或截面尺寸有突然变化处,将出现局部的应力骤增现象。例如,图 5-28a)所示含圆孔的受拉薄板,圆孔处

截面 A—A 上的应力分布[图 5-28b)],在孔的附近处应力骤然增加,而离孔稍远处应力就迅速下降并趋于均匀。这种由杆件截面骤然变化而引起的局部应力骤增现象,称为**应力集中**。

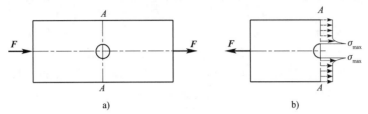

图 5-28　应力集中

应力集中的程度用所谓理论应力集中因数 K 表示,其定义为

$$K = \frac{\sigma_{\max}}{\sigma_{\text{nom}}} \tag{5-27}$$

式中:$\sigma_{\max}$——最大局部应力;

σ_{nom}——该截面上的名义应力(轴向拉压时则为截面上的平均应力)。

注意:杆件外形的骤变越剧烈,应力集中的程度越严重。同时,应力集中是一种局部的应力骤增现象,图 5-28b)中具有小孔的均匀受拉平板,在孔边处的最大应力约为平均应力的 3 倍,而距孔稍远处,应力即趋于均匀。而且,应力集中处不仅最大应力急剧增加,其应力状态也与无应力集中时不同。

二、应力集中对构件的影响

对于由脆性材料制成的构件,当由应力集中所形成的最大局部应力到达强度极限时,构件即发生破坏。因此,在设计脆性材料构件时,应考虑应力集中的影响。

对于由塑性材料制成的构件,应力集中对其在静荷载作用下的强度则几乎无影响。因为当最大应力 $\sigma_{\max}$ 达到屈服应力 σ_s 后,如果继续增大荷载,则所增加的荷载将由同一截面的未屈服部分承担,以致屈服区域不断扩大,应力分布逐渐趋于均匀化,如图 5-29 所示。所以,在研究塑性材料构件的静强度问题时,通常不考虑应力集中的影响。在动荷载作用下,无论是由塑性材料制成的杆件,还是由脆性材料制成的杆件,都应考虑应力集中的影响。

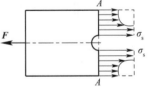

图 5-29　屈服区域

1.轴向拉伸或轴向压缩:在轴向荷载作用下,杆件以轴向伸长或缩短为主要变形形式。

2.截面法求轴力:截断、代替、平衡。

3.轴向拉压杆件正应力公式:

$$\sigma = \frac{F_N}{A}$$

4.轴向拉压杆件斜截面正应力和切应力公式:

$$\sigma_\alpha = \sigma_0 \cos^2\alpha, \ \tau_\alpha = \frac{\sigma_0}{2}\sin 2\alpha$$

5. 胡克定律：

$$\Delta l = \frac{Pl}{EA}, \varepsilon = \frac{\sigma}{E}$$

6. 材料力学性能通过试验测定，其主要力学性能指标有以下三个：
(1) 强度性能指标：材料抵抗破坏能力的指标、屈服极限、强度极限。
(2) 弹性变形性能指标：材料抵抗变形能力的指标、弹性模量、泊松比。
(3) 塑性变形性能指标：延伸率、截面收缩率。

7. 强度条件：

$$\sigma_{max} = \left(\frac{F_N}{A}\right)_{max} \leqslant [\sigma], \sigma_{max} = \frac{F_{N,max}}{A} \leqslant [\sigma]$$

8. 应力集中：由杆件截面骤然变化而引起的局部应力骤增现象。其应力集中的程度常用应力集中因数 K 表示。

$$K = \frac{\sigma_{max}}{\sigma_{nom}}$$

万能材料试验机

万能材料试验机（图 5-30）也称万能拉力机或电子拉力机。DEW-30 独立的液压伺服加载系统，高精度宽频电液伺服阀，确保系统高精高效、低噪声、快速响应；采用独立的液压夹紧系统，确保系统低噪声平稳运行，且试验过程中试样应牢固夹持，不打滑。万能材料试验机是采用微机控制全数字宽频电液伺服阀，驱动精密液压缸，微机控制系统对试验力、位移、变形进行多种模式的自动控制，完成对试样的拉伸、压缩、抗弯试验，符合《金属材料 拉伸试验 第1部分：室温试验方法》（GB/T 228.1—2021）规定的要求及其他标准要求。

图 5-30 万能材料试验机

万能材料试验机可测试的项目包括如下内容。
(1) 一般项目
①拉伸应力；②拉伸强度；③扯断强度；④扯断伸长率；⑤定伸应力；⑥定

应力伸长率;⑦定应力力值;⑧撕裂强度;⑨任意点力值;⑩任意点伸长率;⑪抽出力;⑫黏合力及取峰值计算值;⑬压力试验;⑭剪切剥离力试验;⑮弯曲试验;⑯拔出力穿刺力试验。

(2) 特殊测试项目

①弹性系数(弹性杨氏模量):同相位的法向应力分量与法向应变之比。为测定材料刚性之系数,其值越高,材料越强韧。

②比例极限:荷载在一定范围内与伸长可以维持并成正比关系,其最大应力即比例极限。

③弹性极限:材料所能承受而不呈永久变形的最大应力。

④弹性变形:除去荷载后,材料的变形完全消失。

⑤永久变形:除去荷载后,材料仍残留变形。

⑥屈服(yield):荷载超过比例极限与伸长不再成正比,荷载会突降,然后在一段时间内,上下起伏,伸长发生较大变化,这种现象称为屈服。

⑦屈服点:材料拉伸时,变形增快而应力不变,此点即屈服点。屈服点分为上下屈服点,一般以上屈服点作为屈服点。

⑧屈服强度:拉伸时,永久伸长率达到某一规定值的荷载,除以平行部原断面积,所得之商。

⑨弹簧 K 值:与变形同相位的作用力分量与形变之比。

⑩有效弹性和滞后损失:在万能材料试验机上,以一定的速度将试样拉伸到一定的伸长率或拉伸到规定的负荷时,测定试样收缩时恢复的功和伸张时消耗的功之比的百分率,即有效弹性;测定试样伸长、收缩时所损失的能与伸长时所消耗的功之比的百分率,即滞后损失。

5-1 拉杆或压杆如题图 5-1 所示。试用截面法求各杆指定截面的轴力,并画出杆的轴力图。

5-2 拉杆或压杆如题图 5-2 所示。试用截面法求杆各指定截面的轴力,并画出各杆的轴力图。

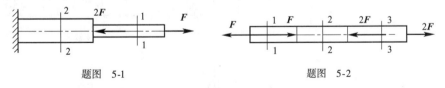

题图 5-1　　　　　　　　题图 5-2

5-3 阶梯状直杆受力如题图 5-3 所示。已知:AD 段横截面面积 $A_{AD} = 1000\text{mm}^2$,DB 段横截面面积 $A_{DB} = 500\text{mm}^2$,材料的弹性模量 $E = 200\text{GPa}$。试求该杆的总变形量 Δl_{AB}。

5-4 圆截面阶梯状杆件如题图 5-4 所示,受到 $F = 150\text{kN}$ 的轴向拉力作用。已知:中间部分的直径 $d_1 = 30\text{mm}$,两端部分直径为 $d_2 = 50\text{mm}$,整个杆件长度 $l = 250\text{mm}$,中间部分杆件长度 $l_1 = 150\text{mm}$,$E = 200\text{GPa}$。试求:(1) 各部分横截面上的正应力 σ;(2) 整个杆件的总伸长量。

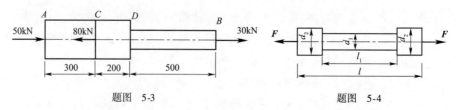

题图 5-3　　　　　　　　　　题图 5-4

5-5　题图 5-5 所示一板状试样，表面贴上纵向和横向电阻应变片来测定试样的应变。已知：$b=4\text{mm}$，$h=30\text{mm}$，每增加 $\Delta F=3\text{kN}$ 的拉力，测得试样的纵向应变 $\varepsilon=120\times10^{-6}$，横向应变 $\varepsilon'=-38\times10^{-6}$。试求材料的弹性模量 E 和泊松比 μ。

5-6　某钢筋混凝土组合屋架，如题图 5-6 所示。受均布荷载 q 作用，屋架的上弦杆 AC 和 BC 由钢筋混凝土制成，下弦杆 AB 为 Q235 钢制成的圆截面钢拉杆。已知：$q=10\text{kN/m}$，$l=8.8\text{m}$，$h=1.6\text{m}$，钢的容许应力 $[\sigma]=170\text{MPa}$。试设计钢拉杆 AB 的直径。

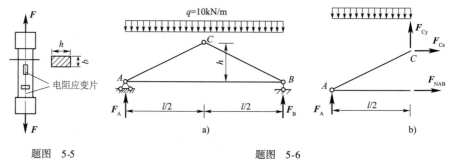

题图 5-5　　　　　　　　　　题图 5-6

5-7　如题图 5-7 所示，防水闸门用一排支杆支撑着，AB 为其中一根支撑杆。已知：各杆为 $d=100\text{mm}$ 的圆木，其容许应力 $[\sigma]=10\text{MPa}$。试求支杆间的最大距离。

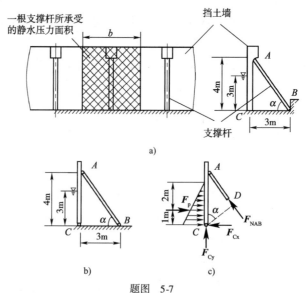

题图 5-7

5-8　三角形托架 ABC 由 AC 和 BC 两根杆组成，如题图 5-8 所示。AC 杆由两根 No.14a 的槽钢组成，容许应力 $[\sigma]=160\text{MPa}$；BC 杆为一根 No.22a 的

工字钢,容许应力为$[\sigma]=100\text{MPa}$。试求荷载F的许可值$[F]$。

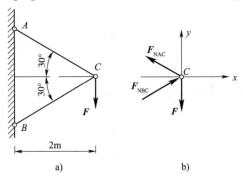

题图 5-8

5-9 圆截面钢杆长$l=3\text{m}$,直径$d=25\text{mm}$,两端受到$F=100\text{kN}$的轴向拉力作用时伸长$\Delta l=2.5\text{mm}$。试计算钢杆横截面上的正应力σ和纵向线应变ε。

5-10 螺纹内径$d=15\text{mm}$的螺栓,紧固时所承受的预紧力为$F=22\text{kN}$。已知螺栓的容许应力$[\sigma]=150\text{MPa}$。试校核螺栓的强度是否足够。

模块 06 剪切与挤压

1. 掌握剪切与挤压的概念。
2. 熟练掌握剪切与挤压的实用计算方法。

单元 6.1 剪切与挤压的概念

在城市轨道交通、建筑、路桥等工程实际中,经常遇到剪切问题。剪切变形的主要受力特点是构件受到与其轴线相垂直的大小相等、方向相反、作用线相距很近的一对外力的作用,如图 6-1a)所示;构件的变形主要表现为沿着与外力作用线平行的**剪切面**(m—n 面)发生相对错动,如图 6-1b)所示。

工程中的一些连接件(如键、销钉、螺栓及铆钉等)都是主要承受剪切作用的构件。构件剪切面上的内力可用截面法求得。将构件沿剪切面 m—n 假想地截开,保留一部分考虑其平衡。例如,由左部分的平衡,可知剪切面上必有与外力平行且与横截面相切的内力 F_Q,如图 6-1c)所示的作用。F_Q 称为**剪力**,根据平衡方程 $\sum F_y = 0$,可求得 $F_Q = F$。

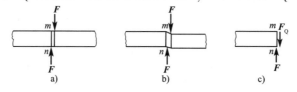

图 6-1 剪切变形

根据剪切面的多少可以分为单剪与双剪。只有一个剪切面的称为单剪(图 6-2),有两个剪切面的称为双剪(图 6-3)。

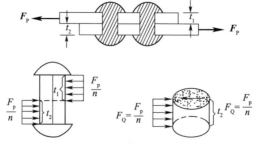

图 6-2 单剪

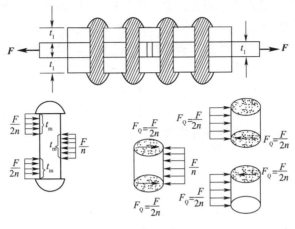

图 6-3 双剪

单元 6.2 剪切的实用计算

一、剪切强度计算公式

剪切试验试件的受力情况应模拟零件的实际工作情况进行。图 6-4a)为一种剪切试验装置的简图,试件的受力情况如图 6-4b)所示,这是模拟某种销钉连接的工作情形。当荷载 F 增大至破坏荷载 F_b 时,试件在剪切面 m—m 及 n—n 处被剪断。这种具有两个剪切面的情况,称为双剪切。由图 6-4c)可求得剪切面上的剪力为

$$F_Q = \frac{F}{2} \tag{6-1}$$

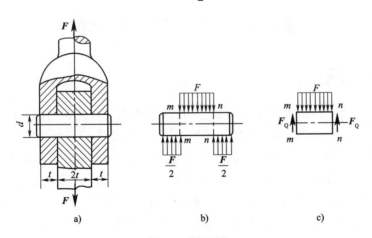

图 6-4 剪切试验

由于受剪构件的变形及受力比较复杂,剪切面上的应力分布规律很难用理论方法确定,因而工程上一般采用实用计算方法来计算受剪构件的应力。在这种计算方法中,假设应力在剪切面内是均匀分布的。若以 A 表示销钉横截面面积,则应力为

$$\tau = \frac{F_Q}{A} \tag{6-2}$$

τ 与剪切面相切称为**切应力**。以上计算是以假设"切应力在剪切面上均匀分布"为基础的,实际上它只是剪切面内的一个"平均切应力",所以也称为**名义切应力**。

当 F 达到 F_b 时的切应力称为剪切极限应力,记为 τ_b。对于上述剪切试验,剪切极限应力为

$$\tau_b = \frac{F_b}{2A} \tag{6-3}$$

将 τ_b 除以安全系数 n,即得到**容许切应力**

$$[\tau] = \frac{\tau_b}{n} \tag{6-4}$$

这样,剪切计算的强度条件可表示为

$$\tau = \frac{F_Q}{A} \leq [\tau] \tag{6-5}$$

二、剪切强度计算应用实例

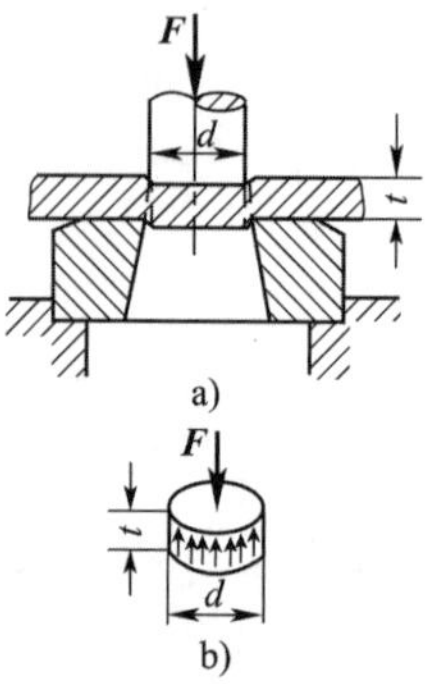

【例 6-1】 图 6-5a) 中,已知钢板厚度 $t = 10\text{mm}$,其剪切极限应力 $\tau_b = 300\text{MPa}$。若用冲床将钢板冲出直径 $d = 25\text{mm}$ 的孔,求需要多大的冲剪力 F?

解:剪切面就是钢板内被冲头冲出的圆柱体的侧面,如图 6-5b) 所示。其面积为

$$A = \pi dt = \pi \times 25 \times 10 = 785.4\text{mm}^2$$

冲孔所需的冲力应为

$$F \geq A\tau_b = 785.4 \times 10^{-6} \times 300 \times 10^6 \text{N} = 236\text{kN}$$

图 6-5 剪切强度计算

单元 6.3 挤压的实用计算

一、挤压强度计算公式

一般情况下,连接件在承受剪切作用的同时,在连接件与被连接件之间传递压力的接触面上还发生局部受压的现象,称为**挤压**。例如,图 6-4b) 给出了销钉承受挤压力作用的情况,**挤压力**以 F_{bs} 表示。当挤压力超过一定限度时,连接件或被连接件在挤压面附近产生明显的塑性变形,称为**挤压破坏**。在有些情况下,构件在剪切破坏之前可能先发生挤压破坏,所以需要建立挤压强度条件。图 6-4a) 中销钉与被连接件的实际挤压面为半个圆柱面,其上的挤压应力也不是均匀分布的,销钉与被连接件的**挤压应力**的分布情况在弹性范围内,如图 6-6a) 所示。

与上面解决抗剪强度的计算方法类同,按构件的名义挤压应力建立**挤压强度条件**,则

$$\sigma_{bs} = \frac{F_{bs}}{A_{bs}} \leq [\sigma_{bs}] \tag{6-6}$$

式中:A_{bs}——**挤压面积**,等于实际挤压面的投影面(直径平面)的面积,如图 6-6b) 所示;

σ_{bs}——挤压应力;

$[\sigma_{bs}]$——容许挤压应力。

 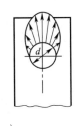 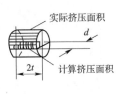

a)   b)

图 6-6 挤压应力分布

由图 6-4b)可见，在销钉中部 $m-n$ 段，挤压力 F_{bs} 等于 F，挤压面积 A_{bs} 等于 $2td$；在销钉端部两段，挤压力均为 $F/2$，挤压面积为 td。

二、挤压强度计算应用实例

【例 6-2】 电瓶车挂钩用销钉连接，如图 6-7a)所示。已知：$t=8\text{mm}$，销钉材料的容许切应力 $[\tau]=30\text{MPa}$，容许挤压应力 $[\sigma_{bs}]=100\text{MPa}$，牵引力 $F=15\text{kN}$。试选定销钉的直径 d。

解：(1) 按抗剪强度条件进行设计 销钉的受力情况如图 6-7b)所示，可以求得

$$F_Q = \frac{F}{2} = \frac{15}{2} = 7.5\text{kN}$$

$$A \geqslant \frac{F_Q}{[\tau]} = \frac{7500}{30 \times 10^6} = 2.5 \times 10^{-4}\text{m}^2$$

即

$$\frac{\pi d^2}{4} \geqslant 2.5 \times 10^{-4}\text{m}^2$$

$$d \geqslant 0.0178\text{m} = 17.8\text{mm}$$

(2) 按挤压强度条件进行校核

$$\sigma_{bs} = \frac{F_{bs}}{A_{bs}} = \frac{F}{2td} = \frac{15 \times 10^3}{2 \times 8 \times 17.8 \times 10^{-6}} = 52.7\text{MPa} < [\sigma_{bs}]$$

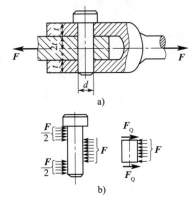

图 6-7 销钉的受力情况

所以挤压强度条件也是足够的。查机械设计手册，最后采用 $d=20\text{mm}$ 的标准圆柱销钉。

【例 6-3】 如图 6-8a)表示，齿轮用平键与轴连接（图中只画出了轴与键，没有画齿轮）。已知：轴的直径 $d=70\text{mm}$，键的尺寸为 $b \times h \times l = 20\text{mm} \times 12\text{mm} \times 100\text{mm}$，传递的扭转力偶矩 $T_e = 2\text{kN} \cdot \text{m}$，键的容许应力 $[\tau]=60\text{MPa}$，$[\sigma_{bs}]=100\text{MPa}$。试校核键的强度。

解：(1) 校核键的剪切强度。假设将键沿 $n-n$ 截面分成两部分，并把 $n-n$ 截面以下部分和轴作为一个整体来考虑，如图 6-8b)所示。因为假设在 $n-n$ 截面上的切应力均匀分布，所以 $n-n$ 截面上剪力 F_Q 为

$$F_Q = A\tau = bl\tau$$

对轴心取矩，由平衡条件 $\sum M_O = 0$，得

$$F_Q \frac{d}{2} = bl\tau \frac{d}{2} = T_e$$

故

$$\tau = \frac{2T_e}{bld} = \frac{2 \times 2 \times 10^3}{20 \times 100 \times 70 \times 10^{-9}} = 28.6\text{MPa} < [\tau]$$

可见该键满足剪切强度条件。

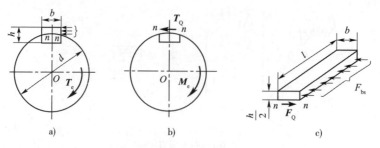

图 6-8 齿轮键与轴计算示意

(2) 校核键的挤压强度。考虑键在 $n-n$ 截面以上部分的平衡[图 6-8c)]，在 $n-n$ 截面上的剪力为 $F_Q = bl\tau$，右侧面上的挤压力为

$$F_{bs} = A_{bs}\sigma_{bs} = \frac{h}{2}l\sigma_{bs}$$

由水平方向的平衡条件得

$$F_Q = F_{bs}$$

或

$$bl\tau = \frac{h}{2}l\sigma_{bs}$$

由此求得

$$\sigma_{bs} = \frac{2b\tau}{h} = \frac{2 \times 20 \times 28.6}{12} = 95.3 \text{MPa} < [\sigma_{bs}]$$

故平键也符合挤压强度要求。

1. 剪切变形的特征是：构件受到一对大小相等、方向相反、作用线互相平行并且相距很近的横向力作用，相邻截面会发生相对错动。剪切变形时剪切面上的内力 F_Q 称为剪力，剪切面上分布内力的集度 τ 称为剪应力。

2. 连接件在产生剪切变形的同时，常伴有挤压变形，挤压面上的压力 F_{bs} 为挤压力，挤压力在挤压面上的分布集度 σ_{bs} 称为挤压应力。

3. 剪切计算的强度条件：

$$\tau = \frac{F_Q}{A} \leqslant [\tau]$$

4. 挤压强度条件：

$$\sigma_{bs} = \frac{F_{bs}}{A_{bs}} \leqslant [\sigma_{bs}]$$

地基土剪切破坏

工程建筑物常常建筑于基础(浅基础)之上，基础又与地基土相连。地基土受到过大建筑荷载作用而常常发生剪切破坏。剪切破坏有三种：一是整体剪切破坏；二是局部剪切破坏；三是冲剪破坏，又称刺入剪切破坏。

(1) 地基破坏模式的整体剪切破坏，如图 6-9a) 所示。三角压密区，形成连续滑动面,两侧挤出并隆起,有明显的两个拐点。浅基下是密砂硬土坚实地基。

(2)地基破坏模式的局部剪切破坏,如图 6-9b)所示。基础下塑性区到地基某一范围,滑动面不延伸到地面,基础两侧地面微微隆起,没有出现明显的裂缝,常发生于中等密实砂土中。

(3)地基破坏模式的刺入剪切破坏,如图 6-9c)所示。基础下土层发生压缩变形,基础下沉,当荷载继续增加,附近土体发生竖向剪切破坏。

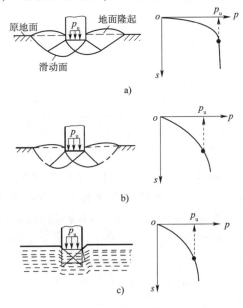

图 6-9 地基破坏模式

6-1 题图 6-1 所示结构采用键连接,键长度 $l=35\text{mm}$,宽度 $b=5\text{mm}$,高度 $h=5\text{mm}$,其余尺寸如图所示,键材料容许剪应力 $[\tau]=100\text{MPa}$,容许挤压应力 $[\sigma_{bs}]=220\text{MPa}$,键与所连构件材料相同,确定手柄上最大压力 P 的值。

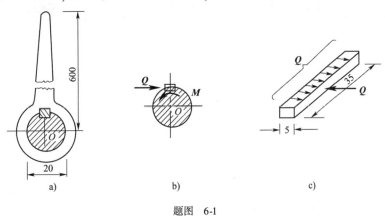

题图 6-1

6-2 试校核题图 6-2 所示连接销钉的抗剪强度。已知:$F=100\text{kN}$,销钉直径 $d=30\text{mm}$,材料的容许切应力 $[\tau]=30\text{MPa}$。若强度不够,应改用多大直径的销钉？

6-3 厚度各为 10mm 的两块钢板，用直径 $d=20$mm 的铆钉和厚度为 8mm 的 3 块钢板连接起来，如题图 6-3 所示。已知：$F=280$kN，$[\tau]=100$MPa，$[\sigma_{bs}]=280$MPa。试求所需要的铆钉数目 n。

6-4 题图 6-4 所示螺钉受拉力 F 作用。已知材料的剪切容许应力 $[\tau]$ 和拉伸容许应力 $[\sigma]$ 之间的关系为 $[\tau]=0.6[\sigma]$。试求螺钉直径 d 与钉头高度 h 的合理比值。

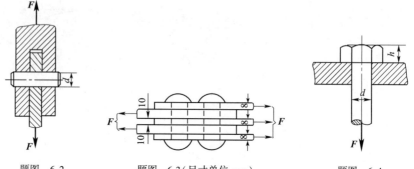

题图 6-2　　　　题图 6-3(尺寸单位:mm)　　　　题图 6-4

6-5 两块钢板用 7 个铆钉连接如题图 6-5 所示。已知：钢板厚度 $t=6$mm，宽度 $b=200$mm，铆钉直径 $d=18$mm，材料的容许应力 $[\sigma]=160$MPa，$[\tau]=100$MPa，$[\sigma_{bs}]=240$MPa。荷载 $F=150$kN，试校核此接头的强度。

6-6 如题图 6-6 所示，用夹剪剪断直径为 3mm 的铅丝。若铅丝的剪切极限应力为 100MPa，试问需要多大的力 F？若销钉 B 的直径为 8mm，试求销钉内的切应力。

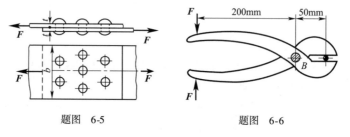

题图 6-5　　　　题图 6-6

07 扭 转

教学目标

1. 了解扭转变形及其概念。
2. 了解圆轴扭转时的受力特点和变形特点。
3. 掌握扭转时横截面上的内力、应力与强度计算方法。
4. 掌握扭转时的变形与刚度计算方法。

单元 7.1 扭转的概念

扭转变形是杆件的一种基本变形。在城市轨道交通、建筑、路桥等工程实际和日常生活中经常遇到发生扭转变形的杆件。为了说明扭转变形,以汽车转向轴为例,图 7-1a)所示为转向盘轴,在转向盘边缘作用一对方向相反的切向力 F 构成一力偶,力偶矩 $M_e = Fd$。根据平衡条件可知,在轴的另一端,必存在一阻抗力偶作用,其矩 $M' = M_e$。再以攻丝时丝锥的受力情况为例,图 7-1b)所示,通过绞杠把力偶作用于丝锥的上端,丝锥下端则受到工件的阻抗力偶作用。这些实例都是在杆件的两端作用两个大小相等,转向相反,且作用面垂直于杆件轴线的力偶,致使杆件的任意两个横截面绕轴线发生相对转动,这就是**扭转变形**。

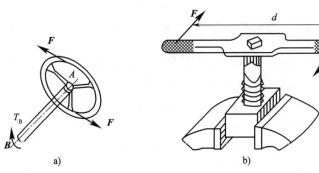

图 7-1 汽车转向盘轴和绞杠

引起杆件发生扭转变形的外力特点是:在杆件上作用有大小相等、转向相反、作用面与杆件轴线垂直的两组平行力偶系。图 7-2 所示的就是杆件受扭的最简单情况。

受扭杆件的变形特点是:当杆件发生扭转变形时,任意两个横截面绕轴线发生相对转动而产生相对角位移。任意两个横截面相对转过的角度,称为扭转角,通常用 φ 表示,单位为 rad(弧度)。例如,图 7-2 中的 φ_{AB} 即表示截面 B 相对于截面 A 的扭转角。

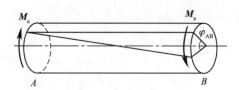

图 7-2　杆件的受扭变形

在城市轨道交通、建筑、路桥等工程实际中,还有许多发生扭转变形的杆件,如机器中的传动轴[图7-3a)],汽车传动轴、水轮发电机的主轴[图7-3b)],石油钻机中的钻杆等。需要指出的是,工程实际中,单纯发生扭转的杆件并不多,多数还伴随有其他变形。例如,图7-3a)所示的传动轴除扭转变形外还伴随有弯曲变形;石油钻机中的钻杆除扭转变形外还伴随有压缩。工程中把以扭转变形为主,其他变形为次且可忽略不计的杆件通常称为**轴**。若有些杆件除扭转变形外还伴随着其他的主要变形,就属于组合变形,这类问题将在模块11组合变形中讨论。

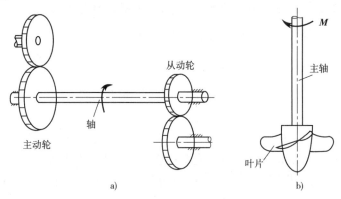

图 7-3　传动轴和水轮发电机主轴

单元 7.2　圆轴扭转时横截面上的内力

一、外力偶矩的计算——力偶矩与转速、功率间的关系

在研究受扭杆件的应力和变形之前,首先要确定作用在杆件上的外力偶矩 M_e。

在传动轴的计算中,通常不是直接给出作用于轴上的外力偶矩 M_e 的数值,而是给出轴所传递的功率 P_k 和轴的转速 n。因此,需要根据已知的功率和转速计算出外力偶矩 M_e。

根据定义,$1\text{kW} = 1000\text{N}\cdot\text{m/s}$,所以每分钟输入或输出的功为

$$W_1 = P_k \times 1000 \times 60$$

外力偶矩 M_e(单位为 $\text{N}\cdot\text{m}$)一分钟内做的功(转速 n 的单位为 r/min)为

$$W_2 = M_e \times 2\pi n\ \text{N}\cdot\text{m}$$

由于 $W_1 = W_2$,则

$$P_k \times 1000 \times 60 = M_e \times 2\pi n$$

得

$$M_e = 9549 \frac{P_k}{n}\ \text{N}\cdot\text{m} \tag{7-1}$$

二、受扭杆横截面上的内力——扭矩

设有一圆轴在一对大小相等、转向相反、作用面与杆轴线垂直的外力偶作用下产生扭转变形,如图7-4a)所示,此时杆件的横截面上必然产生相应的内力。为了计算任意横截面 $n—n$ 上的内力,依然采用截面法。假设将轴沿横截面 $n—n$ 截为两段,并取左段轴为研究对象,如图7-4b)所示。由于左段轴 A 端作用着一个矩为 M_e 的外力偶,为了保持平衡,在横截面上必然存在一个与之平衡的内力偶。这个内力偶矩称为**扭矩**,用 T 表示。列平衡方程

扭矩及扭矩图

$$\sum M_x = 0, T - M_e = 0$$

得
$$T = M_e$$

如果取 $n—n$ 截面的右段为研究对象[图7-4c)],则所得 $n—n$ 截面上的扭矩与前面求得的扭矩大小相等,但转向相反。为了使无论从左段或右段轴求得的同一横截面上的扭矩不仅数值相等而且符号相同,对扭矩的正负号做如下规定:

采用右手螺旋法则(图7-5),如果用四指表示扭矩的转向,当拇指的指向与截面的外法线 n 的方向相同时,该扭矩规定为正;反之为负。

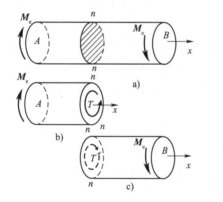

图7-4 圆轴在外力偶作用下的扭转变形

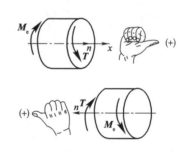

图7-5 右手螺旋法则

三、扭矩图

当轴上同时有几个外力偶作用时,杆件各横截面上的扭矩则需分段求出。为了形象地表示扭矩沿杆轴线的变化规律,以便分析危险截面所在位置,可仿照轴力图的绘制方法,绘制扭矩图。通常规定:沿轴线方向的横坐标表示横截面的位置,垂直于轴线的纵坐标表示相应横截面上扭矩的数值。习惯上将正的扭矩画在横坐标轴的上侧,负的扭矩画在横坐标轴的下侧。这种反映扭矩随截面位置变化的图线称为**扭矩图**。下面通过例题说明扭矩的计算和扭矩图的绘制。

扭矩图例题

【例7-1】 传动轴如图7-6a)所示,主动轮 A 输入功率 $P_1 = 36\text{kW}$,从动轮 B、C、D 输出功率分别为 $P_2 = P_3 = 11\text{kW}$,$P_4 = 14\text{kW}$,轴的转速 $n = 300\text{r/min}$。试作出轴的扭矩图。

解:(1)计算外力偶矩。由式(7-1)得

$$M_A = 9549 \times \frac{36}{300} = 1146 \text{N} \cdot \text{m}$$

$$M_B = M_C = 9549 \times \frac{11}{300} = 350 \text{N} \cdot \text{m}$$

$$M_D = 9549 \times \frac{14}{300} = 446 \text{N} \cdot \text{m}$$

(2) 应用截面法计算各段轴内的扭矩。分别在截面1—1、2—2、3—3处将轴截开,取左段或右段为研究对象,并假设各截面上的扭矩为正,如图7-6b)、c)、d)所示。由(脱离体的)平衡条件计算各段内的扭矩。

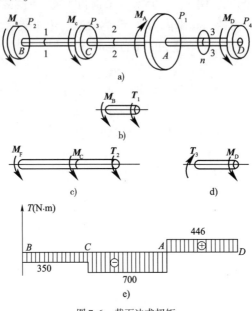

图7-6 截面法求扭矩

BC 段[图7-6b)]: $\sum M_x = 0, \quad T_1 + M_B = 0$

得 $T_1 = -M_B = -350 \text{N} \cdot \text{m}$

CA 段[图7-6c)]: $\sum M_x = 0, T_2 + M_C + M_B = 0$

得 $T_2 = -M_C - M_B = -700 \text{N} \cdot \text{m}$

AD 段[图7-6d)]: $\sum M_x = 0, T_3 - M_D = 0$

得 $T_3 = M_D = 446 \text{N} \cdot \text{m}$

计算所得的 T_1 和 T_2 为负,表示它们的实际转向与假设转向相反,即负扭矩。

(3) 绘扭矩图。BC 段内各横截面上的扭矩均为 $T_1 = -350 \text{N} \cdot \text{m}$,所以在这一段内,扭矩图为一水平线,由于为负,故为横轴下侧的一条水平线。同理,CA、AD 段内的扭矩图分别为横轴下侧、上侧的水平线,根据各段扭矩值所绘扭矩图如图7-6e)所示。从图中可以看出,最大扭矩发生于 CA 段内,且 $T_{max} = 700 \text{N} \cdot \text{m}$。

(4) 讨论。对同一根轴,若把主动轮 A 安置于轴的一端,如放在右端,则轴的扭矩图如图7-7所示。这时,轴的最大扭矩为 $T_{max} = 1146 \text{N} \cdot \text{m}$。可见,传动轴上主动轮和从动轮安置的位置不同,轴所承受的最大扭矩也不同。两者相比,显然图7-6所示布局更加合理。

由此例可以看出,任意截面上的扭矩,在数值上等于该截面一侧(左侧或右侧)外力偶矩的代数和。用右手螺旋法则判定各外力偶的矢量方向,若外力偶的矢量方向背离所求截面时,取正号;反之取负号。即

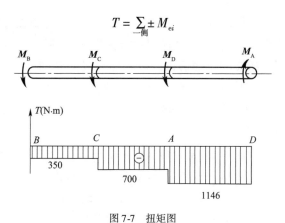

图 7-7 扭矩图

单元 7.3 圆轴扭转时的应力与强度计算

工程中最常见的轴为圆截面轴,本单元主要研究圆轴扭转时横截面上的应力并建立相应的强度条件。

一、圆轴扭转时横截面上的切应力

在小变形条件下,等直圆轴在扭转时横截面上只有切应力,它们合成的结果是作用在该截面上的扭矩 T。如果知道该截面上切应力的分布规律,就可以计算出受扭圆轴横截面上每一点的切应力值。由于仅利用静力学条件不可能找到应力分布规律,为此,首先从变形几何和物理关系方面求得切应力在横截面上的变化规律,然后从静力学方面得到应力计算式。

1. 几何方面

取一实心等直圆轴,如图 7-8a)所示。为了观察圆轴的扭转变形,在圆轴表面画上一些与轴线平行的纵向线和与轴线垂直的圆周线,将圆轴表面划分为许多小矩形。然后在圆轴两端施加外力矩 M_e,使圆轴发生扭转变形。可以观察到如下现象:

(1) 各圆周线的形状、大小及两圆周线间的距离 dx 都没有改变,只是绕杆轴转了一个角度。

(2) 所有纵向线都倾斜了同一个角度 γ,圆轴表面的小矩形(阴影部分)变形为平行四边形。

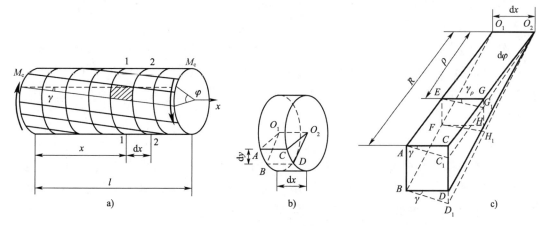

图 7-8 圆轴扭转变形

由上述试验现象，可以对圆轴内部变形情况作出如下假设：圆轴各横截面在扭转过程中像刚性圆盘一样绕轴线作相对转动，横截面仍保持为平面，其形状、大小均不变，半径仍保持为直线。此假设称为**圆轴扭转的平面假设**。以平面假设为基础导出的应力和变形计算式，符合试验结果，且与弹性力学一致，这都足以说明假设是正确的。

注意：由实验证实只有等直圆截面杆的周向线在杆扭转变形后仍在垂直于轴的平面内，所以平面假设只适用于等直圆截面杆。

为了得到切应力的分布规律，首先分析横截面上的切应变分布规律，假设从圆轴中截取长为 dx 的微段，如图 7-8b）所示。假设该微段端截面间的相对扭转角为 $d\varphi$。根据平面假设，截面 2—2 上的两条半径 O_2C、O_2D 转过同一角度 $d\varphi$，到达新位置 O_2C_1、O_2D_1。再从微段中用夹角无限小的两个径向纵截面切取出一楔形体来分析，如图 7-8c）所示。

根据平面假设，楔形体的变形如图中虚线所示，轴表面的矩形 $ABCD$ 变为平行四边形 ABC_1D_1，在圆轴内部半径为 ρ 的圆柱面上的矩形 $EFGH$ 也变为平行四边形 EFG_1H_1。纵向线 $\overline{AC}$ 的倾角 γ 就是横截面 1-1 周边上任一点 A 处的切应变。同时，过半径 O_1A 上任意点 E 的纵向线 $\overline{EG}$ 的倾角 γ_ρ 就是横截面上距圆心 O_1 为 ρ 的 E 点的切应变。**注意**：上述切应变均在垂直于半径的平面内。由图可知

$$\gamma_\rho \approx \tan\gamma_\rho = \frac{\overline{GG_1}}{\overline{EG}} = \frac{\rho d\varphi}{dx}$$

得
$$\gamma_\rho = \rho \frac{d\varphi}{dx} \tag{7-2a}$$

式中：$\dfrac{d\varphi}{dx}$——相对扭转角沿杆长度的变化率，称为**单位长度扭转角**，用 θ 表示。

对于同一横截面，θ 是个常量。因此切应变 γ_ρ 与半径 ρ 成正比，即距圆心等距离的各点切应变均相等。这就是等直圆轴扭转时横截面上切应变的分布规律。

2. 物理方面

由剪切胡克定律可知，在剪切比例极限内，切应力与切应变成正比，所以横截面上距圆心为 ρ 的任意点处的切应力为

$$\tau_\rho = G\gamma_\rho = G\rho \frac{d\varphi}{dx} \tag{7-2b}$$

式（7-2b）表明：横截面上任意点处的切应力 τ_ρ 与该点到圆心的距离 ρ 成正比，即切应力沿半径线性变化，在圆心处切应力为零，而在圆周边缘上各点处切应力最大。由于切应变 γ_ρ 发生在垂直于半径的平面内，因此切应力 τ_ρ 的方向与半径垂直。实心圆轴横截面上切应力分布如图 7-9 所示。

3. 静力学方面

由于式（7-2b）中的 $d\varphi/dx$ 是一个待定参数，所以该式不能用于计算应力。为了确定该参数，需要从静力学方面做进一步分析。由于在横截面任一直径上距圆心等远的两微面积 dA 上的微剪力 $\tau_\rho dA$ 等值反向（图 7-10），因此整个截面上的微剪力 $\tau_\rho dA$ 的合力必等于零。微剪力对圆心的力矩为 $\rho\tau_\rho dA$，在整个横截面上，所有微力矩之和等于该截面的扭矩，即

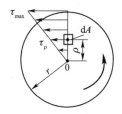
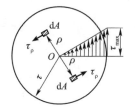

图7-9 圆轴横截面上切应力分布　　图7-10 圆截面扭转变形的几何关系

$$\int_A \rho\, \tau_\rho dA = T \tag{7-3}$$

将式(7-2b)代入式(7-3),得

$$G\frac{d\varphi}{dx}\int_A \rho^2 dA = T \tag{7-4}$$

式(7-3)中的积分 $\int_A \rho^2 dA$ 就是横截面对圆心 O 点的极惯性矩 I_P,于是由式(7-4)得

$$\frac{d\varphi}{dx} = \frac{T}{GI_P} \tag{7-5}$$

将其代入式(7-2b),得

$$\tau_\rho = \frac{T\rho}{I_P} \tag{7-6}$$

式(7-6)即圆轴扭转时横截面上任一点处切应力的计算公式。

4. 最大扭转切应力

由式(7-6)可知,最大切应力发生在圆周边缘上的各点,其值为

$$\tau_{max} = \frac{TR}{I_P} = \frac{T}{I_P/R} \tag{7-7}$$

式中, I_P/R 是一个仅与截面尺寸有关的量,称为**抗扭截面系数**,量纲为长度量纲的三次方,即 L^3。用 W_P 表示,即

$$W_P = I_P/R \tag{7-8}$$

代入式(7-7),得

$$\tau_{max} = \frac{T}{W_P} \tag{7-9}$$

由式(7-9)可知,最大扭转切应力与扭矩成正比,与抗扭截面系数成反比。

式(7-5)、式(7-6)和式(7-9)是以平面假设为依据导出的,而该假设只对等直圆轴才适用。此外,在推导中还应用了剪切胡克定律,故这些公式只能在最大切应力 τ_{max} 不超过材料剪切比例极限 τ_p 的弹性条件下适用。

由于平面假设同样适用于空心圆截杆,因此,式(7-5)、式(7-6)和式(7-7)也适用空心圆截面杆。

5. 极惯性矩 I_P 和抗扭截面系数 W_P 的计算

计算极惯性矩 I_P 时,可取厚度为 $d\rho$ 的圆环作微面积 dA (图7-11),即 $dA = 2\pi\rho \cdot d\rho$,从而得到圆截面的极惯性矩:

(1) 实心圆截面。设实心圆截面的直径为 D,则有

$$I_P = \int_A \rho^2 dA = \int_0^{\frac{D}{2}} \rho^2 \cdot 2\pi\rho \cdot d\rho = \frac{1}{32}\pi D^4 \tag{7-10}$$

其抗扭截面系数为

$$W_P = \frac{I_P}{\frac{1}{2}D} = \frac{1}{16}\pi D^3 \tag{7-11}$$

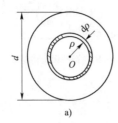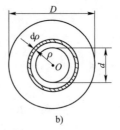

图 7-11 极惯性矩推导示意图

(2) 空心圆截面。对于外直径为 D、内直径为 d 的空心圆截面,其极惯性矩为

$$I_P = \int_A \rho^2 dA = \int_{\frac{d}{2}}^{\frac{D}{2}} 2\pi\rho^3 \cdot d\rho = \frac{1}{32}\pi(D^4 - d^4) = \frac{\pi D^4}{32}(1 - \alpha^4) \tag{7-12}$$

其抗扭截面系数为

$$W_P = \frac{I_P}{\frac{1}{2}D} = \frac{\pi D^3}{16}(1 - \alpha^4) \tag{7-13}$$

式中,$\alpha = d/D$,为内、外直径的比值。

【例 7-2】 一直径 $D = 80\text{mm}$ 的实心圆轴,横截面上的扭矩 $T = 5\text{kN} \cdot \text{m}$,如图 7-12a)所示。试求:

(1) 图中 $\rho = 30\text{mm}$ 处 A 点的切应力大小与方向,以及该截面的最大切应力。

(2) 当直径增大 1 倍时,最大切应力如何变化?

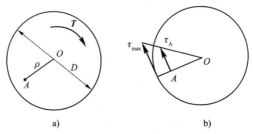

图 7-12 实心圆轴

解:(1) 计算 I_P 和 W_P,由式(7-10)和式(7-11)得

$$I_P = \frac{1}{32}\pi D^4 = \frac{\pi \times 80^4}{32} = 4.02 \times 10^6 \text{ mm}^4$$

$$W_P = \frac{\pi D^3}{16} = \frac{\pi \times 80^3}{16} = 1.005 \times 10^5 \text{ mm}^3$$

(2) 切应力计算,由式(7-6)可得 A 点的切应力为

$$\tau_A = \frac{T\rho}{I_P} = \frac{5 \times 10^3 \times 30 \times 10^{-3}}{4.02 \times 10^6 \times 10^{-12}} = 37.3 \text{MPa}$$

其方向如图 7-12b)所示。最大切应力发生在圆周边缘各点,方向垂直于过点半径,即与圆周相切,其大小可由式(7-9)得

$$\tau_{\max} = \frac{T}{W_P} = \frac{5 \times 10^3}{1.005 \times 10^5 \times 10^{-9}} = 49.8 \text{MPa}$$

(3) 设增大后的直径为 $D_2(D_2=2D)$，最大切应力为 τ'_{max}，则有

$$\tau'_{max} = \frac{T}{W_{P_2}}, W_{P_2} = \frac{\pi D_2^3}{16}$$

所以

$$\frac{\tau'_{max}}{\tau_{max}} = \frac{W_P}{W_{P_2}} = \frac{\frac{\pi D^3}{16}}{\frac{\pi D_2^3}{16}} = \left(\frac{D}{D_2}\right)^3 = \frac{1}{8}$$

可见，实心圆轴的最大切应力与直径的三次方成反比，当直径增大 1 倍时，最大切应力将减小为原来的 1/8。

二、强度条件

1. 扭转失效与扭转极限应力

扭转试验是指用圆截面试件在扭转试验机上进行的试验。试验表明：塑性材料制成的试件在受扭过程中，先是发生屈服，这时，在试件表面的横向与纵向出现滑移线，如图 7-13a）所示；如果继续增大扭转力偶矩，试件最后沿横截面被剪断，如图 7-13b）所示；脆性材料制成的试件受扭时，变形始终很小，最后在与轴线约成 45°倾角的螺旋面发生断裂，如图 7-13c）所示。

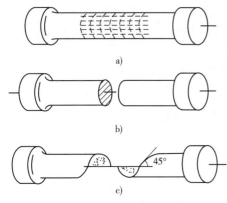

图 7-13 圆截面试件的扭转试验

上述情况表明，对于受扭圆轴，失效的标志仍为屈服与断裂。塑性材料试件扭转屈服时横截面上的最大切应力，称为材料的**扭转屈服极限**，用 τ_s 表示；脆性材料试件扭转断裂时横截面上的最大切应力，称为材料的**扭转强度极限**，用 τ_b 表示。扭转屈服极限 τ_s 与扭转强度极限 τ_b，统称为材料的**扭转极限应力**，用 τ_u 表示。

2. 扭转容许切应力

将材料的扭转极限应力 τ_u 除以大于 1.0 的安全因数 n，即得材料的**扭转容许切应力**，用 $[\tau]$ 表示。

试验结果表明，在常温静载下，同一种材料在纯剪切和轴向拉伸时的力学性能存在一定关系，因而通常用材料的容许拉应力 $[\sigma_t]$ 值来确定其容许切应力 $[\tau]$ 值。对于塑性材料，$[\tau]=(0.5\sim0.577)[\sigma]$；对于脆性材料，$[\tau]=(0.8\sim1.0)[\sigma_t]$。

3. 圆轴扭转强度条件

等直圆轴在扭转时，杆内各点处于纯剪切应力状态。为保证圆轴工作时不致因强度不够而破坏，最大扭转切应力 τ_{max} 不得超过材料的扭转容许切应力 $[\tau]$，即要求

$$\tau_{max} = \frac{T_{max}}{W_P} \leq [\tau] \tag{7-14}$$

式(7-14)为**圆轴扭转的强度条件**。

【例 7-3】 某传动轴，轴内的最大扭矩 $T=5.0$ kN·m，若容许切应力 $[\tau]=50$ MPa。试完成：

(1) 若轴为实心圆轴，直径 $D_1=80$ mm，试校核该轴的强度。

(2) 若改用内外直径之比 $\alpha=\dfrac{d_2}{D_2}=0.8$ 的空心圆轴，在最大切应力的相等情况下，试确

定空心圆轴的内、外直径，并比较实心圆轴和空心圆轴的质量。

解：(1) 实心圆轴的强度校核。

$$\tau_{max} = \frac{T_{max}}{W_P} = \frac{T_{max}}{\frac{1}{16}\pi D_1^3} = \frac{5.0 \times 10^3}{\frac{1}{16}\pi \times 0.08^3} = 49.7 \text{MPa} < [\tau]$$

说明该轴强度足够。

(2) 确定空心圆轴的内、外直径。

$$\tau_{max} = \frac{T_{max}}{W_{P_2}} = \frac{T_{max}}{\frac{1}{16}\pi D_2^3(1-\alpha^4)} = 49.7 \text{MPa}$$

由此解得

$$D_2 = \sqrt[3]{\frac{16 \times 5 \times 10^3}{\pi(1-0.8^4) \times 49.7 \times 10^6}} = 95.4 \text{mm}$$

选取空心圆轴的外直径 $D_2 = 96$mm，内直径 $d_2 = \alpha D_2 = 0.8 \times 96 = 77$mm。

(3) 实心圆轴与空心圆轴质量的比较。上述空心圆轴与实心圆轴的长度与材料均相同，所以，两者的质量比等于其横截面面积之比，即

$$\frac{G_{空}}{G_{实}} = \frac{A_{空}}{A_{实}} = \frac{\frac{\pi}{4}(D_2^2 - d_2^2)}{\frac{\pi}{4}D_1^2} = \frac{96^2 - 77^2}{80^2} = 0.513$$

上述结果说明，在强度相同的情况下，采用空心圆轴可以显著地减轻自重，节约材料。

单元 7.4 圆轴扭转时的变形与刚度计算

一、圆轴扭转变形公式

圆轴扭转变形的标志是任意两个横截面绕轴线发生相对转动，扭转变形的大小就是用相对扭转角 φ 来衡量的。由式(7-3)可知，相距为 dx 的两个横截面间的相对扭转角为

$$d\varphi = \frac{T}{GI_P}dx$$

沿轴线 x 积分，即可求得相距为 l 的两个横截面之间的相对扭转角为

$$\varphi = \int_l d\varphi = \int_l \frac{T}{GI_P}dx \tag{7-15}$$

由式(7-15)可知，由同一种材料制成的等直圆轴，GI_P 为常量，若相距为 l 的两横截面间 T 为常量，则该两截面的扭转角为

$$\varphi = \frac{Tl}{GI_P} \tag{7-16}$$

式(7-16)表明，当 T、l 一定时，φ 和 GI_P 成反比。GI_P 反映了圆轴抵抗扭转变形的能力，称为圆轴的**扭转刚度**。

有时，轴在各段内的 T 并不相同，或者各段内的 I_P 不同，如阶梯轴。这时就应该分段计算各段的扭转角，然后代数求和，得到两端截面的**相对扭转角**为

$$\varphi = \sum_{i=1}^{n} \frac{T_i l_i}{G I_{P_i}} \tag{7-17}$$

二、圆轴扭转刚度条件

轴类零件除应满足强度要求外,一般其变形还要有一定限制,即不应产生过大的扭转变形。例如,若车床丝杆扭转角过大,会影响车刀进给,降低加工精度;发动机的凹轮轴扭转角过大,会影响气阀开关时间;镗床的主轴或磨床的传动轴扭转角过大,将引起扭转振动,影响工件的精度和表面粗糙度。所以轴还应满足刚度要求。

由式(7-16)可知,扭转角与轴长 l 有关。为消除长度的影响,用单位长度扭转角 $\frac{d\varphi}{dx}$,即 θ 表示扭转变形的程度。由式(7-5)可得

$$\theta = \frac{d\varphi}{dx} = \frac{T}{GI_P} \tag{7-18}$$

工程实际中,通常规定最大单位长度扭转角 θ_{max} 不得超过规定的单位长度扭转角 $[\theta]$,故圆轴扭转时的刚度条件为

$$\theta_{max} = \left(\frac{T}{GI_P}\right)_{max} \leq [\theta]$$

对于等直圆轴,则要求

$$\theta_{max} = \frac{T_{max}}{GI_P} \leq [\theta]$$

式中,θ_{max} 的单位为 rad/m(弧度/米),而在工程实际中 $[\theta]$ 的单位一般为 (°)/m(度/米),故上式改为

$$\theta_{max} = \frac{T_{max}}{GI_P} \times \frac{180°}{\pi} \leq [\theta] \tag{7-19}$$

$[\theta]$ 值要根据荷载性质、工作要求和工作条件等因素来确定,可查有关的机械设计手册。一般规定为:精密机械的轴,$[\theta] = (0.25° \sim 0.50°)/m$;一般传动轴,$[\theta] = (0.5° \sim 1.0°)/m$;对精度要求不高的轴,$[\theta] = (1.0° \sim 2.5°)/m$。

【例7-4】 图7-14a)所示传动轴的直径 $D = 80mm$,外力偶矩 $M_{e1} = 10kN \cdot m$,$M_{e2} = 4.0kN \cdot m$,$M_{e3} = 3.5kN \cdot m$,$M_{e4} = 2.5kN \cdot m$,材料的容许切应力 $[\tau] = 80MPa$,$[\theta] = 0.3°/m$,材料切变模量 $G = 80GPa$。试完成:

(1)校核轴的强度和刚度。
(2)若不满足强度条件或刚度条件,重新选择轴的直径。
(3)求截面 D 与截面 A 之间的相对扭转角 φ_{AD}。

解:(1)作扭矩图,确定 T_{max}。由图7-14b)可知,$T_{max} = 6kN \cdot m$。

(2)强度校核。

$$W_P = \frac{\pi D^3}{16} = \frac{\pi \times 80^3 \times 10^{-9}}{16} = 100.5 \times 10^{-6} m^3$$

$$\tau_{max} = \frac{T_{max}}{W_P} = \frac{6 \times 10^3}{100.5 \times 10^{-6}} = 59.7 MPa < [\tau]$$

故轴的强度足够。

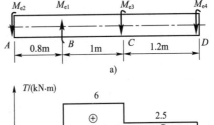
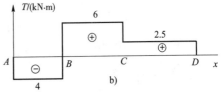

图7-14 传动轴

(3) 刚度校核。

$$I_p = \frac{\pi D^4}{32} = \frac{\pi \times 80^4 \times 10^{-12}}{32} = 4.02 \times 10^{-6} \text{m}^4$$

$$\theta_{max} = \frac{T_{max}}{GI_p} \times \frac{180°}{\pi} = \frac{6 \times 10^3}{80 \times 10^9 \times 4.02 \times 10^{-6}} \times \frac{180°}{\pi} = 1.07°/\text{m} > [\theta]$$

故轴不满足刚度要求。

(4) 按刚度条件重新确定轴径。

$$\theta_{max} = \frac{T_{max}}{GI_p} \times \frac{180°}{\pi} = \frac{32 T_{max}}{G\pi D^4} \times \frac{180°}{\pi} \leqslant [\theta]$$

得

$$D = \sqrt[4]{\frac{32 \times T_{max} \times 180}{G\pi^2 [\theta]}} = \sqrt[4]{\frac{32 \times 6 \times 10^3 \times 180}{80 \times 10^9 \times \pi^2 \times 0.3}} = 110 \text{mm}$$

为了使轴同时满足强度和刚度要求,取轴径 $D = 110\text{mm}$。

(5) 计算扭转角 φ_{AD}。

$$I_p = \frac{\pi D^4}{32} = \frac{\pi \times 110^4 \times 10^{-12}}{32} = 14.37 \times 10^{-6} \text{m}^4$$

因 AB、BC 和 CD 三段的扭矩分别为常量,由式(7-17)得

$$\varphi_{AD} = \frac{T_1 l_1}{GI_p} + \frac{T_2 l_2}{GI_p} + \frac{T_3 l_3}{GI_p} = \frac{1}{GI_p}(T_1 l_1 + T_2 l_2 + T_3 l_3)$$

$$= \frac{1}{80 \times 10^9 \times 14.37 \times 10^{-6}} \times (-4.0 \times 10^3 \times 0.8 + 6 \times 10^3 \times 1 + 2.5 \times 10^3 \times 1.2)$$

$$= 5.05 \times 10^{-2} \text{rad}$$

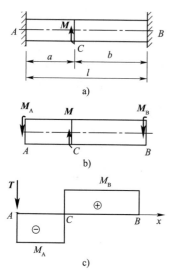

图 7-15 等截面圆轴

【例 7-5】 两端固定的等截面圆轴,在 C 处作用有外力偶矩 M_e,如图 7-15a)所示。试求轴两端的支反力偶矩。

解: (1) 静力平衡方程。设 A 端和 B 端的支反力偶矩分别为 M_A 和 M_B,如图 7-15b)所示,则轴的平衡方程为

$$\sum M_x = 0, M_A + M_B - M_e = 0 \qquad ①$$

此轴有两个未知力偶,而平衡方程只有一个,故为一次扭转静不定问题,须根据轴的变形协调条件及物理关系建立一个补充方程才能求解。

(2) 几何方程。因轴两端均为固定端,故 A、B 截面间的相对扭转角为零,即

$$\varphi_{AB} = 0 \qquad ②$$

(3) 补充方程。由截面法可得,AC 和 CB 两段的扭矩分别为 $T_{AC} = -M_A$,$T_{CB} = M_B$,AB 轴的扭矩图如图 7-15c)所示。

由式(7-17)得

$$\varphi_{AB} = \varphi_{AC} + \varphi_{BC} = \frac{T_{AC} l_{AC}}{GI_p} + \frac{T_{CB} l_{CB}}{GI_p} = \frac{-M_A a}{GI_p} + \frac{M_B b}{GI_p} \qquad ③$$

将式③代入式②,即得到补充方程

$$-\frac{M_A a}{GI_P} + \frac{M_B b}{GI_P} = 0$$

整理得

$$-M_A a + M_B b = 0 \quad ④$$

联立求解式④与式①,可得

$$M_A = \frac{bM_e}{a+b}$$

$$M_B = \frac{aM_e}{a+b}$$

1. 扭转时,横截面上的内力是扭矩 T,其正负按右手螺旋法则规定。
2. 横截面上任意点处的切应力 τ_ρ 与该点到圆心的距离 ρ 成正比;横截面外周边各点处的切应力最大,且有

$$\tau_{max} = \frac{TR}{I_P} = \frac{T}{W_P}$$

切应力方向与半径垂直,其指向由截面扭矩确定。截面中心处切应力为零。

3. 内径与外径之比 $\alpha = d/D$ 的空心圆截面的极惯性矩为

$$I_P = \frac{1}{32}\pi(D^4 - d^4)$$

抗扭截面模量则为

$$W_P = \frac{I_P}{\frac{1}{2}D} = \frac{\pi D^3}{16}(1-\alpha^4)$$

令 $\alpha = 0$,即得到实心圆截面的结果。

4. 若轴两截面间的扭矩 T 不变,轴为等直杆(I_P 不变)且材料不变(G 不变),则单位长度轴的扭转角为

$$\theta = \frac{d\varphi}{dx} = \frac{T}{GI_P} \text{rad/m}$$

式中:GI_P——圆轴的抗扭刚度;GI_P 值越大,则轴的扭转变形越小。

5. 圆轴扭转的强度条件为

$$\tau_{max} = \frac{T_{max}}{W_P} \leq [\tau]$$

圆轴扭转的刚度条件为

$$\theta_{max} = \frac{T_{max}}{GI_P} \times \frac{180°}{\pi} \leq [\theta]$$

$[\theta]$ 的单位一般为 $(°)/m$(度/米)。

工程中的扭转实例

扭转是杆件的一种基本变形形式。工程中有许多以扭转变形为主的构件。例如,螺丝刀拧螺钉(图 7-16),手电钻钻孔(图 7-17),螺丝刀杆和钻头都是受扭杆件。

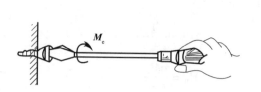

图 7-16　螺丝刀拧螺钉　　　　图 7-17　手电钻钻孔

载货汽车的传动轴(图 7-18),传动机构的传动轴(图 7-19),也都是以扭转变形为主的杆件。

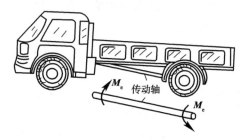

图 7-18　汽车传动轴

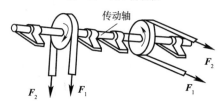

图 7-19　皮带传动机构

7-1　杆件发生扭转变形的受力特点是什么?

7-2　试用功率、转速和外力偶矩的关系说明:为什么在同一减速器中,高速轴的直径较小,而低速轴的直径较大?

7-3　圆轴扭转切应力公式是如何建立的?假设是什么?该公式的适用条件是什么?

7-4　若将圆轴直径增加一倍。试问:轴的扭转刚度和扭转强度各增加多少?

7-5　长度为 L、直径为 d 的两根由不同材料制成的圆轴,在其两端作用相同的扭转力偶 M,试问:

(1)最大切应力 τ_{max} 是否相同?为什么?

(2)相对扭转角 φ 是否相同?为什么?

7-6 如何提高圆轴的强度和刚度？

7-7 试作如题图 7-1 所示各轴的扭矩图，并确定其最大扭矩。

7-8 如题图 7-2 所示空心圆截面轴，外径 $D=40\mathrm{mm}$，内径 $d=20\mathrm{mm}$，扭矩 $T=1\mathrm{kN\cdot m}$。试计算横截面上最大、最小扭转切应力以及 A 点处（$\rho_A=15\mathrm{mm}$）的扭转切应力。

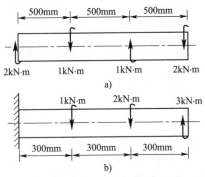

题图 7-1 等截面圆轴　　　　题图 7-2 空心圆截面轴

7-9 题图 7-3 所示为圆截面轴，AB 与 BC 段的直径分别为 d_1 和 d_2，且 $d_1=\dfrac{4}{3}d_2$。试求轴内的最大扭转切应力。

7-10 题图 7-4 所示为某传动轴的示意简图，转速 $n=300\mathrm{r/min}$，轮 1 为主动轮，输入功率 $P_1=50\mathrm{kW}$，轮 2、轮 3 和轮 4 为从动轮，输出功率分别为 $P_2=10\mathrm{kW}$，$P_3=P_4=20\mathrm{kW}$。试完成：

(1) 试作该轴的扭矩图，确定最大扭矩。

(2) 若将轮 1 与轮 3 的位置对调，试分析对轴的受力是否有利。

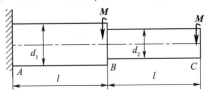

题图 7-3 一端固定的阶梯圆轴

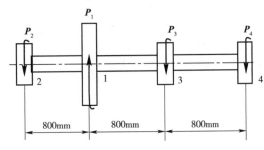

题图 7-4 传动轴的示意简图

7-11 如题图 7-5 所示实心圆轴与空心圆轴通过牙嵌离合器相连接。已知：轴的转速 $n=200\mathrm{r/min}$，传递功率 $P=10\mathrm{kW}$，材料的容许切应力 $[\tau]=80\mathrm{MPa}$，$d_1/d_2=0.5$。试确定实心轴的直径 d，空心轴的内外径 d_1 和 d_2。

7-12 一圆截面杆，直径 $d=20\mathrm{mm}$，两端承受扭转力偶矩 $M=230\mathrm{N\cdot m}$ 作

用。由试验测得标距 $l_0 = 100\text{mm}$ 内轴的相对扭转角 $\varphi = 0.0174\text{rad}$，试确定切变模量 G。

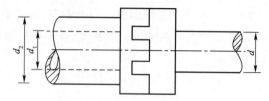

题图 7-5　空心圆轴与实心圆轴连接示意图

7-13　如题图 7-6 所示等直圆截面杆 AB，左端为固定端，受均匀分布的扭转力偶矩 $q(\text{kN}\cdot\text{m})$ 作用。试推导该杆 B 端扭转角 φ 的公式。

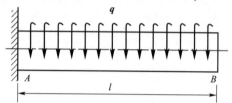

题图 7-6　一端固定的等截面圆杆

7-14　某圆截面钢轴，转速 $n = 250\text{r/min}$，所传功率 $P = 60\text{kW}$，容许切应力 $[\tau] = 40\text{MPa}$，单位长度的容许扭转角 $[\theta] = 0.8°/\text{m}$，切应力模量 $G = 80\text{GPa}$。试设计轴径。

08 模块 截面几何性质

1. 了解物体重心的概念。
2. 掌握平面图形的形心计算方法。
3. 掌握静矩与惯性矩计算。
4. 掌握平行移轴公式求组合截面的惯性矩的方法。

单元 8.1 物体的重心与图形的形心

一、重心的概念及重心坐标

1. 重心的概念

力系中各力的作用线不在同一平面内,该力系称为空间力系。按力系中各力作用线的相对位置,可分为空间汇交力系、空间力偶系、空间平行力系与空间任意力系。空间平行力系是空间任意力系的一种特殊形式,若各力作用线互相平行的空间力系,称为**空间平行力系**,如图 8-1 所示。

重力是地球对物体的引力,如果将物体看成由无数的质点组成,则重力便组成空间平行力系,此力系的合力大小就是物体的**重量**。实践证明,不论物体如何放置,其重力的合力作用线总是通过物体上一个确定的点,这个点称为物体的**重心**。重心位置在城市轨道交通、建筑、路桥等工程中有着重要意义,因此,常要确定物体重心的位置。

2. 重心坐标公式

1) 一般物体重心坐标公式

如果将重为 W 的物体分成许多体积为 ΔV_i、重为 ΔW_i、重心位置为 m_i 的微块,则有 $W = \sum \Delta W_i$。取图 8-2 所示坐标系,图中 x_C、y_C、z_C 是重心 C 的坐标,x、y、z 是微块 ΔW_i 的坐标。由合力矩定理得**重心坐标公式**:

$$\left. \begin{array}{l} x_C = \dfrac{\sum \Delta W_i \cdot x}{W} \\[6pt] y_C = \dfrac{\sum \Delta W_i \cdot y}{W} \\[6pt] z_C = \dfrac{\sum \Delta W_i \cdot z}{W} \end{array} \right\} \tag{8-1}$$

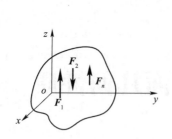

图 8-1 空间平行力系

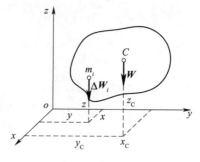

图 8-2 物体的重心

2) 匀质物体重心坐标公式

若物体是均质的,其单位体积的重量为 γ,各微小部分的体积是 ΔV_i,整个物体的体积为 $V = \sum \Delta V_i$,则 $\Delta W_i = \gamma \cdot \Delta V_i$,$W = \gamma \cdot V$,代入式(8-1)得

$$\left. \begin{array}{l} x_C = \dfrac{\sum \Delta V_i \cdot x}{V} \\[6pt] y_C = \dfrac{\sum \Delta V_i \cdot y}{V} \\[6pt] z_C = \dfrac{\sum \Delta V_i \cdot z}{V} \end{array} \right\} \tag{8-2}$$

由式(8-2)可见均质物体的重心位置完全取决于物体的几何形状,而与物体的重量无关。这时物体的重心就是物体几何形状的中心,即**形心**。

3) 匀质薄板重心坐标公式

若物体是均质板件,则其重心或形心位于板厚方向的对称平面上。在此平面上取图 8-3 所示直角坐标系,其重心 C 的坐标只有 x_C 和 y_C,用以上方法可求得其重心或形心坐标公式

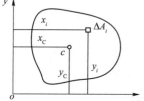

图 8-3 平面图形的形心

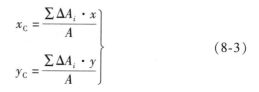

$$\left. \begin{array}{l} x_C = \dfrac{\sum \Delta A_i \cdot x}{A} \\[6pt] y_C = \dfrac{\sum \Delta A_i \cdot y}{A} \end{array} \right\} \tag{8-3}$$

式中:A——板件的面积;

ΔA_i——微小部分的面积。

式(8-3)又称为平面图形的形心公式。

二、组合图形的形心位置

1. 对称图形

若平面图形具有对称轴,则其形心一定在对称轴上。

2. 简单几何图形

简单几何图形物体的形心,可以从有关工程手册中查到。表 8-1 中列出了常见的几种

简单几何图形形心位置,以便在求组合图形形心时使用。

几种简单几何图形形心位置 表 8-1

图 形	形 心 位 置	图 形	形 心 位 置
三角形	在中线的交点 $y_C = \dfrac{h}{3}$	梯形	$y_C = \dfrac{h(2a+b)}{3(a+b)}$
扇形	$x_C = \dfrac{2r\sin\alpha}{3\alpha}$ 对于半圆 $\alpha = \dfrac{\pi}{2}$,则 $x_C = \dfrac{4r}{3\pi}$	部分圆形	$x_C = \dfrac{2}{3}\dfrac{R^3 - r^3\sin\alpha}{R^2 - r^2\alpha}$
抛物线面	$x_C = \dfrac{3}{5}a$ $y_C = \dfrac{3}{8}b$	抛物线面	$x_C = \dfrac{3}{4}a$ $y_C = \dfrac{3}{10}b$

3. 组合图形

常用分割法或负面积法确定图形的形心位置,即将组合图形分割成若干形状简单、形心位置易求出的图形,由式(8-3)求解。

1) 分割法

将物体分割成几个简单形状的形体,则整个物体的重心坐标可由式(8-3)求出。

【例 8-1】 求图 8-4a)所示的均质薄板的重心位置。

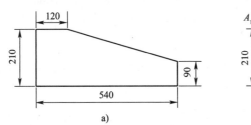
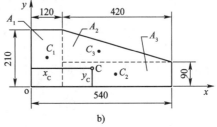

图 8-4 均质板的重心位置(尺寸单位:cm)

解: 选择参考坐标系如图 8-4b)所示。整块薄板可看成由虚线所划分的 A_1、A_2、A_3 三部分组成。各部分的面积和形心坐标分别为

$$A_1 = 210 \times 120 = 25200\,\text{cm}^2$$

$$x_1 = \frac{1}{2} \times 120 = 60 \text{cm} \qquad y_1 = \frac{1}{2} \times 210 = 105 \text{cm}$$

$$A_2 = 420 \times 90 = 37800 \text{cm}^2$$

$$x_2 = 120 + \frac{1}{2} \times 420 = 330 \text{cm} \qquad y_2 = \frac{1}{2} \times 90 = 45 \text{cm}$$

$$A_3 = \frac{1}{2} \times 420(210-90) = 25200 \text{cm}^2$$

$$x_3 = 120 + \frac{1}{3} \times 420 = 260 \text{cm} \qquad y_3 = 90 + \frac{1}{3}(210-90) = 130 \text{cm}$$

由式(8-3)得整块薄板重心 C 的坐标

$$x_C = \frac{\sum \Delta A_i \cdot x}{A} = \frac{25200 \times 60 + 37800 \times 330 + 25200 \times 260}{25200 + 37800 + 25200} = 232.9 \text{cm}$$

$$y_C = \frac{\sum \Delta A_i \cdot y}{A} = \frac{25200 \times 105 + 37800 \times 45 + 25200 \times 130}{25200 + 37800 + 25200} = 86.4 \text{cm}$$

【例8-2】 求图8-5a)所示的组合图形的形心位置。

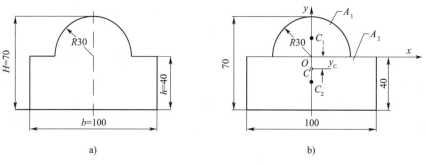

图8-5 组合图形的形心位置(尺寸单位:mm)

解: 图8-5a)所示的组合图形左右对称,以其对称轴为参考坐标轴,选择如图8-5b)所示参考坐标系。由于,形心一定在对称轴上,故组合图形的形心坐标 $x_C = 0$。

组合图形由半圆 A_1 和矩形 A_2 二部分组成,形心 C 的纵坐标为

$$y_C = \frac{A_1 y_1 + A_2 y_2}{A_1 + A_2} = \frac{\frac{\pi \times 30^2}{2} \times \frac{4 \times 30}{3\pi} + 100 \times 40 \times (-20)}{\frac{\pi \times 30^2}{2} + 100 \times 40} = -11.5 \text{mm}$$

2) 负面积法

若物体内切去一部分,则其重心仍可应用式(8-1)~式(8-3)求得,只是切去部分的体积或面积应取负值。

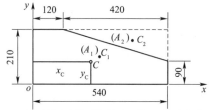

图8-6 负面积法求均质板的重心位置(尺寸单位:cm)

【例8-3】 用负面积法求图8-4a)所示均匀薄板的重心位置。

解: 取如图8-6所示的参考坐标系。把板看成长方形 A_1' ($540 \text{cm} \times 210 \text{cm}$) 割去虚线所示三角形 A_2' 而成,将割去的面积 A_2' 看作负值。先求出各部分的面积和重心坐标为

$$A_1' = 540 \times 210 = 113400 \text{cm}^2$$

$$x_1' = \frac{1}{2} \times 540 = 270 \text{cm} \qquad y_1' = \frac{1}{2} \times 210 = 105 \text{cm}$$

$$A_2' = -\frac{1}{2} \times 410(210-90) = -25200 \text{cm}^2$$

$$x_2' = 120 + \frac{2}{3} \times 420 = 400 \text{cm} \qquad y_2' = 90 + \frac{2}{3}(210-90) = 170 \text{cm}$$

薄板的重心 C 的坐标为

$$x_C = \frac{A_1'x_1' + A_2'x_2'}{A_1' + A_2'} = \frac{113400 \times 270 - 25200 \times 400}{113400 - 25200} = 232.9 \text{cm}$$

$$y_C = \frac{A_1'y_1' + A_2'y_2'}{A_1' + A_2'} = \frac{113400 \times 105 - 25200 \times 170}{113400 - 25200} = 86.4 \text{cm}$$

单元 8.2　静矩与惯性矩

一、静矩的概念

任意平面图形如图 8-7 所示。其面积为 A，若 y 轴和 z 轴为图形所在平面内的坐标轴。在坐标 (y,z) 处，取微面积 dA，对坐标轴距离的面积分

$$\left. \begin{array}{l} S_z = \int_A y \, dA \\ \\ S_y = \int_A z \, dA \end{array} \right\} \tag{8-4}$$

图 8-7　平面图形

分别定义为图形对 z 轴和 y 轴的**静矩**。它的量纲是长度的三次方。单元 8.1 中平面图形的形心公式也可表达为

$$\left. \begin{array}{l} z_C = \dfrac{S_z}{A} \\ \\ y_C = \dfrac{S_y}{A} \end{array} \right\} \tag{8-5}$$

因此，平面图形的静矩也可表达为

$$\left. \begin{array}{l} S_z = A \cdot y_C \\ S_y = A \cdot z_C \end{array} \right\} \tag{8-6}$$

二、惯性矩的概念

任意平面图形如图 8-7 所示。其面积为 A，若 y 轴和 z 轴为图形所在平面内的坐标轴。在坐标 (y,z) 处，取微面积 dA，对坐标轴距离的平方的面积分

$$\left. \begin{array}{l} I_z = \int_A z^2 \, dA \\ \\ I_y = \int_A y^2 \, dA \end{array} \right\} \tag{8-7}$$

分别定义为图形对 z 轴和 y 轴的**惯性矩**。它的量纲是长度的四次方。

三、组合截面的惯性矩和平行移轴公式

工程中许多梁的横截面是由若干个简单截面组合而成,称为组合截面。例如,图 8-8 所示的 T 形截面。在计算 T 形截面对中性轴 z_C 的惯性矩时,可将其分为两个矩形 I 和 II,由惯性矩的定义,整个截面对中性轴 z_C 的惯性矩 I_{zC} 应等于两个矩形对 z_C 轴的惯性矩之和。对于矩形、圆形及圆环形等常见简单截面的静矩和惯性矩,可直接由式(8-4)和式(8-7)计算,其结果列于表 8-2 中。

几种常见图形的面积、形心、惯性矩　　　　表 8-2

序号	图形	面积	形心位置	惯性矩
1	矩形	$A = bh$	$z_C = \dfrac{b}{2}$ $y_C = \dfrac{h}{2}$	$I_z = \dfrac{bh^3}{12}$ $I_y = \dfrac{hb^3}{12}$
2	三角形	$A = \dfrac{bh}{2}$	$z_C = \dfrac{b}{3}$ $y_C = \dfrac{h}{3}$	$I_z = \dfrac{bh^3}{36}$ $I_{z1} = \dfrac{bh^3}{12}$
3	圆形	$A = \dfrac{\pi D^2}{4}$	$z_C = \dfrac{D}{2}$ $y_C = \dfrac{D}{2}$	$I_z = I_y = \dfrac{\pi D^4}{64}$
4	圆环	$A = \dfrac{\pi(D^2 - d^2)}{4}$	$z_C = \dfrac{D}{2}$ $y_C = \dfrac{D}{2}$	$I_z = I_y = \dfrac{\pi(D^4 - d^4)}{64}$
5	半圆 $D=2R$	$A = \dfrac{\pi R^2}{2}$	$y_C = \dfrac{4R}{3\pi}$	$I_z = \left(\dfrac{1}{8} - \dfrac{8}{9\pi^2}\right)\pi R^4$ $I_y = \dfrac{\pi R^4}{8}$

工程中常用的各种标准型钢截面的惯性矩和静矩,可从型钢表中查得。

在计算组合图形对中性轴的惯性矩时,须应用平行移轴公式。

设任意形状截面如图 8-9 所示。其面积为 A,形心为 C,所设坐标轴 z、y 与形心轴 z_C、y_C 分别平行,且间距分别为 a、b,截面对 z 轴、y 轴和 z_C、y_C 轴的惯性矩分别为 I_z、I_y 和 I_{zC}、I_{yC},可以证明:

平行移轴公式

$$\left. \begin{array}{l} I_z = I_{zC} + a^2 A \\ I_y = I_{yC} + b^2 A \end{array} \right\} \quad (8\text{-}8)$$

式(8-8)称为惯性矩的**平行移轴公式**。

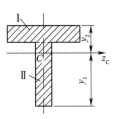

图 8-8 T 型截面

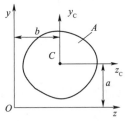

图 8-9 任意形状截面

【**例 8-4**】 计算图 8-10 所示 T 形截面对形心轴 z_C、y_C 的惯性矩。

解:(1) 求截面形心位置

由于截面有一根对称轴 y,故形心必在此轴上,即 $z_C = 0$。

为求 y_C,先设参考轴 z,将图形分为两个矩形,这两部分的面积和形心对 z 轴的坐标分别为

$A_1 = 500 \times 120 = 60 \times 10^3 \text{mm}^2 \qquad y_1 = 580 + 60 = 640 \text{mm}$

$A_2 = 250 \times 580 = 145 \times 10^3 \text{mm}^2 \qquad y_2 = \dfrac{580}{2} = 290 \text{mm}$

故 $y_C = \dfrac{\sum A_i y_i}{A} = \dfrac{60 \times 10^3 \times 640 + 145 \times 10^3 \times 290}{60 \times 10^3 + 145 \times 10^3} = 392 \text{mm}$

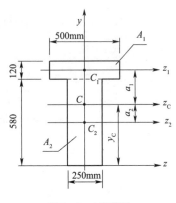

图 8-10 T 形截面

(2) 计算 I_z、I_y

整个截面对 z_C、y_C 轴的惯性矩应等于两个矩形对 z_C、y_C 轴惯性矩之和,即

$$I_{zC} = I_{zC1} + I_{zC2}$$

由平行移轴公式可得

$$I_{zC1} = I_{1z1} + a_1^2 A_1 = \dfrac{500 \times 120^3}{12} + 248^2 \times 60 \times 10^3$$
$$= 37.6 \times 10^8 \text{mm}^4$$

$$I_{zC2} = I_{2z2} + a_2^2 A_2 = \dfrac{250 \times 580^3}{12} + 102^2 \times 145 \times 10^3$$
$$= 55.7 \times 10^8 \text{mm}^4$$

所以 $I_{zC} = I_{zC1} + I_{zC2} = 37.6 \times 10^8 + 55.7 \times 10^8 = 93.3 \times 10^8 \text{mm}^4$

由于 y 轴为截面的对称轴,所以

$$I_{yC} = I_{1y} + I_{2y} = \dfrac{120 \times 500^3}{12} + \dfrac{580 \times 250^3}{12} = 20.05 \times 10^8 \text{mm}^4$$

模块小结

1. 重心坐标的一般公式：

$$x_C = \frac{\sum \Delta W_i \cdot x}{W}$$
$$y_C = \frac{\sum \Delta W_i \cdot y}{W}$$
$$z_C = \frac{\sum \Delta W_i \cdot z}{W}$$

2. 均质平面薄板的形心位置：

$$x_C = \frac{\sum \Delta A_i \cdot x}{A}$$
$$y_C = \frac{\sum \Delta A_i \cdot y}{A}$$

3. 图形对 z 轴和 y 轴的静矩：

$$S_z = A \cdot y_C$$
$$S_y = A \cdot Z_C$$

4. 平面图形对 z 轴和 y 轴的惯性矩：

$$I_z = \int_A z^2 dA$$
$$I_y = \int_A y^2 dA$$

5. 平行移轴公式：

$$I_z = I_{zC} + a^2 A$$
$$I_y = I_{yC} + b^2 A$$

想一想：
(1) 何谓截面对某一轴的静矩。截面对其形心轴的静矩等于什么？
(2) 如何确定截面的形心位置？
(3) 如何定义截面对坐标轴的惯性矩？
(4) 写出惯性矩的平行轴公式？
(5) 怎样求组合截面的惯性矩？

掌握图形几何性质的意义：
(1) 工程实际中构件的承载能力与变形形式有关，不同变形形式下的承载能力，不仅与截面的大小有关，而且与截面的几何形状有关。
(2) 不同的分布内力系，组成不同的内力分量时，将产生不同的几何量。这些几何量不仅与截面的大小有关，而且与截面的几何形状有关。因此，掌握截面的几何性质的变化规律，就能灵活机动地为各种构件选取合理的截面形状和尺寸，使构件各部分的材料能够比较充分地发挥作用，尽可能做到"物尽其用"。

8-1 在下列关于平面图形几何性质的结论中,错误的是( )。
A. 图形的对称轴必通过形心
B. 图形两个对称轴的交点必为形心
C. 图形对对称轴的静矩为零
D. 使静矩为零的轴一定是对称轴

8-2 如题图 8-1 所示,若截面图形的 z 轴过形心,则该图形对 z 轴的( )。
A. 静矩不为零,惯性矩为零　　C. 静矩和惯性矩均不为零
B. 静矩和惯性矩均为零　　　　D. 静矩为零,惯性矩不为零

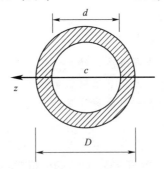

题图 8-1

8-3 求题图 8-2 所示各图形的形心位置,并计算图形对图示两坐标轴的静矩和惯性矩。(图中尺寸单位为 cm)

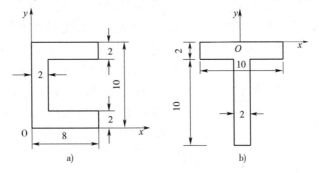

题图 8-2

8-4 如题图 8-3 所示,已知:$R=10\text{cm}, r=3\text{cm}, a=4\text{cm}$。试求均质薄板的重心位置。

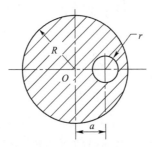

题图 8-3

模块 09 弯曲

教学目标

1. 了解平面弯曲的概念。
2. 掌握梁的内力计算方法。
3. 掌握梁的正应力和强度计算方法。
4. 掌握梁的变形计算和刚度校核方法。

单元 9.1 平面弯曲的概念

一、弯曲变形和平面弯曲

杆件受到垂直于杆轴的外力作用或在纵向平面内受到力偶作用,如图 9-1 所示,杆轴由直线变成曲线,这种变形称为**弯曲**。以弯曲变形为主要变形的杆件称为**梁**。

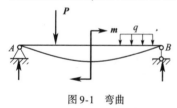

图 9-1 弯曲

弯曲变形是城市轨道交通、建筑、路桥等工程中最常见的一种基本变形。例如,房屋建筑中的楼面梁(图 9-2a),受到楼面荷载和梁自重的作用,将发生弯曲变形,而阳台挑梁(图 9-2b)、梁式桥的主梁(图 9-2c)等,都是以弯曲变形为主的构件。

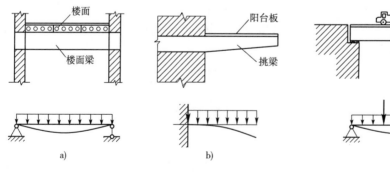

图 9-2 弯曲变形

图 9-3 所示为工程中常见梁的横截面。其上有一根纵向对称轴,对称轴与梁的轴线所组成的平面,称为**纵向对称平面**,如图 9-4 所示。如果作用在梁上的外力(包括荷载和支座反力)和外力偶都位于纵向对称平面内,梁变形后,轴线将在此纵向对称平面内弯曲。这种

梁的弯曲平面与外力作用平面相重合的弯曲,称为**平面弯曲**。平面弯曲是一种最简单、最常见的弯曲变形,本模块将主要讨论等截面直梁的平面弯曲问题。

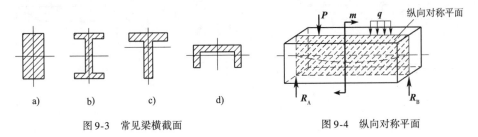

图9-3 常见梁横截面　　　　　图9-4 纵向对称平面

二、梁的类型

根据梁的支座反力能否用静力平衡条件完全确定,可将梁分为静定梁和超静定梁两类。工程中的单跨静定梁按其支座情况可分为下列三种类型:

(1)悬臂梁。梁的一端为固定端,另一端为自由端,如图9-5a)所示。
(2)简支梁。梁的一端为固定铰支座,另一端为可动铰支座,如图9-5b)所示。
(3)外伸梁。梁的一端或两端伸出支座的简支梁,如图9-5c)所示。

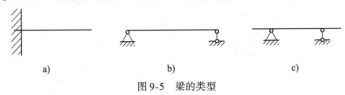

图9-5 梁的类型

单元9.2　梁的内力计算

一、剪力和弯矩

图9-6a)所示为一简支梁,荷载 P 以及支座反力 R_A、R_B 是作用在梁的纵向对称平面内的平衡力系。现用截面法分析任一截面 $m-m$ 上的内力。假设用 $m-m$ 截面将梁分为左右两段,取左段为研究对象进行分析。由图9-6b)可见,因有支反力 R_A 作用,为使左段满足 $\sum F_y=0$,截面 $m-m$ 上必然有与 R_A 反向的内力 Q 存在;同时,因 R_A 对截面 $m-m$ 的形心 C 点有一个力矩 $R_A x$,为满足 $\sum M_C=0$,截面 $m-m$ 上也必然存在一个与力矩 $R_A x$ 转向相反的内力偶矩 M。可见,梁弯曲时,横截面上存在着两种内力:

(1)相切于横截面的内力 Q,称为**剪力**,单位为 N 或 kN。
(2)作用面与横截面相垂直的内力偶矩 M,称为**弯矩**,单位为 N·m 或 kN·m。

截面 $m-m$ 上的剪力和弯矩值,可由左段梁的平衡方程求得

$$\sum F_y = 0 \qquad R_A - Q = 0 \qquad Q = R_A$$

$$\sum M_C = 0 \qquad M - R_A x = 0 \qquad M = R_A x$$

如果取右段梁为研究对象,同样可求得截面 $m-m$ 上的 Q 和 M。根据作用力和反作用力的关系,右段梁在截面 $m-m$ 上的 Q、M 与左段梁在同一截面上的 Q、M 应大小相等,方向和转向相反,如图9-6c)所示。

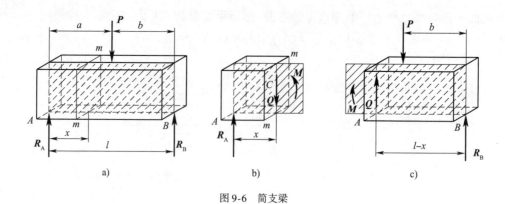

图 9-6 简支梁

二、剪力和弯矩的符号

为了使从左、右两段梁求得同一截面上的内力 Q 与 M 具有相同的正负符号,并由它们的正负号反映变形的情况,对剪力和弯矩的符号特作如下规定。

1. 剪力的符号

当截面上的剪力 Q 使所截取的隔离体有顺时针方向转动趋势时为正,如图9-7a)所示;反之为负,如图9-7b)所示。

图 9-7 剪力符号

对于图 9-7a)所示情况,如考虑取左段梁,把梁段看作固定,截面剪力 Q 向下,使左段梁有顺时针方向转动的趋势;若考虑取右段梁,截面剪力 Q 向上,使右段梁也有顺时针方向转动的趋势,所以截面剪力为正。对于图 9-7b)所示情况,不论取左段梁还是取右段梁为研究对象,截面剪力都使它们有反时针方向转动的趋势,故其上剪力为负。

2. 弯矩的符号

当截面上的弯矩使所截取的隔离体产生向下凸的变形(上部受压、下部受拉)时为正,如图 9-8a)所示;反之则为负,如图 9-8b)所示。

图 9-8 弯矩符号

对于图 9-8a)所示情况,不论取左段梁还是取右段梁为研究对象,把梁段看作固定,截面弯矩 M 使该段梁产生向下凸的变形,所以其截面上的弯矩为正。图 9-8b)所示的梁段产生向上凸的变形,所以其截面上的弯矩为负。

三、用截面法计算指定截面上的剪力和弯矩

用截面法计算指定截面上的剪力和弯矩的步骤如下。

(1)计算支座反力。

(2)用假想的截面在需求内力处将梁截成两段,取其中一梁段为研究对象,画出其受力图(截面上的内力假设为正号)。

(3)建立平衡方程,解出截面上的内力。

下面举例说明梁的指定截面上的剪力和弯矩的计算。

【例 9-1】 外伸梁受荷载作用如图 9-9a)所示。图中截面 1—1 和 2—2 都无限接近于截面 A,同样截面 3—3 和 4—4 也都无限接近于截面 D。试求图示各截面上的剪力和弯矩。

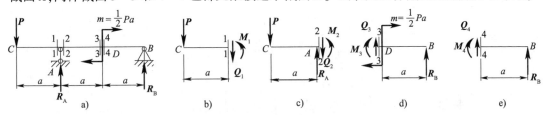

图 9-9 外伸梁剪力和弯矩计算

解:(1)求支座反力

取整体为研究对象,假设支座反力 R_A、R_B 方向向上[图 9-9a)],列平衡方程。

由 $\sum M_B = 0$,则
$$P \times 3a - m - R_A \times 2a = 0$$

得
$$R_A = \frac{3Pa - m}{2a} = \frac{3Pa - \dfrac{Pa}{2}}{2a} = \frac{5}{4}P(\uparrow)$$

由 $\sum M_A = 0$,则
$$Pa - m + R_B \times 2a = 0$$

得
$$R_B = \frac{-Pa + m}{2a} = \frac{-Pa + \dfrac{Pa}{2}}{2a} = -\frac{P}{4}(\downarrow)$$

(2)求截面 1—1 上的内力

用截面 1—1 截取左段梁为研究对象,如图 9-9b)所示。

由 $\sum F_y = 0$,则
$$-P - Q_1 = 0$$

得
$$Q_1 = -P$$

由 $\sum M_1 = 0$,则
$$Pa + M_1 = 0$$

得
$$M_1 = -Pa$$

(3)求截面 2—2 上的内力

用截面 2-2 截取左段梁为研究对象,如图 9-9c)所示。

由 $\sum F_y = 0$,则
$$R_A - P - Q_2 = 0$$

得
$$Q_2 = R_A - P = \frac{5}{4}P - P = \frac{P}{4}$$

由 $\sum M_2 = 0$,则
$$Pa + M_2 = 0$$

得
$$M_2 = -Pa$$

(4) 求截面 3—3 上的内力

用截面 3—3 截取右段梁为研究对象,如图 9-9d) 所示。

由 $\sum F_y = 0$,则
$$Q_3 + R_B = 0$$

得
$$Q_3 = -R_B = \frac{P}{4}$$

由 $\sum M_3 = 0$,则
$$-M_3 - m + R_B a = 0$$

得
$$M_3 = -m + R_B a = -\frac{Pa}{2} - \frac{Pa}{4} = -\frac{3}{4}Pa$$

(5) 求截面 4—4 上的内力

用截面 4—4 截取右段梁为研究对象,如图 9-9e 所示。

由 $\sum F_y = 0$,则
$$Q_4 + R_B = 0$$

得
$$Q_4 = -R_B = \frac{P}{4}$$

由 $\sum M_4 = 0$,则
$$-M_4 + R_B a = 0$$

得
$$M_4 = R_B a = -\frac{1}{4}Pa$$

(6) 比较截面 1—1 和 2—2 上的内力

由于
$$Q_2 - Q_1 = \frac{P}{4} - (-P) = \frac{5}{4}P = R_A$$

$$M_2 = M_1$$

可见,在集中力作用截面左、右两侧无限接近的横截面上弯矩相同,而剪力不同,其差值等于该集中力的值,即在集中力作用处的两侧截面,剪力发生了突变,突变值等于该集中力的值。

(7) 比较截面 3—3 和 4—4 上的内力

由于
$$Q_4 = Q_3$$

$$M_4 - M_3 = -\frac{Pa}{4} - \left(-\frac{3}{4}Pa\right) = \frac{Pa}{2} = m$$

可见,在集中力偶作用处两侧横截面上剪力相同,而弯矩发生了突变,突变值就等于集中力偶的力偶矩。

由上例的计算可知,利用截面法求指定截面的内力时,应注意以下几点:

(1) 可取截面以左部分为研究对象,也可取截面以右部分为研究对象,一般取外力比较简单的一侧进行分析。

(2) 用设正法画研究对象的受力图,即假设被截开截面上的 Q 和 M 均为正值。当计算结果为正时,说明假设的方向与实际相同,被截开截面上有正的剪力或弯矩;当计算结果为负时,说明假设的方向与实际相反,被截开截面上有负的剪力或弯矩。这样,结果的正负,就表示内力的正负。

(3) 在集中力作用处,剪力突变;在集中力偶作用处,弯矩突变,因此,无法求解这些截面上的剪力或弯矩,而应计算该截面稍左或稍右处的内力。

四、剪力和弯矩的直接计算法

通过上述例题,可以总结出直接根据外力计算梁内力的规律。

1. 剪力的直接计算

计算剪力就是对左(右)段梁建立投影方程 $\sum F_y = 0$，经过移项后可得

$$Q = \sum P_{左} \qquad (9\text{-}1)$$
$$Q = \sum P_{右} \qquad (9\text{-}2)$$

式(9-1)、式(9-2)说明：梁内任一横截面上的剪力 Q，其大小等于该截面一侧(左侧或右侧)与截面平行的所有外力的代数和。若外力对所求截面产生顺时针方向转动趋势时，等式右方取正号，如图9-7a)所示；反之，等式右方取负号，如图9-7b)所示。此规律可记为"顺转剪力正"。

2. 弯矩的直接计算

计算弯矩就是对左(右)段梁建立力矩方程 $\sum M_C = 0$，经过移项后可得

$$M = \sum M_C(P)_{左} \qquad (9\text{-}3)$$
$$M = \sum M_C(P)_{右} \qquad (9\text{-}4)$$

式(9-3)、式(9-4)说明：梁内任一横截面上的弯矩 M，其大小等于该截面一侧(左侧或右侧)所有外力对该截面形心的力矩的代数和。若将所求截面固定，外力矩使所考虑的梁段产生向下凸的变形(上部受压、下部受拉)时，等式右方取正号，如图9-8a)所示；反之，等式右方取负号，如图9-8b)所示。此规律可记为"下凸弯矩正"。

直接由外力写出指定截面的内力，可以省去画受力图和列平衡方程，从而简化计算过程。下面举例说明。

【例9-2】 如图9-10所示，已知 $P = 3\text{kN}$，$q = 2\text{kN/m}$，$m = 4\text{kN}\cdot\text{m}$。试求：外伸梁 F 和 $D_{左}$ 截面上的剪力和弯矩。

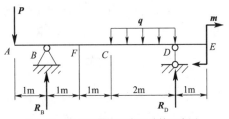

图9-10 外伸梁剪力和弯矩计算示意图

解：(1) 求支座反力

取整梁为研究对象，设支反力为 R_B、R_D，方向如图9-10所示。

由 $\sum M_D = 0$ $\qquad P \times 5 + q \times 2 \times 1 - m - R_B \times 4 = 0$

得 $\qquad R_B = \dfrac{5P + 2q - m}{4} = \dfrac{5 \times 3 + 2 \times 2 - 4}{4} = 3.75\text{kN}(\uparrow)$

由 $\sum M_B = 0$ $\qquad P \times 1 - q \times 2 \times 3 - m + R_D \times 4 = 0$

得 $\qquad R_D = \dfrac{6q + m - P}{4} = \dfrac{6 \times 2 + 4 - 3}{4} = 3.25\text{kN}(\uparrow)$

(2) 计算 F 截面上的内力

将 F 截面以右部分用纸盖住(相当于在 F 处截开梁，取左段为研究对象)，根据"顺转剪力正"的规律，可判定：

P 使左段梁逆时针转，等式右方为负号；R_B 使左段梁顺时针转，等式右方为正号。Q_F 为 F 截面以左部分各力代数和，由此可得

$$Q_F = -P + R_B = -3 + 3.75 = 0.75\text{kN}$$

根据"下凸弯矩正"的规律可判定：

P 使左段梁上凸，等式右方为负号；R_B 使左段梁下凸，等式右方为正号。M_F 为 F 截面以

左部分各力矩代数和,由此可得

$$M_F = -P \times 2 + R_B \times 1 = -3 \times 2 + 3.75 \times 1 = -2.25 \text{kN} \cdot \text{m}$$

(3)计算 $D_左$ 截面上的内力

将 $D_左$ 截面以左部分用纸盖住,用直接计算法可得

$$Q_{D左} = -R_D = -3.25 \text{kN}$$

$$M_{D左} = -m = -4 \text{kN} \cdot \text{m}$$

当然,计算 $D_左$ 截面内力时,用纸盖住 $D_左$ 以右部分,可得到相同的计算结果。

单元9.3 梁的内力图

为了计算梁的强度和刚度,除了要计算指定截面的剪力和弯矩外,还必须知道剪力和弯矩沿梁轴线的变化规律,从而找到梁内剪力和弯矩的最大值以及它们所在的截面位置。

一、剪力方程和弯矩方程

从单元9.2的讨论可以看出,梁内各截面上的剪力和弯矩一般是随截面的位置而变化的。若横截面的位置用沿梁轴线的坐标 x 来表示,则各横截面上的剪力和弯矩都可以表示为坐标 x 的函数,即

$$Q = Q(x) \tag{9-5}$$

$$M = M(x) \tag{9-6}$$

式(9-5)、式(9-6)分别称为**剪力方程**和**弯矩方程**。剪力方程和弯矩方程可以表明梁内剪力和弯矩沿梁轴线的变化规律。

二、剪力图和弯矩图

为了形象地表现剪力和弯矩沿梁轴的变化规律,可以根据剪力方程和弯矩方程分别绘制剪力图和弯矩图。其画法与轴力图、扭矩图相似,以沿梁轴的横坐标 x 表示梁横截面位置,以纵坐标表示相应截面的剪力或弯矩。在土建工程中,习惯上把正剪力画在 x 轴上方,负剪力画在 x 轴下方;把正弯矩画在 x 轴下方,负弯矩画在 x 轴上方;同时要求将剪力图和弯矩图与梁的计算简图对齐,标注图名(Q图、M图)、控制点值及正负号,这样坐标轴可省略不画。

下面通过几个例子说明剪力图和弯矩图的画法。

【例9-3】 受均布荷载作用的简支梁如图9-11a)所示。试画出梁的剪力图和弯矩图。

解:(1)求支座反力

由于荷载相当于支承对称,故 $R_A = R_B = ql/2$。

(2)列剪力方程与弯矩方程

$$Q(x) = \frac{ql}{2} - qx \quad (0 \leqslant x \leqslant l)$$

$$M(x) = \frac{ql}{2}x - \frac{qx^2}{2} \quad (0 \leqslant x \leqslant l)$$

(3)画剪力图

$Q(x)$ 为 x 的一次函数,其图为斜直线,定出两端值

$$x=0, Q_A = \frac{ql}{2}; x=l, Q_B = -\frac{ql}{2}$$

剪力图如图 9-11b) 所示。

(4) 画弯矩图

$M(x)$ 为 x 的二次函数，其图为抛物线，定出 3 个截面的弯矩值

$$x=0, M_A=0; x=\frac{l}{2}, M_{l/2}=\frac{ql^2}{8}; x=l, M_B=0$$

弯矩图如图 9-11c) 所示。

由剪力图和弯矩图可知：最大弯矩发生在跨中，其值为 $M_{\max}=ql^2/8$，而此截面的剪力为零。

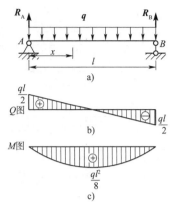

图 9-11 简支梁计算示意图

【例 9-4】 受集中力 P 作用的简支梁如图 9-12a) 所示。试画出梁的剪力图和弯矩图。

解：(1) 求支座反力

$$R_A = \frac{Pb}{l}, R_B = \frac{Pa}{l}$$

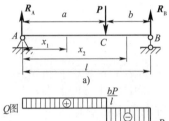

(2) 分段列剪力方程与弯矩方程

AC 段：$Q(x_1) = R_A = \dfrac{Pb}{l}$ $(0 < x_1 < a)$ ①

$M(x_1) = R_A x_1 = \dfrac{Pb}{l} x_1$ $(0 \leqslant x_1 \leqslant a)$ ②

CB 段：$Q(x_2) = -R_B = -\dfrac{Pa}{l}$ $(a < x_2 < l)$ ③

$M(x_2) = R_B(l-x_2) = \dfrac{Pa}{l}(l-x_2)$ $(a \leqslant x_2 \leqslant l)$ ④

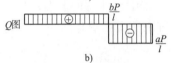

图 9-12 简支梁剪力和弯矩计算

(3) 画剪力图

由式①可知：AC 段的剪力是常数 Pb/l，其图形为水平线；由式③可知：CB 段的剪力是常数 $-Pa/l$，其图形为水平线。剪力图如图 9-12b) 所示。

(4) 画弯矩图

由式②可知：AC 段的弯矩是 x_1 的一次函数，其图为斜直线，只要定出两点便可确定该直线；由式④可知：CB 段的弯矩是 x_2 的一次函数，其图也为斜直线。弯矩图如图 9-12c) 所示。

由剪力图和弯矩图可见，在集中力作用的 C 截面，剪力图突变，突变的方向和大小与集中力的方向和大小一致。弯矩图有转折。

【例 9-5】 简支梁在 C 截面受集中力偶的作用，如图 9-13a) 所示。试画出梁的剪力图和弯矩图。

解：(1) 求支座反力

$$R_A = \frac{m_0}{l}, R_B = \frac{m_0}{l}$$

(2) 分段列剪力方程与弯矩方程

AC 段：$Q(x_1) = -R_A = -\dfrac{m_0}{l}$ $(0 < x_1 \leqslant a)$

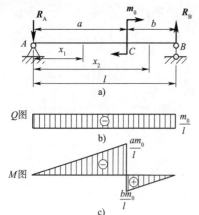

图9-13 简支梁求剪力图和弯矩图

$$M(x_1) = -R_A x_1 = -\frac{m_0}{l}x_1 \quad (0 \leq x_1 < a)$$

CB 段：$Q(x_2) = -R_B = -\frac{m_0}{l} \quad (a \leq x_2 < l)$

$$M(x_2) = R_B(l-x_2) = \frac{m_0}{l}(l-x_2) \quad (a < x_2 \leq l)$$

（3）画出剪力图和弯矩图

根据剪力方程 $Q(x_1)$、$Q(x_2)$ 画出剪力图，如图9-13b) 所示。根据弯矩方程 $M(x_1)$、$M(x_2)$ 画出弯矩图，如图9-13c) 所示。

由剪力图和弯矩图可见，在集中力偶作用的 C 截面，剪力图无变化，弯矩图有突变，其突变的方向和大小与集中力偶的转向及大小对应。

三、$M(x)$、$Q(x)$ 与 $q(x)$ 之间的微分关系

为了简捷、正确地绘制剪力图和弯矩图，本单元研究剪力、弯矩与荷载集度三者间的关系，及其在绘制剪力与弯矩图中的应用。如图9-14a) 所示，梁上作用有任意的分布荷载 $q(x)$，设 $q(x)$ 以向上为正。取 A 为坐标原点，x 轴以向右为正。现取分布荷载作用下的一微段 dx 来研究，如图9-14b) 所示。

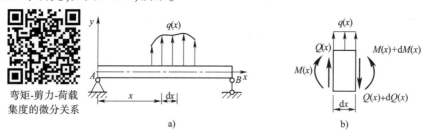

图9-14 剪力、弯矩与荷载集度的关系

由于微段的长度 dx 非常小，因此，在微段上作用的分布荷载 $q(x)$ 可以认为是均布的。微段左侧横截面上的剪力是 $Q(x)$、弯矩是 $M(x)$；微段右侧截面上的剪力为 $Q(x) + dQ(x)$、弯矩为 $M(x) + dM(x)$，并假设它们均为正值。由于微段应保持平衡，则由

由 $\sum F_y = 0$，则 $\quad mQ(x) + q(x)dx - [Q(x) + dQ(x)] = 0$

得
$$\frac{dQ(x)}{dx} = q(x) \tag{9-7}$$

结论1：梁上任一横截面上的剪力对 x 的一阶导数等于作用在该截面处的分布荷载集度。这一微分关系的几何意义是：剪力图上某点切线的斜率等于相应截面处的分布荷载集度。

再由 $\sum M_C = 0$（C 点为右侧横截面的形心），列出

$$-M(x) - Q(x)dx - q(x)dx \cdot \frac{dx}{2} + [M(x) + dM(x)] = 0$$

经过整理，并略去二阶微量

$$q(x) \cdot \frac{\mathrm{d}x^2}{2}$$

得
$$\frac{\mathrm{d}M(x)}{\mathrm{d}x} = Q(x) \tag{9-8}$$

结论 2：梁上任一横截面上的弯矩对 x 的一阶导数等于作用在该截面处的剪力。这一微分关系的几何意义是：弯矩图上某点切线的斜率等于相应截面上的剪力。

将式(9-8)两边求导，可得
$$\frac{\mathrm{d}^2 M(x)}{\mathrm{d}x^2} = q(x) \tag{9-9}$$

结论 3：梁上任一横截面上的弯矩对 x 的二阶导数等于作用在该截面处的分布荷载集度。这一微分关系的几何意义是：弯矩图上某点的曲率等于相应截面处的分布荷载集度，即由分布荷载集度的正负可以确定弯矩图的凹凸方向。

四、用微分关系法绘制剪力图和弯矩图

由弯矩、剪力与分布荷载集度之间的微分关系式可以看出，梁的荷载与剪力图、弯矩图之间存在如下关系。

1. 无分布荷载作用梁段

在无分布荷载作用的梁段，由于 $q(x) = 0$，则 $\mathrm{d}Q(x)/\mathrm{d}x = q(x) = 0$，因此，$Q(x) =$ 常数，则剪力图为水平直线；由于 $Q(x) =$ 常数，则 $\mathrm{d}M(x)/\mathrm{d}x = Q(x) =$ 常数，因此，$M(x)$ 为一次函数，其相应的弯矩图为斜直线，其斜率则随 Q 值而定。

2. 均布荷载作用梁段

在均布荷载作用的梁段，由于 $q(x) =$ 常数，则 $\mathrm{d}Q(x)/\mathrm{d}x =$ 常数，因此，剪力图为倾斜直线，其斜率随 q 值而定，而相应的弯矩图则为二次抛物线。

由此不难看出，当分布荷载向上($q > 0$)时，则 $\mathrm{d}^2 M(x)/\mathrm{d}x^2 > 0$，弯矩图为上凸曲线；反之，当分布荷载向下($q < 0$)时，弯矩图为下凸曲线。此外，由于 $\mathrm{d}M(x)/\mathrm{d}x = Q(x)$，因此，在 $Q(x) = 0$ 的横截面处，弯矩图相应存在极值点。

利用上述关系，可以简捷地绘制梁的剪力图和弯矩图。下面举例说明。

控制截面
画内力图

【例 9-6】 试用微分关系绘制图 9-15a)所示简支梁的剪力图和弯矩图。

解：(1) 求支座反力

由 $\sum M_\mathrm{B} = 0$，则

得
$$R_\mathrm{A} = \frac{5}{3}qa (\uparrow)$$

由 $\sum M_\mathrm{A} = 0$，则

得
$$R_\mathrm{B} = \frac{qa}{3} (\uparrow)$$

(2) 分段计算各段的剪力值画剪力图

将梁划分为 AC 与 CB 两段，由于 AC 段梁上有分布荷载作用，故其剪力图为斜直线，$Q_{\mathrm{A}+} = 5qa/3$，$Q_\mathrm{C} = -qa/3$；CB 段梁上无分布荷载作用，故其剪力图为水平直线。

作剪力图时，从左至右，根据梁上荷载的方向和大小，按比例画出，如图 9-15b)所示。

在 AC 段的 D 截面,剪力为零,该截面弯矩有极值。D 截面的位置由 $x:(2a-x)=5:1$,得

$$x=\frac{5}{3}a$$

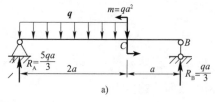

(3) 计算各段的弯矩值并画弯矩图

由于 AC 段梁上有向下的分布荷载,剪力图为下倾直线,则弯矩图为下凸抛物线,在该段两端,其弯矩有极值

$$M_A=0,M_{C-}=\frac{4}{3}qa^2$$

在剪力为零的 D 截面,弯矩有极值

$$M_{极}=\frac{5qa}{3}\times\frac{5a}{3}\times\frac{1}{2}=\frac{25}{18}qa^2$$

在 CB 段梁上,剪力图为负水平直线,弯矩图为上倾直线

$$M_{C+}=\frac{1}{3}qa^2,M_B=0$$

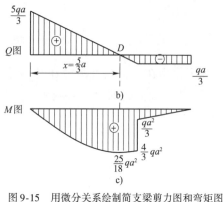

图 9-15 用微分关系绘制简支梁剪力图和弯矩图

由于在 C 截面有逆时针转的集中力偶 m 作用,则在该截面 M 图发生向上突变,突变值为 m 的大小,如图 9-15c)所示。

单元 9.4 梁横截面上的正应力及其强度条件

由以上分析可知,在平面弯曲时,梁内同时存在剪力与弯矩。因此,在梁的横截面上,同时存在切应力与正应力。梁弯曲时,横截面上的切应力与正应力,分别称为**弯曲切应力**与**弯曲正应力**。

本单元研究平面弯曲时梁的弯曲正应力。

图 9-16 为受载简支梁及其内力图。由图可见,在梁的 AC 和 DB 段内,各横截面上同时有剪力和弯矩,这种弯曲称为**横力弯曲**;在 CD 段中,各横截面上只有弯矩而无剪力,这种弯曲称为**纯弯曲**,如图 9-16b)、c)所示。下面以矩形截面梁为例,研究纯弯曲时梁横截面上的正应力。

一、纯弯曲时梁横截面上的正应力

1. 试验观察与假设

为研究梁横截面上正应力的分布规律,可做纯弯曲试验。取一矩形截面等直梁,在其侧面画上与轴线平行的纵向直线和与轴线垂直的横向直线,如图 9-17a)所示。在梁的两端施加一对位于梁纵向对称面内的外力偶,梁发生纯弯曲,如图 9-17b)所示。此时可观察到下列现象:

(1) 纵向线弯曲成弧线,其间距不变。

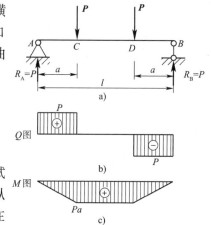

图 9-16 受载简支梁及内力图

(2)横向线仍为直线,只是相对地转过一个角度,仍垂直于已弯曲了的轴线。

根据上述现象,对梁的变形作出如下假设:

(1)假设梁的横截面在变形后仍为平面,并与变形后的轴线正交,只是绕某轴转过了一个微小角度。这个假设称为**平面假设**。

(2)假设梁由无数纵向纤维组成,变形后,纵向纤维没有受到横向剪切和挤压,只受到单向的拉伸或压缩,这个假设称为**单向受力假设**。

由图9-17b)可以看出,该梁弯曲后下部的纵向纤维受拉伸长,上部的纵向纤维受压缩短,其间,必然存在着一层既不伸长也不缩短的纤维层,这层纤维层称为**中性层**。中性层与横截面的交线称为**中性轴**,如图9-18所示。梁弯曲时,中性轴将横截面分为受拉和受压两个区域,各横截面绕各自中性轴转过一角度。显然,中性轴垂直于横截面的竖向对称轴。

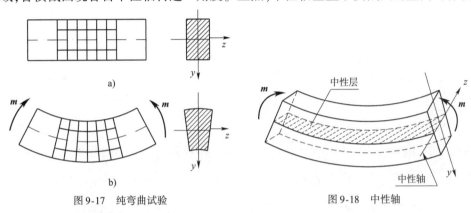

图9-17 纯弯曲试验　　　图9-18 中性轴

2. 横截面上正应力的分布

用横截面1—1与2—2从梁中截取长为dx的微段,设微段横截面的纵向对称轴为y,中性轴为z,如图9-19a)所示。梁弯曲后,微段的变形如图9-19b)所示。设截面1—1与2—2间的相对转角为$d\theta$,O_1O_2为长度不变的中性层,即$O_1O_2 = dx$,其曲率半径为ρ。距中性层为y的层纤维$a'b'$的纵向线应变为

$$\varepsilon = \frac{a'b' - ab}{ab} = \frac{(\rho + y)d\theta - \rho d\theta}{\rho d\theta} = \frac{y}{\rho} \quad ①$$

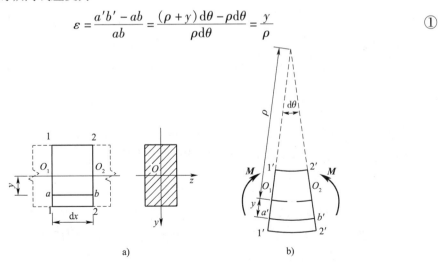

图9-19 横截面上正应力分布计算示意图

根据纵向纤维处于单向受力的假设,当应力不超过材料的比例极限时,由胡克定律得

$$\varepsilon = \frac{\sigma}{E}$$

代入式①,得

$$\sigma = \frac{Ey}{\rho} \quad ②$$

式②表明:梁横截面上任一点处的正应力与该点到中性轴的距离成正比,即正应力沿截面高度呈线性变化,截面中性轴上各点处的正应力均为零,距中性轴距离相等的各点,其正应力相等,如图9-20所示。

3. 横截面上正应力的计算公式

在纯弯曲梁的横截面上任取一微面积 dA,微面积上的内力为 σdA,如图9-21所示。由于横截面上没有轴力,只有弯矩 M,因此,

$$\int_A \sigma dA = 0 \quad ③$$

$$\int_A y\sigma dA = M \quad ④$$

将式②代入式③,得

$$\int_A E \frac{y}{\rho} dA = 0 \quad ⑤$$

在式⑤中,因 $E/\rho \neq 0$,故 $\int_A y dA = 0$。而 $\int_A y dA$ 是横截面对 z 轴的静矩 S_z,即 $S_z = 0$。由此可知,中性轴 z 必通过横截面的形心。

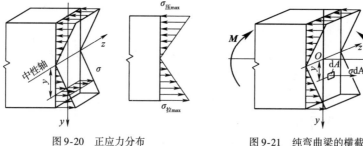

图9-20 正应力分布   图9-21 纯弯曲梁的横截面

将式②代入式④,得

$$M = \int_A E \frac{y^2}{\rho} dA = \frac{E}{\rho} \int_A y^2 dA = \frac{E}{\rho} I_z$$

$$I_z = \int_A y^2 dA \quad (9\text{-}10)$$

式(9-10)称为横截面对中性轴 z 的**惯性矩**。它只与截面的形状及尺寸有关,其常用单位是 mm^4 或 m^4。于是得到梁弯曲时中性层的曲率表达式为

$$\frac{1}{\rho} = \frac{M}{EI_z} \quad (9\text{-}11)$$

式(9-11)是研究梁弯曲变形的基本公式。由该式可知,EI_z 越大,曲率半径 ρ 越大,梁的弯曲变形就越小。EI_z 表示梁抵抗弯曲变形的能力,称为梁的**弯曲刚度**。将式(9-11)代入式②,得到纯弯曲时梁横截面上正应力的计算公式

$$\sigma = \frac{My}{I_z} \quad (9\text{-}12)$$

式中:M——横截面上的弯矩;

y——横截面上待求应力点至中性轴的距离;

I_z——横截面对中性轴的惯性矩。

在使用式(9-12)计算正应力时,通常以 M、y 的绝对值代入,求得 σ 的大小,再根据弯曲变形判断应力的正(拉)或负(压)。

由式(9-12)可知,离中性轴最远的上、下边缘处,$y = y_{max}$,正应力为最大,一侧为最大拉应力,另一侧为最大压应力(图9-20)。最大应力值为

$$\sigma_{max} = \frac{My_{max}}{I_z}$$

令

$$W_z = \frac{I_z}{y_{max}} \tag{9-13}$$

最大正应力可表示为

$$\sigma_{max} = \frac{M}{W_z} \tag{9-14}$$

式中:W_z——截面对中性轴 z 的**抗弯截面系数**。

它只与截面的形状及尺寸有关,是衡量截面抗弯能力的一个几何量,其常用单位是 mm^3 或 m^3。

由式(9-13)与表8-2中的惯性矩公式可知,矩形与圆形截面[图9-22a)、b)]的抗弯截面系数分别为

$$W_z = \frac{bh^2}{6} \tag{9-15}$$

$$W_z = \frac{\pi d^3}{32} \tag{9-16}$$

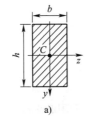 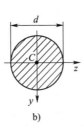 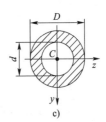

图9-22 截面形式

空心圆截面[图9-22c)]的抗弯截面系数则为

$$W_z = \frac{\pi D^3}{32}(1 - \alpha^4) \tag{9-17}$$

式中,$\alpha = d/D$,表示内、外径的比值。

各种标准型钢截面的抗弯截面系数,可从型钢表中查得。

二、梁横截面上的正应力

应该指出的是,式(9-14)虽然是在纯弯曲的情况下建立的,但当梁的跨度和梁高度之比 $l/h > 5$ 时,该式仍适用于横力弯曲。由于横力弯曲梁段上 M 是变量,所以梁的最大正应力将发生在最大弯矩(绝对值)所在横截面的上、下边缘各点处。若梁的横截面对称于中性轴,

则最大拉应力和最大压应力的值相等，其值为

$$\sigma_{\max} = \frac{M_{\max}}{W_z} \tag{9-18}$$

如果梁的横截面不对称于中性轴，如 T 形截面，由于 $y_1 \neq y_2$，则梁的最大正应力将发生在最大正弯矩或最大负弯矩所在横截面上的边缘各点处，且最大拉应力和最大压应力的值不相等。

【例 9-7】 简支梁受力如图 9-23a)所示。已知 $q = 3.5 \text{kN/m}$，梁的跨度 $l = 3\text{m}$，截面为矩形，$b = 120\text{mm}$，$h = 180\text{mm}$。试求：

(1) C 截面上 a、b、c 三点处的正应力；
(2) 梁的最大正应力 $\sigma_{\max}$ 值及其位置。

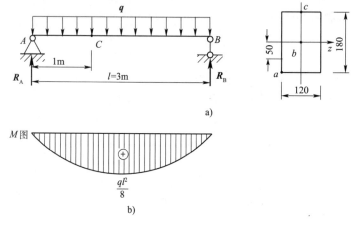

图 9-23 简支梁受力计算

解：(1) 求支座反力。

因梁的荷载与支承对称，则

$$R_A = R_B = \frac{ql}{2} = \frac{3.5 \times 3}{2} = 5.25\text{kN}(\uparrow)$$

(2) 计算 C 截面的弯矩。

$$M_C = R_A \times 1 - \frac{q \times 1^2}{2} = \left(5.25 \times 1 - \frac{3.5 \times 1^2}{2}\right) = 3.5\text{kN} \cdot \text{m}$$

(3) 计算截面对中性轴 z 的惯性矩。

$$I_z = \frac{bh^3}{12} = \frac{1}{12} \times 120 \times 180^3 = 58.3 \times 10^6 \text{mm}^4$$

(4) 计算 C 截面上各点的正应力。

由式(9-12)可计算各点的正应力为

$$\sigma_a = \frac{M_C y_a}{I_z} = \frac{3.5 \times 10^6 \times 90}{58.3 \times 10^6} = 5.4\text{MPa}(\text{拉})$$

$$\sigma_b = \frac{M_C y_b}{I_z} = \frac{3.5 \times 10^6 \times 50}{58.3 \times 10^6} = 3\text{MPa}(\text{拉})$$

$$\sigma_c = \frac{M_C y_c}{I_z} = \frac{3.5 \times 10^6 \times 90}{58.3 \times 10^6} = 5.4\text{MPa}(\text{压})$$

(5) 画弯矩图。

梁的弯矩图如图9-23b)所示。最大弯矩发生在跨中截面,其值为

$$M_{\max} = \frac{ql^2}{8} = \frac{3.5 \times 3^2}{8} = 3.94 \text{kN} \cdot \text{m}$$

(6) 梁的最大正应力。

由式(9-18)得梁的最大正应力为

$$\sigma_{\max} = \frac{M_{\max}}{W_z} = \frac{3.94 \times 10^6}{\frac{120 \times 180^2}{6}} = 6.08 \text{MPa}$$

发生在跨中截面的上、下边缘处。由梁的变形情况可以判定,最大拉应力发生在跨中截面的下边缘处;最大压应力发生在跨中截面的上边缘处。

注意:在计算中为简单起见,通常将力的量纲用牛顿(N)、长度的量纲用毫米(mm)代入计算,则应力的单位为兆帕(MPa)。

三、梁的正应力强度条件

对于等截面直梁,弯曲正应力强度条件为

$$\sigma_{\max} = \frac{M_{\max}}{W_z} \leq [\sigma] \tag{9-19}$$

式中:$[\sigma]$——材料的容许应力,其值可在有关设计规范中查得。

对于抗拉和抗压强度不同的脆性材料,则要求梁的最大拉应力$\sigma_{\max}^+$不超过材料的容许拉应力$[\sigma^+]$,最大压应力$\sigma_{\max}^-$不超过材料的容许压应力$[\sigma^-]$,即

$$\begin{aligned}\sigma_{\max}^+ &\leq [\sigma^+] \\ \sigma_{\max}^- &\leq [\sigma^-]\end{aligned} \tag{9-20}$$

【**例9-8**】 外伸梁受力及其截面情况如图9-24a)、c)所示,已知材料的容许拉应力$[\sigma^+] = 35 \text{MPa}$,容许压应力$[\sigma^-] = 70 \text{MPa}$。试校核该梁的正应力强度。

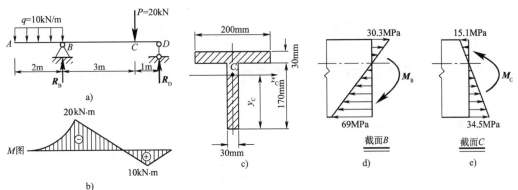

图9-24 外伸梁受力计算

解:(1) 求支座反力。

由平衡方程求得

$$R_B = 30 \text{kN}, R_D = 10 \text{kN}$$

(2) 画M图。

如图9-24b)所示,B截面有最大负弯矩,C截面有最大正弯矩。

(3) 确定中性轴位置。

$$y_C = \frac{\sum A_i y_i}{\sum A_i} = \frac{30 \times 170 \times 85 + 200 \times 30 \times 185}{30 \times 170 + 200 \times 30} = 139 \text{mm}$$

截面对中性轴 z_C 的惯性矩为

$$I_{zC} = I_{z_{C1}} + I_{z_{C2}} = \frac{200 \times 30^3}{12} + 200 \times 30 \times 46^2 + \frac{30 \times 170^3}{12} + 30 \times 170 \times 54^2$$
$$= 40.3 \times 10^6 \text{mm}^4$$

(4) 强度校核。

由于材料的抗拉和抗压性能不同,且截面又不对称于中性轴,所以对梁的最大正弯矩与最大负弯矩截面都要进行强度校核。

B 截面:弯矩为负值,截面的上边缘受拉,下边缘受压。

$$\sigma_{max}^+ = \frac{M_B y_{\text{上}}}{I_z} = \frac{20 \times 10^6 \times 61}{40.3 \times 10^6} = 30.3 \text{MPa} < [\sigma^+]$$

$$\sigma_{max}^- = \frac{M_B y_{\text{下}}}{I_z} = \frac{20 \times 10^6 \times 139}{40.3 \times 10^6} = 69 \text{MPa} < [\sigma^-]$$

C 截面:弯矩为正值,截面的上边缘受压,下边缘受拉。

$$\sigma_{max}^- = \frac{M_C y_{\text{上}}}{I_z} = \frac{10 \times 10^6 \times 61}{40.3 \times 10^6} = 15.1 \text{MPa} < [\sigma^-]$$

$$\sigma_{max}^+ = \frac{M_C y_{\text{下}}}{I_z} = \frac{10 \times 10^6 \times 139}{40.3 \times 10^6} = 34.5 \text{MPa} < [\sigma^+]$$

所以梁的强度足够。

由上例计算结果可见,C 截面的弯矩绝对值虽然不是最大,但因截面的受拉边缘距中性轴较远,所以其上的最大拉应力较 B 截面大,所以当截面不对称于中性轴时,对梁的最大正弯矩与最大负弯矩截面都要校核。

单元 9.5 梁横截面上的切应力及其强度条件

前文已述,梁在横力弯曲时,横截面上有剪力 Q,相应地在横截面上有切应力 τ。下文对几种常用截面梁的切应力做简要介绍。

一、矩形截面梁横截面上的切应力

图 9-25a)所示矩形截面梁,在纵向对称面内承受横向荷载作用。梁的截面的高度为 h,宽度为 b,截面上的剪力 Q 沿截面的对称轴 y。设截面上各点处的切应力平行于剪力 Q,并沿截面宽度均匀分布。可以导出横截面上切应力的计算公式为

$$\tau = \frac{QS_z^*}{I_z b} \tag{9-21}$$

式中:Q——横截面上的剪力;

S_z^*——横截面上所求切应力点处横线外侧面积[图 9-25a)中阴影部分面积]对中性轴 z 的静矩;

I_z——横截面对中性轴的惯性矩；

b——横截面上所求切应力点处横线的宽度。

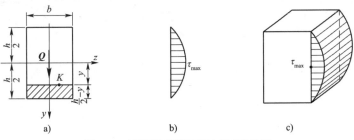

图9-25 矩形截面梁横截面上切应力计算

在使用式(9-21)计算切应力时，Q、S_z^* 均用绝对值代入，求得 τ 的大小，而 τ 的指向则与剪力 Q 的指向相同。

在计算图9-25a)所示距中性轴为 y 的 K 点处的切应力时，该处横线外侧的面积对中性轴的静矩为

$$S_z^* = b\left(\frac{h}{2} - y\right) \cdot \left[y + \frac{1}{2}\left(\frac{h}{2} - y\right)\right] = \frac{b}{2}\left[\left(\frac{h}{2}\right)^2 - y^2\right] \quad ①$$

矩形截面对中性轴 z 的惯性矩为

$$I_z = \frac{bh^3}{12} \quad ②$$

将式①与②代入式(9-21)，得

$$\tau = \frac{3}{2} \cdot \frac{Q}{bh}\left(1 - \frac{4y^2}{h^2}\right) \quad ③$$

由式③可知，矩形截面梁横截面上的切应力沿截面高度按抛物线规律变化，如图9-25b)所示。在上、下边缘处 $\tau = 0$，在中性轴 $y = 0$ 处有

$$\tau_{max} = \frac{3}{2} \cdot \frac{Q}{A} \quad (9\text{-}22)$$

式中：A——矩形截面的面积，$A = bh$。

由式(9-22)可知，矩形截面梁横截面上的最大切应力值等于截面上平均切应力值的1.5倍，最大切应力发生在中性轴上各点处，如图9-25b)、c)所示。

二、其他形状截面梁横截面上的切应力

1. 工字形截面梁

工字形截面梁由上下翼缘和中间腹板组成，如图9-26a)所示。横截面上的切应力仍按式(9-21)进行计算，其切应力分布如图9-26b)所示。最大切应力仍然发生在中性轴上各点处。腹板上的切应力接近于均匀分布。翼缘上切应力的数值比腹板上切应力的数值小得多，一般可以忽略不计。中性轴上最大切应力为

$$\tau_{max} \approx \frac{Q}{A_{腹}} \quad (9\text{-}23)$$

式中：$A_{腹}$——腹板的面积，$A_{腹} = dh_1$，如图9-26a)所示。

2. 圆形截面梁和圆环形截面梁

圆形截面梁和圆环形截面梁分别如图9-27a)、b)所示。可以证明，横截面上的最大切

应力均发生在中性轴上各点处,并沿中性轴均匀分布。

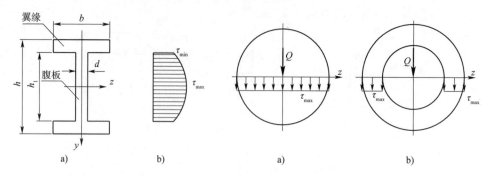

图9-26 工字形截面梁　　　图9-27 圆形截面梁与圆环形截面梁

对于圆形截面

$$\tau_{max} = \frac{4}{3} \cdot \frac{Q}{A} = \frac{4Q}{3A} \tag{9-24}$$

对于圆环截面

$$\tau_{max} = 2 \cdot \frac{Q}{A} = \frac{2Q}{A} \tag{9-25}$$

式中:Q——横截面上的剪力;

A——横截面面积。

由上可知,就全梁来讲,最大切应力 τ_{max} 一定位于最大剪力 Q_{max} 所在的横截面上,而且一般发生在该截面的中性轴上各点处。对于不同形状的截面,τ_{max} 的统一表达式为

$$\tau_{max} = \frac{Q_{max} S^*_{zmax}}{I_z b} \tag{9-26}$$

式中:S^*_{zmax}——中性轴一侧的面积对中性轴的静矩;

b——横截面在中性轴处的宽度。

三、切应力强度条件

梁的切应力强度条件为

$$\tau_{max} = \frac{Q_{max} S^*_{zmax}}{I_z b} \leq [\tau] \tag{9-27}$$

式中:$[\tau]$——材料的容许切应力,其值可在有关设计规范中查得。

四、梁的强度计算

对于一般的长、细比较大的梁,其主要应力是正应力,因此,通常只需进行梁的正应力强度计算。但是对于薄壁截面梁,如自行焊接的工字形截面梁,弯矩较小而剪力却很大的梁,长细比较小的粗短梁,集中荷载作用在支座附近的梁,以及木梁等,还需进行切应力强度计算。

【例9-9】 简支梁受荷载作用如图9-28a)所示。已知:$l = 2m, a = 0.2m$;梁上荷载 $P = 200kN, q = 10kN/m$,材料的容许应力 $[\sigma] = 160MPa, [\tau] = 100MPa$。试选择工字钢梁的型号。

解:(1) 求支座反力。由于荷载与支承对称,故:

$$R_B = 210 \text{kN}$$
$$R_D = 210 \text{kN}$$

(2) 画梁的 Q、M 图,如图 9-28b)、c) 所示。由图可见,梁的两端截面有最大剪力,梁跨中点截面有最大弯矩:

$$Q_{max} = 210 \text{kN}$$
$$M_{max} = 45 \text{kN} \cdot \text{m}$$

(3) 由正应力强度条件选择工字钢型号。

$$W_z \geq \frac{M_{max}}{[\sigma]} = \frac{45 \times 10^6}{160}$$
$$= 281 \times 10^3 \text{mm}^3 = 281 \text{cm}^3$$

查型钢表,选用 22a 工字钢,其 $W_z = 309 \text{cm}^3$,略大于所需的值。

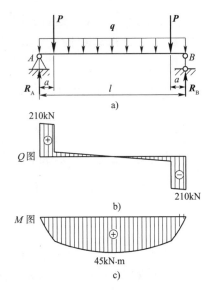

图 9-28 简支梁的强度计算

(4) 切应力强度校核。从型钢表查得 22a 工字钢的有关数据为

$$\frac{I_z}{S^*_{zmax}} = 18.9 \text{cm}, d = 0.75 \text{cm}$$

得

$$\tau_{max} = \frac{Q_{max}}{\frac{I_z}{S^*_{zmax}} \times d} = \frac{210 \times 10^3}{18.9 \times 10 \times 7.5} = 148 \text{MPa} > [\tau] = 100 \text{MPa}$$

因 τ_{max} 远大于 $[\tau]$,故应重新选择截面。

(5) 按切应力强度条件选择工字钢型号。选 25b 工字钢试算。由型钢表查得:

$$\frac{I_z}{S^*_{zmax}} = 21.27 \text{cm}, d = 1 \text{cm}$$

得

$$\tau_{max} = \frac{Q_{max}}{\frac{I_z}{S^*_{zmax}} \times d} = \frac{210 \times 10^3}{21.27 \times 10 \times 10} = 98.7 \text{MPa} < [\tau]$$

最后确定选用 25b 工字钢。

单元 9.6 梁的变形和刚度计算

一、挠度和转角

在平面弯曲时,梁的轴线在外力作用下变成一条光滑连续的平面曲线,该曲线称为梁的**挠曲线**。为了表示梁的变形情况,建立坐标系 Oxy,如图 9-29 所示,取 y 轴垂直向下为正。梁的变形用挠度和转角两个基本量来表示。

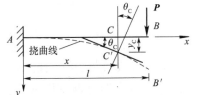

图 9-29 挠曲线

1. 挠度

梁任一横截面(图 9-29 中 C 截面)的形心在垂直于轴

线方向的线位移,称为该截面的**挠度**,用 y 表示。规定沿 y 轴正向(向下)的挠度为正,反之为负。由于变形是微小的,所以,截面的水平位移可以忽略不计。

2. 转角

梁任一横截面绕其中性轴转过的角度,称为该横截面的转角,用 θ 表示。由图9-29可见,过挠曲线上任一点 C 作切线,它与 x 轴的夹角就等于 C 点所在截面的转角。转角的符号规定为:逆时针转动时为正;顺时针转动时为负。

3. 挠度与转角之间的关系

梁横截面的挠度 y 和转角 θ 都随截面位置 x 而变化,是 x 的连续函数,即

$$y = y(x) \tag{9-28}$$
$$\theta = \theta(x) \tag{9-29}$$

式(9-28)、式(9-29)分别称为梁的**挠曲线方程**和**转角方程**。在小变形条件下,由于转角 θ 很小,两者之间存在下面的关系:

$$\theta = \tan\theta = \frac{\mathrm{d}y}{\mathrm{d}x} = y'(x) \tag{9-30}$$

式(9-30)表明,挠曲线上任一点处切线的斜率等于该处横截面的转角。显然,只要知道了梁的挠曲线方程 $y = y(x)$,便可求得梁任一横截面的挠度 y 和转角 θ。

二、挠曲线的近似微分方程

在弯曲变形的梁上任一截面 x 处取微段 $\mathrm{d}x$,如图9-30a)所示,其变形如图9-30b)所示。过 O_2 点作 $1'$—$1'$ 截面的平行线,则距中性层为 y 处纤维层的应变

$$\varepsilon = \frac{b''b'}{a'b''} = \frac{y \cdot \mathrm{d}\theta}{\mathrm{d}x} \quad\text{①}$$

将胡克定律及式(9-6)代入式①得

$$\varepsilon = \frac{y \cdot \mathrm{d}\theta}{\mathrm{d}x} = \frac{\sigma}{E} = \frac{My}{EI}$$

故

$$\frac{\mathrm{d}\theta}{\mathrm{d}x} = \frac{M}{EI} \quad\text{②}$$

在横力弯曲时,弯矩 M 为 x 的函数,且根据挠度与转角间的微分关系,将式②写成

$$\frac{\mathrm{d}\theta}{\mathrm{d}x} = \frac{\mathrm{d}^2 y}{\mathrm{d}x^2} = \frac{M(x)}{EI} \quad\text{③}$$

$\mathrm{d}^2 y/\mathrm{d}x^2$ 与弯矩的关系如图9-31所示。图中坐标轴 y 以向下为正。由图可以看出:当梁段承受正弯矩时,挠曲线下凸,如图9-31a)所示,$\mathrm{d}^2 y/\mathrm{d}x^2$ 为负;反之,当梁段承受负弯矩时,挠曲线上凸,如图9-31b)所示,$\mathrm{d}^2 y/\mathrm{d}x^2$ 为正。可见,弯矩 $M(x)$ 与 $\mathrm{d}^2 y/\mathrm{d}x^2$ 符号相反,因此,式③的右端应取负号,即

$$\frac{\mathrm{d}^2 y}{\mathrm{d}x^2} = -\frac{M(x)}{EI} \tag{9-31}$$

式(9-31)称为梁的**挠曲线近似微分方程**。由挠曲线近似微分方程可见,梁上任一截面处的挠度和转角与该点处横截面上的弯矩 $M(x)$ 成正比,而与该截面的弯曲刚度 EI 成反比。

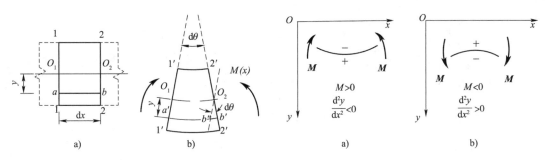

图 9-30 弯曲变形梁微段及其变形   图 9-31 d^2y/dx^2 与弯矩关系

三、用积分法求梁的变形

对于等直梁，弯曲刚度 EI 为常数，对式(9-31)积分一次，得转角方程为

$$\theta = \frac{dy}{dx} = -\frac{1}{EI}\left[\int M(x)\,dx + C\right] \tag{9-32}$$

再积分一次得挠曲线方程为

$$y = -\frac{1}{EI}\left\{\int\left[\int M(x)\,dx\right]dx + Cx + D\right\} \tag{9-33}$$

式中：C、D——积分常数，其值可利用梁上某些横截面的已知位移来确定。

在固定端处的挠度 $y=0$，转角 $\theta=0$。在铰支座处的挠度 $y=0$。这种条件称为**边界条件**。

当梁的弯矩方程必须分段建立时，挠曲线微分方程也应该分段建立。在这种情况下，经过积分后，积分常数增多，除利用边界条件确定积分常数外，还应根据挠曲线为连续光滑这一特征，利用分段处截面具有相同挠度和相同转角的条件来确定积分常数。这种条件称为**连续条件**。

积分常数确定之后，将其代入式(9-32)和式(9-33)可得到梁的转角方程和挠度方程，从而求得任一横截面的转角和挠度。对式(9-31)进行积分求梁的变形的方法称为**积分法**。

【**例 9-10**】 如图 9-32 所示悬臂梁 AB，自由端 B 受集中力 P 作用。假设弯曲刚度 EI 为常数。试求：梁的挠曲线方程和转角方程，并计算梁的最大挠度和最大转角。

解：(1) 设坐标系如图 9-32 所示。列弯矩方程：

$$M(x) = -P(l-x)$$

(2) 列出挠曲线近似微分方程：

$$EI\frac{d^2y}{dx^2} = -M(x) = P(l-x)$$

积分一次，得

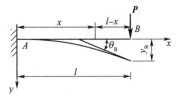

图 9-32 悬臂梁坐标系

$$EI\frac{dy}{dx} = EI\theta = Plx - \frac{P}{2}x^2 + C \qquad ①$$

再积分一次，得

$$EIy = \frac{Pl}{2}x^2 - \frac{P}{6}x^3 + Cx + D \qquad ②$$

(3) 确定积分常数。

悬臂梁的边界条件是固定端处的挠度和转角都为零，即 $x=0$ 处，$\theta=0$，代入式①得

$$C = 0$$

又 $x=0$ 处，$y=0$，代入式②得

$$D = 0$$

(4) 列出转角方程和挠曲线方程。

将 C、D 值代入式①和式②，得到梁的转角方程和挠曲线方程分别为

$$\theta = \frac{1}{EI}\left(Plx - \frac{P}{2}x^2\right) \quad ③$$

$$y = \frac{1}{EI}\left(\frac{Pl}{2}x^2 - \frac{P}{6}x^3\right) \quad ④$$

(5) 求 θ_{max} 和 y_{max}。

根据梁的受力情况，梁的挠曲线大致形状如图 9-32 所示。可见，θ_{max} 和 y_{max} 都在自由端处。将 $x=l$ 代入式③和式④，即得

$$\theta_{max} = \theta_B = \frac{Pl^2}{2EI}(\curvearrowleft)$$

$$y_{max} = y_B = \frac{Pl^3}{3EI}(\downarrow)$$

积分法是求梁变形的基本方法。这种方法的优点是求得梁的转角方程和挠曲线方程，从而求得梁任一横截面的转角和挠度；其缺点是运算过程比较烦琐，特别当梁上荷载复杂时，尤为明显。

四、用叠加法求梁的变形

在多个荷载共同作用下，欲计算构件的某一参数（如内力、应力、位移等），可利用叠加原理，它可表示为：由几个外力所引起的某一参数值，等于每个外力单独作用时所引起的该参数值之总和。

注意：叠加原理只有在参数与外力呈线性关系时才成立。

按照叠加原理，当梁上同时作用几个荷载时，可以先分别求出每个荷载单独作用下梁的挠度或转角，然后进行叠加（求代数和），即得这些荷载共同作用下的挠度或转角。这种方法称为**叠加法**。

在简单荷载作用下梁的挠度和转角，列于表 9-1 中，以备查用。

简单荷载作用下梁的变形 表 9-1

序号	梁 的 简 图	挠曲线方程	梁端转角	最大挠度
1	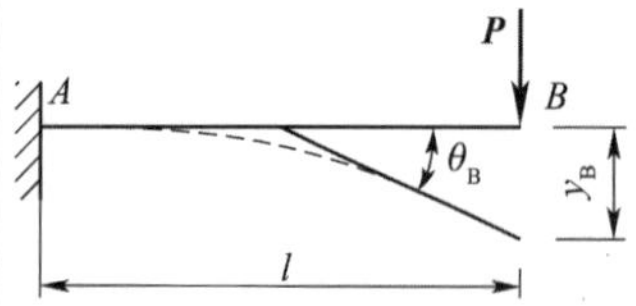	$y = \frac{Px^2}{6EI}(3l-x)$	$\theta_B = \frac{Pl^2}{2EI}$	$y_B = \frac{Pl^3}{3EI}$
2	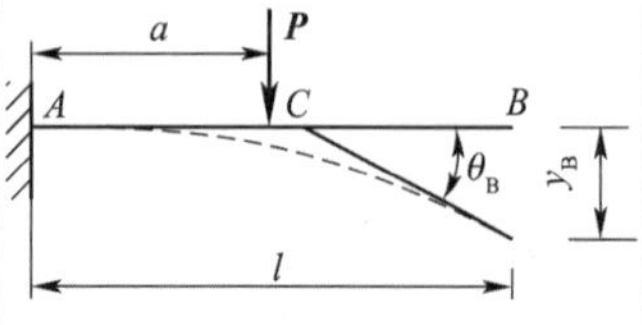	$y = \frac{Px^2}{6EI}(3a-x)$ $(0 \leq x \leq a)$ $y = \frac{Pa^2}{6EI}(3x-a)$ $(a \leq x \leq l)$	$\theta_B = \frac{Pa^2}{2EI}$	$y_B = \frac{Pa^3}{6EI}(3l-a)$

续上表

序号	梁的简图	挠曲线方程	梁端转角	最大挠度
3	悬臂梁 A端固定,均布载荷 q,长 l	$y = \dfrac{qx^2}{24EI}(x^2 - 4lx + 6l^2)$	$\theta_B = \dfrac{ql^3}{6EI}$	$y_B = \dfrac{ql^4}{8EI}$
4	悬臂梁 A端固定,B端集中力偶 m	$y = \dfrac{mx^2}{2EI}$	$\theta_B = \dfrac{ml}{EI}$	$y_B = \dfrac{ml^2}{2EI}$
5	简支梁,跨中集中力 P	$y = \dfrac{Px}{48EI}(3l^2 - 4x^2)$ $\left(0 \le x \le \dfrac{l}{2}\right)$	$\theta_A = -\theta_B = \dfrac{Pl^2}{16EI}$	$y_C = \dfrac{Pl^3}{48EI}$
6	简支梁,集中力 P 距左端 a,距右端 b	$y = \dfrac{Pbx}{6lEI}(l^2 - x^2 - b^2)$ $(0 \le x \le a)$ $y = \dfrac{Pb}{6lEI}\left[\dfrac{l}{b}(x-a)^3 + (l^2-b^2)x - x^3\right]$ $(a \le x \le l)$	$\theta_A = \dfrac{Pab(l+b)}{6lEI}$ $\theta_B = -\dfrac{Pab(l+a)}{6lEI}$	设 $a > b$ 在 $x = \sqrt{\dfrac{l^2 - b^2}{3}}$ 处 $y_{max} = \dfrac{Pb\sqrt{3(l^2-b^2)^3}}{27lEI}$ 在 $x = \dfrac{1}{l}$ 处 $y_{l/2} = \dfrac{Pb(3l^2 - 4b^2)}{48EI}$
7	简支梁,均布载荷 q	$y = \dfrac{qx}{24EI}(l^3 - 2lx^2 + x^3)$	$\theta_A = -\theta_B = \dfrac{ql^3}{24EI}$	在 $x = \dfrac{l}{2}$ 处 $y_{max} = \dfrac{5ql^4}{384EI}$
8	简支梁,A端集中力偶 m	$y = \dfrac{mx}{6lEI}(l-x)(2l-x)$	$\theta_A = \dfrac{ml}{3EI}$ $\theta_B = -\dfrac{ml}{6EI}$	在 $x = \left(1-\dfrac{1}{\sqrt{3}}\right)l$ 处 $y_{max} = \dfrac{ml^2}{9\sqrt{3}EI}$ 在 $x = \dfrac{l}{2}$ 处 $y_{l/2} = \dfrac{ml^2}{16EI}$
9	外伸梁,外伸端 C 受集中力 P	$y = -\dfrac{Pax}{6lEI}(l^2 - x^2)$ $(0 \le x \le l)$ $y = \dfrac{P(x-l)}{6EI}\left[3ax - al - (x-l)^2\right]$ $[l \le x \le (l+a)]$	$\theta_A = -\dfrac{Pal}{6EI}$ $\theta_B = \dfrac{Pal}{3EI}$ $\theta_C = \dfrac{Pa(2l+3a)}{6EI}$	$y_C = \dfrac{Pa^2}{3EI}(l+a)$

续上表

序号	梁的简图	挠曲线方程	梁端转角	最大挠度
10	(图:简支梁AB带外伸段BC,BC段受均布载荷q,长度l和a)	$y = -\dfrac{qa^2 x}{12lEI}(l^2 - x^2)$ $(0 \leq x \leq l)$ $y = \dfrac{q(x-l)}{24EI}[2a^2(3x-l) + (x-l)^2(x-l-4a)]$ $[l \leq x \leq (l+a)]$	$\theta_A = -\dfrac{qa^2 l}{12EI}$ $\theta_B = \dfrac{qa^2 l}{6EI}$ $\theta_C = \dfrac{qa^2(l+a)}{6EI}$	$y_C = \dfrac{qa^3}{24EI}(4l + 3a)$
11	(图:简支梁AB带外伸段BC,C端受力偶m)	$y = -\dfrac{mx}{6lEI}(l^2 - x^2)$ $(0 \leq x \leq l)$ $y = \dfrac{m}{6EI}(3x^2 - 4xl + l^2)$ $[l \leq x \leq (l+a)]$	$\theta_A = -\dfrac{ml}{6EI}$ $\theta_B = \dfrac{ml}{3EI}$ $\theta_C = \dfrac{m}{3EI}(l + 3a)$	$y_C = \dfrac{ma}{6EI}(2l + 3a)$

【例 9-11】 外伸梁受载情况如图 9-33a)所示。假设弯曲刚度 EI 为常数。试用叠加法计算梁悬臂端点 A 的挠度。

解: 表 9-1 中给出了简支梁、悬臂梁等的挠度和转角,可应用它来解题。

假设将外伸梁沿 B 截面截成两段,把它看成是由一个简支梁 BC 和一个悬臂梁 AB 组成,如图 9-33b)、c)所示。显然,在右端梁的 B 截面处应该加上相互间传递的力 qa 和力偶矩 $qa^2/2$。图 9-33b)中简支梁 BC 的变形情况应与原外伸梁 ABC 的 BC 段的变形情况相同。作用在简支梁 BC 的 B 截面上的两项荷载中,由于集中力 qa 作用在支座 B 处,故不引起梁的变形。由力偶矩 $qa^2/2$ 引起的转角 θ_B 为

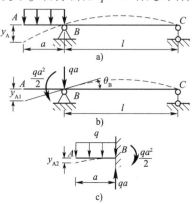

图 9-33 用叠加法求梁的变形

$$\theta_B = -\dfrac{\dfrac{qa^2}{2}l}{3EI} = -\dfrac{qa^2 l}{6EI}$$

由于截面 B 的转动,带动 AB 段的 A 端产生挠度 y_{A1}

$$y_{A1} = \theta_B a = \dfrac{qa^2 l}{6EI}a = \dfrac{qa^3 l}{6EI}(\downarrow)$$

又由于 AB 段自身的弯曲变形,使 AB 段梁在已有挠度 y_{A1} 的基础上继续按悬臂梁受均布荷载的作用产生挠度 y_{A2},如图 9-33c)所示。因此,外伸梁 A 端的总挠度应为

$$y_A = y_{A1} + y_{A2} = \dfrac{qa^3 l}{6EI} + \dfrac{qa^4}{8EI} = \dfrac{qa^3}{24EI}(4l + 3a)(\downarrow)$$

五、梁的刚度校核

根据强度条件设计了梁的截面以后,常需进一步按梁的刚度条件检查梁的变形是否在允许的范围以内,以便保证梁的正常工作。在土建工程中通常只校核最大挠度。以 f 表示最大挠度,其容许值通常用容许的挠度与梁跨的比值 $[f/l]$ 作为标准。因此,梁的刚度条件可写为

$$\frac{f}{l} \le \left[\frac{f}{l}\right]$$

式中，$[f/l]$ 值根据构件的不同用途在有关规范中有具体规定，一般限制为 $1/200 \sim 1/1000$。

【例 9-12】 一简支梁由 28b 工字钢制成，承受荷载作用如图 9-34 所示。已知 $P = 20\text{kN}$，$l = 9\text{m}$，$E = 210\text{GPa}$，$[\sigma] = 170\text{MPa}$，$[f/l] = 1/500$。试校核梁的强度和刚度。

解：（1）由型钢表查得 28b 工字钢有关数据，得

$W_z = 534.286\text{cm}^3$，$I_z = 7480.006\text{cm}^4$

（2）强度校核

$$M_{\max} = \frac{Pl}{4} = \frac{20 \times 9}{4} = 45\text{kN} \cdot \text{m}$$

$$\sigma_{\max} = \frac{M_{\max}}{W_z} = \frac{45 \times 10^6}{534.286 \times 10^3} = 84.2\text{MPa} < [\sigma]$$

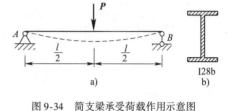

图 9-34 简支梁承受荷载作用示意图

结论：此梁强度足够。

（3）刚度校核

$$\frac{f}{l} = \frac{Pl^2}{48EI} = \frac{20 \times 10^3 \times (9 \times 10^3)^2}{48 \times 210 \times 10^3 \times 7480.006 \times 10^4} = \frac{1}{465} > \left[\frac{f}{l}\right]$$

刚度不足，改用 32a 工字钢，其 $I = 11075.525\text{cm}^4$，则有

$$\frac{f}{l} = \frac{20 \times 10^3 \times (9 \times 10^3)^2}{48 \times 210 \times 10^3 \times 11075.525 \times 10^4} = \frac{1}{689} < \left[\frac{f}{l}\right]$$

结论：此梁满足刚度条件。

单元 9.7 提高梁的强度和刚度的措施

一、提高梁强度的主要措施

梁的强度主要取决于梁的正应力强度条件，即

$$\sigma_{\max} = \frac{M_{\max}}{W_z} \le [\sigma] \tag{9-34}$$

由式（9-34）可以看出，若要提高梁的强度，不仅应降低最大弯矩 $M_{\max}$，另一还应提高梁的抗弯截面系数 W_z。因此，提高梁的弯曲强度可以采取以下几方面措施。

提高梁弯曲强度的措施

1. 合理布置梁的支座和荷载

（1）当荷载一定时，若结构允许，应尽可能将梁上荷载分散布置，可有效降低梁的最大弯矩，如图 9-35a）所示。

（2）合理安排梁的支座或增加约束，可以有效地降低最大弯矩，从而达到提高梁承载能力的目的，如图 9-35b）所示。

$$\frac{y_1}{y_2} = \frac{[\sigma^+]}{[\sigma^-]} \tag{9-35}$$

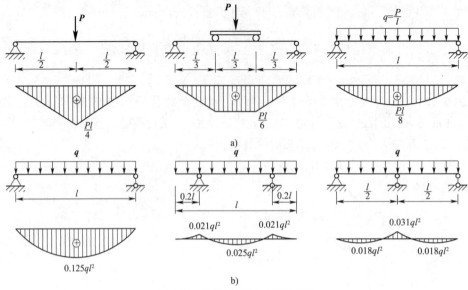

图 9-35 合理布置梁的支座和荷载

2. 采用合理的截面

梁的最大弯矩确定后,梁的弯曲强度取决于抗弯截面系数 W_z。W_z 越大,正应力越小。因此,在设计中,应当力求在不增加材料(截面面积不变)的前提下,使 W_z 值尽可能增大,即将材料移到远离中性轴处,可使它们得到充分利用,形成合理截面。例如,工程中经常采用的工字形截面、箱形截面等,如图 9-36b)、c)所示。

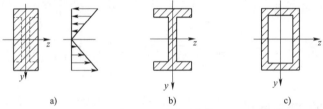

图 9-36 工程中常用的截面

在讨论合理截面时,还应考虑材料的力学性能。对于塑性材料,宜采用对中性轴对称的截面,如矩形、工字形等;对于抗压强度大于抗拉强度的脆性材料,应采用不对称于中性轴的横截面[图 9-37a)、b)所示的一类截面],并使中性轴偏向受拉的一侧。当截面形心的位置满足 $\dfrac{y_1}{y_2} = \dfrac{[\sigma^+]}{[\sigma^-]}$ 中 $[\sigma^+]$ 和 $[\sigma^-]$ 分别表示拉伸和压缩的容许应力,则截面上的最大拉应力和最大压应力可同时接近容许应力。

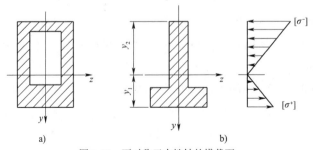

图 9-37 不对称于中性轴的横截面

3. 采用变截面梁

为了节省材料和减轻自重,可根据弯矩 $M(x)$ 沿梁轴线变化情况,将梁的截面也设计为随之变化的尺寸。这种横截面沿轴线变化的梁,称为**变截面梁**。例如,大型机械设备中的阶梯轴,如图 9-38a)所示。最理想的变截面梁是使梁各个截面的最大正应力均达到材料的容许应力,即**等强度梁**的形式,如鱼腹梁、挑梁等,如图 9-38b)、c)所示。

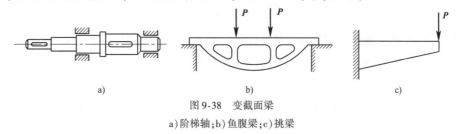

图 9-38 变截面梁
a)阶梯轴;b)鱼腹梁;c)挑梁

二、提高梁弯曲刚度的措施

梁的变形(挠度和转角)与梁的抗弯刚度 EI、梁的跨度 l 以及荷载的关系为

$$\{y,\theta\} = \frac{荷载 \times l^n}{系数 \times EI} \quad (l = 1 \sim 4) \tag{9-36}$$

因此,提高梁的弯曲刚度可以从以下几方面考虑。

1. 增大梁的抗弯刚度 EI

梁的变形与 EI 成反比,增大梁的 EI 将使变形减小。由于各类钢材的弹性模量 E 值相近,故增大梁的抗弯刚度主要是设法增大梁截面的惯性矩 I。在截面面积不变的情况下,采用合理的截面形状(如采用工字形、箱形等),可提高惯性矩 I。

2. 减小梁的跨度或增加支承

梁的变形与其跨度的 n 次幂成正比。设法减小梁的跨度,将会有效地减小梁的变形。如果条件许可,可以将简支梁的支座向中间适当移动,将简支梁变成外伸梁,如图 9-39a)、b)所示。一方面,减小了梁的跨度,从而减小跨中最大挠度;另一方面,在梁外伸部分的荷载作用下,使梁跨中产生向上的挠度[图 9-39c)],从而使梁中段在荷载作用下产生的向下的挠度被抵消一部分,减小了跨中的最大挠度值,如图 9-39d)所示。

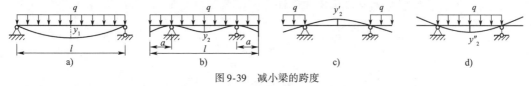

图 9-39 减小梁的跨度

工程中通常采用增加支座的方法降低跨长,从而提高梁的刚度。此时,梁由静定结构形式变为超静定结构。因此,这种措施必须在结构形式允许的条件下进行。例如,均布荷载作用下的简支梁,在跨中的最大挠度为 $5ql^4/384EI$,若在跨中增加一支座,则梁的最大挠度约为原梁的 $1/38$,如图 9-40 所示。

3. 改善荷载的作用情况

在结构允许的条件下,合理地调整荷载的位置及分布情况,以降低弯矩,从而减少梁的变形。如图 9-35a)所示,将集中力分散作用,甚至改为分布荷载,就能起到降低弯矩、减小变形的作用。

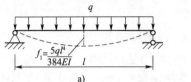
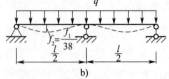

图9-40 增加支座

模块小结

平面弯曲是杆件的基本变形之一,在土建工程中经常遇到。对梁进行内力分析及绘制剪力图、弯矩图是计算梁的强度和刚度的前提,同时,由于这部分内容在后继课程教学中反复用到,学生应熟练掌握。

1. 平面弯曲梁横截面上的内力

(1) 剪力 Q:截面上的剪力使所考虑的梁段有顺时针方向转动的趋势时为正;反之为负。

(2) 弯矩 M:截面上的弯矩使所考虑的梁段产生向下凸的变形时为正;反之为负。

2. 计算截面内力的方法

(1) 截面法:假设将梁在指定截面处截开后,画出分离体的受力图,列出静力平衡方程求解内力。

(2) 直接计算法:

Q = 截面一侧所有外力的代数和(左侧向上或右侧向下的外力取正号,反之取负号)。

M = 截面一侧所有外力对该截面形心力矩的代数和(左侧顺转或右侧逆转的外力矩取正号,反之取负号)。

3. 画内力图时的注意事项

(1) 重视校核支座反力的正确性。

(2) 注意分段。集中力作用处、集中力偶作用处、分布荷载集度突变处等都是分段点。

(3) 计算截面内力或建立内力方程时都要正确判断正、负号。

4. 弯曲正应力及强度条件

(1) 正应力计算 $\sigma = \dfrac{My}{I_z}$

(2) 正应力强度条件 $\sigma_{\max} = \dfrac{M_{\max}}{W_z} \leqslant [\sigma]$

5. 弯曲切应力及强度条件

(1) 弯曲切应力计算 $\tau = \dfrac{QS_z^*}{I_z b}$

(2) 弯曲切应力强度条件 $\tau_{\max} = \dfrac{Q_{\max} S_{z\max}^*}{I_z b} \leqslant [\tau]$

6. 梁的变形

(1) 梁变形的度量:挠度 y 和转 θ 角。它们之间的关系式为

$$y' = \theta$$

(2) 梁的挠曲线近似微分方程

$$\frac{d^2y}{dx^2} = -\frac{M(x)}{EI}$$

(3) 梁变形的计算

积分法是计算梁变形的一种基本方法。可求出梁的挠曲线及转角方程从而求各截面的挠度和转角。积分法计算变形时，若弯矩分段，挠曲线近似微分方程也要随之分段。积分常数由各段边界条件综合求出。

叠加法可简便地求出指定截面的变形。计算时应注意：①将梁上复杂荷载分成几种简单荷载时，要能直接应用现成的变形计算图表；②宜画出每一简单荷载单独作用下的挠曲线大致形状，从而直接判断挠度和转角的正负号，然后叠加。

(4) 梁的刚度条件

$$\frac{f}{l} \leqslant \left[\frac{f}{l}\right]$$

1. 在什么情况下梁会发生平面弯曲？
2. 悬臂梁受集中力 F 作用 F 与 y 轴的夹角如侧视图所示（图9-41）。当截面为圆形、正方形、长方形时，梁是否发生平面弯曲？

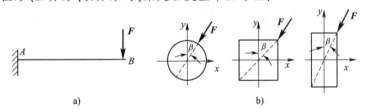

图9-41　悬臂梁受集中力作用

3. 如图9-42所示，梁上作用有分布荷载 q。在求梁的内力时，可以用静力等效的集中力代替分布荷载吗？

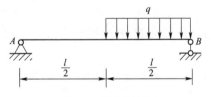

图9-42　梁内力计算

4. 挑东西的扁担常在中间折断，而游泳池的跳板则在固定端处折断，为什么？

5. 矩形截面梁的横截面高度增加到原来的2倍，则截面的抗弯能力将增大到原来的几倍？若矩形截面梁的横截面宽度增加到原来的2倍，则截面的抗弯能力将增大到原来的几倍？

6. 矩形截面梁沿其横向对称轴剖为双梁，其截面的抗弯能力是否有变化？矩形截面梁沿其纵向对称轴剖为双梁，其截面的抗弯能力是否有变化？

9-1 如题图9-1所示,假设q、F、a均为已知。试求各梁指定截面上的剪力和弯矩。

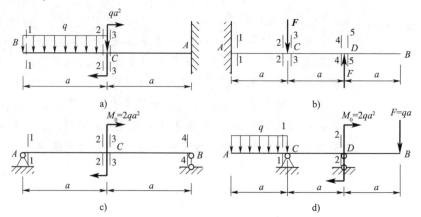

题图 9-1

9-2 试作题图9-2所示各梁的剪力图和弯矩图,并求出剪力和弯矩的绝对值的最大值。

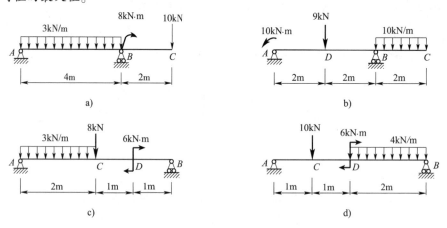

题图 9-2

9-3 试作题图9-3所示各梁的剪力图和弯矩图。假设q、F、a、l均为已知。

9-4 试用叠加法作题图9-4所示各梁的弯矩图。

9-5 如题图9-5所示,已知悬臂梁的剪力图。试作出此梁的荷载图和弯矩图(梁上无集中力偶作用)。

9-6 圆截面简支梁受载如题图9-6所示。试计算支座B处梁截面上的最大正应力。

9-7 空心圆截面梁受载如题图9-7所示。已知:材料的容许应力$[\sigma]=150\text{MPa}$,管的外径$D=60\text{mm}$。试按强度条件确定空心圆截面内径d的最大值。

9-8 简支梁受载如题图9-8所示,已知$l=4\text{m}$,$c=1\text{m}$,$[\sigma]=160\text{MPa}$。试设计正方形截面和$b/h=1/2$的矩形截面,并比较两横截面面积的大小。

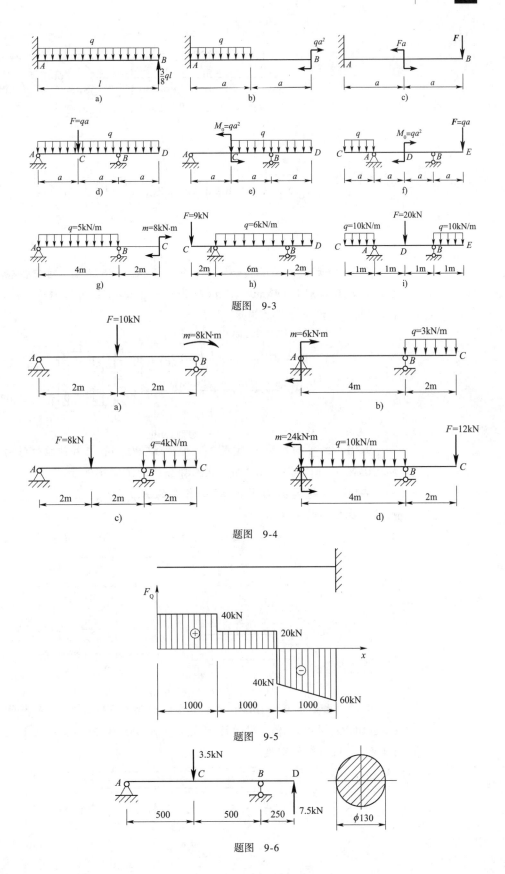

题图 9-3

题图 9-4

题图 9-5

题图 9-6

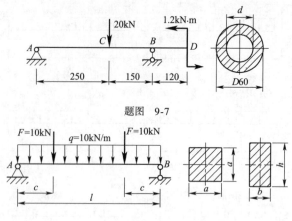

题图 9-7

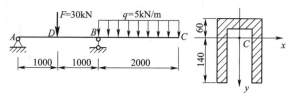

题图 9-8

9-9 槽形铸铁梁受载如题图9-9所示,已知槽形截面对中性轴的惯性矩 $I_z = 40 \times 10^6 \text{mm}^4$,材料的容许拉应力 $[\sigma^+] = 40\text{MPa}$,容许压应力 $[\sigma^-] = 150\text{MPa}$。试校核此梁的强度。

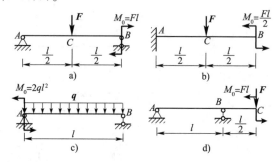

题图 9-9

9-10 工字钢外伸梁,梁长3m,外伸端长0.5m,在外伸端处作用集中荷载 $F = 20\text{kN}$,已知 $[\sigma] = 160\text{MPa}$。试选择合适的工字钢型号。

9-11 如题图9-10所示,已知各梁的 E、I_z、M_0、F、l。试用叠加法求各梁的最大挠度和最大转角。

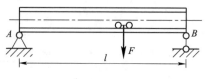

题图 9-10

9-12 如题图9-11所示,桥式起重机大梁为32a工字钢,材料的弹性模量 $E = 200\text{GPa}$,梁跨 $l = 8\text{m}$,梁的许可挠度 $[y] = l/500$,若起重机的最大荷载 $F = 20\text{kN}$。试校核梁的刚度。

题图 9-11

应力状态与强度理论

1. 了解平面应力状态分析的基本概念。
2. 了解用图解法(应力圆)分析任意斜截面上的应力的方法。
3. 掌握用图解法(应力圆)确定主应力的方法。
4. 了解三向应力圆的概念和莫尔强度理论。
5. 掌握常用的四大强度理论。

单元 10.1　平面应力状态分析

在前面各模块中,已经讨论了杆件的拉伸与压缩、圆轴的扭转和梁的弯曲三类基本变形。承受拉伸与压缩的杆件,横截面上是由轴力引起的正应力;承受扭转的圆轴,横截面上是由扭矩引起的切应力(最大值在外圆周处);承受弯曲的梁,横截面上有由弯矩引起的正应力(最大值在离中性轴最远处)及由剪力引起的切应力(最大值在中性轴上)。所建立的强度条件,都是由单一的最大应力(最大正应力或最大切应力)小于或等于相应的容许应力描述的。当某危险点处于既有正应力又有切应力的复杂状态时,如何判断其强度是否足够。这是本单元要讨论的问题。

一、应力状态的概念

在受力构件的同一截面上,各点处的应力一般是不同的;就一点而言,通过这一点有无数多个截面,而该点在不同方位截面上的应力一般也是不同的。为了描述一点的应力状态,总是围绕所考察的点截取一个三对面相互垂直的微小六面体,该六面体三个方向上的尺寸均为无穷小,称为**单元体**。假设该单元体的每个面上的应力都是均匀分布且相互平行的截面上应力相等。当受力物体处于平衡状态时,从物体中截取的单元体也是平衡的,截取单元体的任何一个方向也必然是平衡的。所以,当单元体三对面上的应力已知时,就可以应用截面法假想地将单元体从任意方向面截开,考虑截开后任意一部分的平衡,利用平衡条件求得任意方位面上的应力。受力构件内一点处不同方位截面上应力的集合称为**一点处的应力状态**,研究通过一点的不同方位截面上的应力变化情况就是**点的应力状态分析**。

由于构件的受力不同,应力状态多种多样,只受一个方向正应力作用的应力状态称为**单向应力状态**,只受切应力作用的应力状态称为**纯切应力状态**,所有应力作用线都处于同一平面内的应力状态称为**平面应力状态**或**二向应力状态**。单向应力状态与纯切应力状态都是平面应力状态的特例,本书主要讨论平面应力状态与空间应力状态的某些特例。

二、符号规定

平面应力状态的普遍形式如图 10-1a) 所示,由于前后两平面上没有应力,可将该单元体用平面图形来表示。设两对平面的正应力和切应力分别为 σ_x、τ_{xy} 和 σ_y、τ_{yx},其中正应力的下标表示所在平面的外法线方向,切应力的两个下标中,第一个下标表示所在平面的外法线方向,第二个下标表示切应力作用方向所在的坐标轴。已知 σ_x、τ_{xy} 和 σ_y、τ_{yx} 的单元体称为**原始单元体**。在平面应力状态下,任意方向面(法线为 n)的位置是由它的法线 n 与水平轴 x 正向的夹角 α 定义。

为求该单元体任一斜截面上的应力,用截面法将单元体从该斜面方向处截为两部分,取左下方部分为研究对象,进行力系平衡分析。正应力、切应力和斜截面的方位角的正负号规定如下:

α 角:从 x 正方向逆时针转至 n 正方向者为正,反之则为负。

正应力:拉为正,压为负。

切应力:使所取单元体产生顺时针方向转动趋势者为正,反之则为负。

图 10-1b) 所示的 α 角及正应力 σ_x、σ_y 和切应力 τ_{xy} 均为正,τ_{yx} 为负。

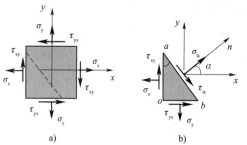

图 10-1 平面应力状态及指定斜面受力分析

三、平面应力状态中任意斜截面上正应力与切应力的解析式

若构件只在 xy 平面内承受荷载,在 z 方向无荷载作用,则构件中沿坐标平面任取的六面体微元在垂直于 z 轴的前后两个面上无应力作用,其余四个面上作用的应力都在 xy 平面内,此即平面应力状态。图 10-1 示出了平面应力状态的一般情况。

在垂直于 x 轴的左右两个平面上作用有正应力 σ_x 和切应力 τ_{xy},在垂直于 y 轴的上下两个平面上作用有正应力 σ_y 和切应力 τ_{yx}。由切应力互等定理可知 $\tau_{xy} = \tau_{yx} = \tau$。现在讨论图中虚线所示任一斜截面上的应力,设截面上正法向 n 与 x 轴的夹角为 α。

单位厚度的微元 oab 如图 10-1b) 所示,dA 表示斜截面面积。截面 oa 上作用的应力为 σ_x 和 τ_{xy},沿 x、y 方向的内力分别为 $-\sigma_x dA\cos\alpha$ 和 $\tau_{xy} dA\cos\alpha$;截面 ob 上作用的应力为 σ_y 和 τ_{yx},沿 x、y 方向的内力分别为 $\tau_{yx} dA\sin\alpha$ 和 $-\sigma_y dA\sin\alpha$;设斜截面 ab 上的应力为 σ_α 和 τ_α,则斜截面上沿法向、切向的内力则为 $\sigma_\alpha dA$ 和 $\tau_\alpha dA$。将上述各力投影到 x、y 轴上,列平衡方程如下:

$$\sum F_x = \sigma_\alpha dA\cos\alpha + \tau_\alpha dA\sin\alpha - \sigma_x dA\cos\alpha + \tau_{yx} dA\sin\alpha = 0$$

$$\sum F_y = \sigma_\alpha dA\sin\alpha - \tau_\alpha dA\cos\alpha - \sigma_y dA\sin\alpha + \tau_{xy} dA\cos\alpha = 0$$

由 $\tau_{xy} = \tau_{yx}$,解得

$$\sigma_\alpha = \sigma_x \cos^2\alpha + \sigma_y \sin^2\alpha - 2\tau_{xy}\sin\alpha\cos\alpha$$

$$\tau_\alpha = (\sigma_x - \sigma_y)\sin\alpha\cos\alpha + \tau_{xy}(\cos^2\alpha - \sin^2\alpha)$$

由三角公式 $\cos^2\alpha = (1 + \cos2\alpha)/2$,$\sin^2\alpha = (1 - \cos2\alpha)/2$,$\sin2\alpha = 2\sin\alpha\cos\alpha$,根据上述结

果可以得到转角为 α 的任意斜截面上相互垂直的法线和切线方向的正应力和切应力分别为

$$\sigma_\alpha = \frac{\sigma_x + \sigma_y}{2} + \frac{\sigma_x - \sigma_y}{2}\cos2\alpha - \tau_{xy}\sin2\alpha \tag{10-1}$$

$$\tau_\alpha = \frac{\sigma_x - \sigma_y}{2}\sin2\alpha + \tau_{xy}\cos2\alpha \tag{10-2}$$

在应用上述公式时,应注意应力和方位角 α 的符号,需将 σ_x、σ_y、τ_{xy} 和 α 的代数值代入。

应该指出,上述公式是根据静力平衡条件建立的,因此,它们既可用于线弹性问题,也可用于非线性或非弹性问题;既可用于各向同性的情况,也可用于各向异性的情况,即与材料的力学性能无关。

四、主平面、主应力与主方向

过 A 点取一个单元体,如果单元体的某个面上只有正应力,而无切应力,则此平面称为**主平面**。主平面上的正应力称为**主应力**,主应力所在的方位为**主方向**。

令式(10-2)中的 $\tau_\alpha = 0$,得到主平面方向角 α_{01} 的表达式为

$$\tan2\alpha_{01} = -\frac{2\tau_{xy}}{\sigma_x - \sigma_y} \tag{10-3a}$$

若令 $\left.\dfrac{\mathrm{d}\sigma_\alpha}{\mathrm{d}\alpha}\right|_{\alpha=\alpha_0} = -(\sigma_x - \sigma_y)\sin2\alpha_0 - 2\tau_{xy}\cos2\alpha_0 = 0$,得到

$$\tan2\alpha_0 = -\frac{2\tau_{xy}}{\sigma_x - \sigma_y} \tag{10-3b}$$

式(10-3b)与式(10-3a)具有完全一致的形式。这表明,主应力同时是极值应力,是所有垂直于 xy 坐标平面的方向面上正应力的极大值或极小值。将式(10-3a)代入式(10-1),得到

$$\sigma_{max} = \frac{\sigma_x + \sigma_y}{2} + \sqrt{\left(\frac{\sigma_x - \sigma_y}{2}\right)^2 + \tau_{xy}^2} \tag{10-4}$$

$$\sigma_{min} = \frac{\sigma_x + \sigma_y}{2} - \sqrt{\left(\frac{\sigma_x - \sigma_y}{2}\right)^2 + \tau_{xy}^2} \tag{10-5}$$

根据切应力互等定理,切应力为零的 σ_{max} 和 σ_{min} 所在方位面应互相垂直,σ_{max} 和 σ_{min} 也互相垂直,对应的方位角分别为 α_0 和 $\alpha_0 + \dfrac{\pi}{2}$。

在平面应力状态下,平行于 xy 坐标平面的那一对平面上既没有正应力作用,也没有切应力作用,因而它是主平面,只不过这一主平面上的主应力等于零,该主应力与 σ_{max}、σ_{min} 一起按代数值由大到小的顺序排列分别为 σ_1、σ_2 和 σ_3,即 $\sigma_1 \geq \sigma_2 \geq \sigma_3$。根据这 3 个主应力的大小和方向,就可以确定材料何时发生失效或破坏,并确定失效或破坏的形式。

五、极值切应力及其所在平面

与正应力类似,不同方向面上的切应力也是各不相同的,因而切应力也存在极值。为求此极值,将式(10-2)对 α 求一阶导数,并令其等于零,即

$$\left.\frac{\mathrm{d}\tau_\alpha}{\mathrm{d}\alpha}\right|_{\alpha=\alpha_1} = (\sigma_x - \sigma_y)\cos2\alpha_1 - 2\tau_{xy}\sin2\alpha_1 = 0$$

得到 τ_{xy} 取极值的特征角为

$$\tan 2\alpha_1 = -\frac{\sigma_x - \sigma_y}{2\tau_{xy}} \quad (10\text{-}6)$$

式(10-6)给出 α_1 和 $\alpha_1 + 90°$ 两个角度，它们确定了极大和极小切应力所在平面的方位。可见，极大和极小切应力的作用平面互相垂直。

比较式(10-6)和式(10-3b)，可知

$$\tan 2\alpha_1 = -\cot 2\alpha_0 = \tan 2(\alpha_0 \pm 45°)$$

所以

$$\alpha_1 = \alpha_0 \pm 45°$$

这表明，极值切应力所在平面与主平面夹角为 45°。

最大切应力和最小切应力分别为

$$\tau_{max} = \sqrt{\left(\frac{\sigma_x - \sigma_y}{2}\right)^2 + \tau_{xy}^2} \quad (10\text{-}7)$$

$$\tau_{min} = -\sqrt{\left(\frac{\sigma_x - \sigma_y}{2}\right)^2 + \tau_{xy}^2} \quad (10\text{-}8)$$

上述切应力极值仅对垂直于 xy 坐标平面的一组方向面而言，称为这一组方向面内的最大和最小切应力，简称为**面内最大切应力与面内最小切应力**，二者不一定是过一点的所有方向面中切应力的最大值和最小值。

【例 10-1】 T形截面铸铁梁受力如图 10-2a)所示，已知 $P = 3.6$kN，$I_z = 7.63 \times 10^{-6}$m^4。试画出危险截面上翼缘和腹板交界的点 a 的原始单元体，并求单元体上的应力。(C 为截面形心)

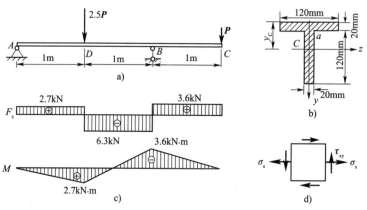

图 10-2 T形截面铸铁梁受力图

解：(1) 画受力图，求支反力。

$$F_A = 2.7\text{kN}, \quad F_B = 9.9\text{kN}$$

(2) 画出梁的剪力图和弯矩图，判断梁的危险截面。梁的内力图如图 10-2c)所示，危险截面为 B 截面左侧，计算其上内力：

$$F_{s\,max} = 6.3\text{kN}, \quad M_{max} = 3.6\text{kN} \cdot \text{m}$$

(3) 计算 a 点的应力。

$$S_z^* = 80 \times 20 \times 42 \times 10^{-9} = 6.72 \times 10^{-5}\text{m}^2$$

a 点的正应力和切应力分别为

$$\sigma_x = \frac{M_{max} y_a}{I_z} = \frac{3.6 \times 32}{7.63 \times 10^{-6}} = 15.10 \text{MPa}$$

$$\tau_{xy} = \frac{F_s S_z^*}{b I_z} = \frac{-6.3 \times 6.72 \times 10^{-2}}{20 \times 7.63 \times 10^{-9}} = -2.7 \text{MPa}$$

(4) 绘制 a 点的单元体,如图 10-2d) 所示,此单元体为**简单二向应力状态**。

【**例 10-2**】 试根据点的应力状态特点分析低碳钢与铸铁拉伸时的破坏特征。

解:杆件承受轴向拉伸外载时,其上任意一点都是单向应力状态,如图 10-3a) 所示。单元体上的应力为 $\sigma_x = \sigma, \sigma_y = 0, \tau_{xy} = 0$,代入式(10-1) 和式(10-2),得到

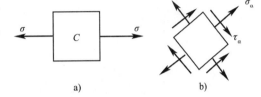

图 10-3 单向应力状态及低碳钢滑移线方位

$$\sigma_\alpha = \frac{\sigma_x}{2} + \frac{\sigma_x}{2}\cos 2\alpha$$

$$\tau_\alpha = \frac{\sigma_x}{2}\sin 2\alpha$$

当 $\alpha = 0°$ 时,则有 $\sigma_{0°} = \sigma, \tau_{0°} = 0$

当 $\alpha = \frac{\pi}{4}$ 时,则有 $\sigma_{45°} = \frac{\sigma}{2}, \tau_{45°} = \frac{\sigma}{2}$

不难看出,当 $\alpha = 0°$ 时,横截面上只有正应力,没有切应力,材料受单向拉伸作用产生破坏,符合铸铁的破坏特征;当 $\alpha = 45°$ 时,斜截面上的正应力不是最大值,而切应力达到最大值[图 10-3b)],正好是低碳钢试样拉伸至屈服时表面出现滑移线的方向,因此低碳钢的屈服破坏是由最大切应力引起的。

六、平面应力状态分析——图解法(莫尔圆)

借助应力圆确定一点应力状态的几何方法称为图解法,是 1882 年德国工程师莫尔(O. Mohr)对 1866 年德国库尔曼(K. Culman)提出的应力圆做进一步研究得到的方法,所以又称为莫尔圆法。图解法简明直观,只要用作图工具就能测出满足工程设计要求的数据。

1. 应力圆方程

将式(10-1)、式(10-2)改写为

$$\left.\begin{array}{l}\sigma_\alpha - \dfrac{\sigma_x + \sigma_y}{2} = \dfrac{\sigma_x - \sigma_y}{2}\cos 2\alpha - \tau_{xy}\sin 2\alpha \\[2mm] \tau_\alpha = \dfrac{\sigma_x - \sigma_y}{2}\sin 2\alpha + \tau_{xy}\cos 2\alpha\end{array}\right\} \quad (10\text{-}9)$$

消去式中的参数 α,得到一个圆方程,即

$$\left(\sigma_\alpha - \frac{\sigma_x + \sigma_y}{2}\right)^2 + \tau_\alpha^2 = \left[\sqrt{\left(\frac{\sigma_x - \sigma_y}{2}\right)^2 + \tau_{xy}^2}\right]^2 \quad (10\text{-}10)$$

根据方程式(10-10),若已知 σ_x、σ_y、τ_{xy},建立以 σ_α 为横坐标、τ_α 为纵坐标轴的坐标系,可以画出一个圆心为 $\left(\dfrac{\sigma_x + \sigma_y}{2}, 0\right)$、半径为 $\sqrt{\left(\dfrac{\sigma_x - \sigma_y}{2}\right)^2 + \tau_{xy}^2}$ 的圆。圆周上一点的坐标就代

表单元体一个斜截面上的应力。因此,这个圆称为**应力圆**或**莫尔圆**。

2. 应力圆的画法

如图 10-4a)所示,已知 σ_x、σ_y 及 τ_{xy},画相应应力圆时,先在 $\sigma-\tau$ 坐标系中,按选定的比例尺,以 (σ_x, τ_{xy})、$(\sigma_y, -\tau_{xy})$ 为坐标,确定 x(对应 x 面)、y(对应 y 面)两点;然后直线连接 x、y 两点,交 σ 轴 C 点,以 C 点为圆心、以 $\overline{C_x}$ 或 $\overline{C_y}$ 为半径画圆,此圆就是应力圆,如图 10-4b)所示。从图中不难看出,应力圆的圆心及半径与式(10-10)完全相同。

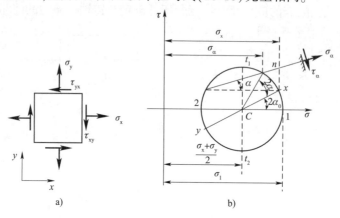

图 10-4　平面单元体及应力圆

3. 典型对应关系

应力圆上的点与平面应力状态任意斜截面上的应力有如下对应关系。

1)点面对应

应力圆上某一点的坐标对应单元体某一斜面上的正应力和切应力值。图 10-4b)所示的 n 点的坐标即斜截面 a 面的正应力和切应力。

2)转向对应

以应力圆半径旋转时,半径端点的坐标随之改变,对应地,斜截面外法线也沿相同方向旋转,才能保证某一方向面上的应力与应力圆上半径端点的坐标相对应。

3)二倍角对应

应力圆上半径转过的角度等于斜截面外法线旋转角度的两倍。在单元体中,外法线与 x 轴间夹角相差 180°的两个面是同一截面,而应力圆中圆心角相差 360°时才能为同一点。

4. 应力圆的应用

1)确定任意斜截面上应力的大小和方向

如图 10-4b)所示,从与 x 面对应的 x 点开始沿应力圆的圆周逆时针旋转 2α 圆心角至 n 点,这时 n 点的坐标就是外法线与 x 轴成 α 角的斜截面上的应力 σ_α 及 τ_α。

2)确定主应力的大小和方位

应力圆与 σ 轴的交点 1 及 2,其纵坐标(切应力)为零,因此,交点 1 及 2 对应的方向面即主平面,其上正应力便是平面应力状态的两个主应力。在图 10-4b)中,因 $\sigma_{max} > \sigma_{min} > 0$,所以用单元体主应力 σ_1、σ_2 表示,这时的 σ_3 应为零。

由图 10-4b)不难看出,应力圆上的 t_1、t_2 两点,与切应力极值面(θ_0 面和 $\theta_0 + \pi/2$ 面)上的应力对应,且正应力极值面与切应力极值面互成 $\theta = 45°$ 的夹角。

【例10-3】 单元体应力状态如图10-5a)所示,已知:$\sigma_x = 122.7\text{MPa}, \sigma_y = 0, \tau_{xy} = 64.6\text{MPa}, \tau_{yx} = -64.6\text{MPa}$。试用莫尔圆法求:

(1) 主应力的大小和主平面的方位。

(2) 在单元体上绘出主平面的位置和主应力的方向。

(3) 最大切应力。

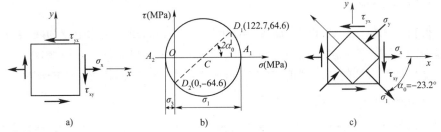

图10-5 单元体应力状态及主应力方位

解:(1) 取 σ-τ 坐标系,选定比例尺。作 $D_1(122.7, 64.6), D_2(0, -64.6)$ 两点,连 D_1D_2,交 σ 轴于 C,以点 C 为圆心,以 CD_1 为半径作应力圆,如图10-5b)所示。由应力圆得 $\sigma_1 = 150\text{MPa}, \sigma_2 = 0, \sigma_3 = -27\text{MPa}$。

(2) 主平面的位置和主应力的方向,如图10-5c)所示,其中 $\alpha_0 = -23.2°$。

(3) $\tau_{\max} = 88.5\text{MPa}$。

单元10.2 强度理论

一、强度理论的概念

构件在轴向拉压和纯弯曲时危险点都是单向应力状态,通过单向拉压试验得到破坏时的正应力,除以相应的安全因数得到容许应力,即可建立强度条件;构件扭转时危险点处于纯剪切应力状态,两个主应力绝对值都等于横截面上的最大切应力,通过扭转试验得到破坏时的切应力,由此得到容许切应力即可建立强度条件;构件在剪切弯曲时,危险点一般为单向应力状态,仍可通过单向拉压试验直接建立强度条件。

城市轨道交通、建筑、路桥等工程中,许多构件的危险点经常处于复杂应力状态,由于复杂应力状态单元体的3个主应力可以有无限多个组合;同时,进行复杂应力状态的试验设备和试件加工相当复杂,因此要想通过直接试验来建立强度条件实际上是不可能的。所以,需要寻找新的途径,利用简单应力状态的试验结果建立复杂应力状态下的强度条件。

通过长期的实践、观察和分析,人们发现在复杂应力状态下,材料破坏有一定的规律,对于不同的材料,引起破坏的主要原因各不相同,但大致可以分为两类:一类是脆性断裂;另一类是塑性屈服,统称为**强度失效**。进一步研究也表明,不同的强度失效现象总是和一定的破坏原因有关,综合分析各种失效现象,人们提出了许多关于强度失效原因的假说,这些假说认为在不同应力状态下,材料的某种强度失效主要是由于某种应力、应变或其他因素引起的,按照这类假说,可以由简单应力状态的试验结果,建立复杂应力状态下的强度条件。这类假说必须经科学实验和工程实际的检验,得到普遍认同的假说就被称为**强度理论**。

目前常用的强度理论都是针对均匀、连续、各向同性材料在常温、静载条件下工作时提出的。由于材料的多样性和应力状态的复杂性,一种强度理论经常是适合这类材料却不适合另一类材料,适合一般应力状态却不适合特殊应力状态,现有的强度理论还不能说已经圆满地解决了所有的强度问题,随着材料科学和工程技术的不断进步,强度理论的研究也在进一步深入和发展。

二、常用强度理论

由于材料存在脆性断裂和塑性屈服两种破坏形式,因而强度理论也分为两类:一类是解释材料脆性断裂破坏的强度理论,其中有最大拉应力理论和最大伸长线应变理论;另一类是解释材料塑性屈服破坏的强度理论,其中有最大切应力理论和形状改变比能理论。

1. 第一强度理论——最大拉应力理论

该理论认为,材料断裂的主要因素是该点的最大主拉应力。在复杂应力状态下,只要材料内一点的**最大主拉应力** $\sigma_1(\sigma_1>0)$ 达到单向拉伸断裂时横截面上的极限应力 σ_u,材料就会发生断裂破坏。

强度条件为

$$\sigma_1 \leq [\sigma] \quad (\sigma_1 > 0) \tag{10-11}$$

式中:$[\sigma]$——单向拉伸时材料的容许应力,$[\sigma] = \sigma_b/n_s$,其中 n_s 为安全系数。

试验表明,该理论主要适用于脆性材料(如铸铁、玻璃、石膏等)在二向或三向受拉。对于有压应力的脆性材料,只要最大压应力值不超过最大拉应力值,也是正确的。

2. 第二强度理论——最大伸长线应变理论

该理论认为,材料断裂的主要因素是该点的最大伸长线应变。在复杂应力状态下,只要材料内一点的**最大拉应变** ε_1 达到了单向拉伸断裂时最大伸长应变的极限值 ε_u 时,材料就会发生断裂破坏。

强度条件为

$$\sigma_1 - \mu(\sigma_2 + \sigma_3) \leq [\sigma] \tag{10-12}$$

该理论考虑了3个主应力的影响,形式上比第一强度理论更完善,但用于工程上时其可靠性很差,现在已很少采用。

3. 第三强度理论——最大切应力理论

该理论认为,材料屈服的主要因素是最大切应力。在复杂应力状态下,只要材料内一点处的**最大切应力** τ_{max} 达到单向拉伸屈服时,切应力的屈服极限 τ_s,材料就会在该处发生塑性屈服。

强度条件为

$$\sigma_1 - \sigma_3 \leq [\sigma] \tag{10-13}$$

该理论对于单向拉伸和单向压缩的抗力大体相当的材料(如低碳钢)是适合的。

4. 第四强度理论——最大形状改变比能理论

该理论认为,材料屈服的主要因素是该点的形状改变**比能**。在复杂应力状态下,材料内一点的形状改变比能 ν_d 达到材料单向拉伸屈服时形状改变比能的极限值 ν_u,材料就会发生塑性屈服。

强度条件为

$$\sqrt{\frac{1}{2}[(\sigma_1-\sigma_2)^2+(\sigma_2-\sigma_3)^2+(\sigma_3-\sigma_1)^2]} \leq [\sigma] \tag{10-14}$$

该理论既突出了最大主切应力对塑性屈服的作用,又适当考虑了其他两个主切应力的影响。试验表明,对于塑性材料,该理论比第三强度理论更符合试验结果。由于机械、动力行业遇到的荷载往往较不稳定,因而较多地采用偏于安全的第三强度理论;土建行业的荷载往往较为稳定,因而较多地采用第四强度理论。

综合以上4个强度理论的强度条件,可以把它们写成如下统一形式,即

$$\sigma_r \leq [\sigma]$$

式中,σ_r 称为**相当应力**。4个强度理论的相当应力分别为

$$\sigma_{r1} = \sigma_1$$
$$\sigma_{r2} = \sigma_1 - \mu(\sigma_2 + \sigma_3)$$
$$\sigma_{r3} = \sigma_1 - \sigma_3$$
$$\sigma_{r4} = \sqrt{\frac{1}{2}[(\sigma_1-\sigma_2)^2+(\sigma_2-\sigma_3)^2+(\sigma_3-\sigma_1)^2]}$$

对于简单二向拉应力状态,将主应力代入可得:

$$\sigma_{r3} = \sqrt{\sigma_x^2 + 4\tau_{xy}^2} \tag{10-15}$$

$$\sigma_{r4} = \sqrt{\sigma_x^2 + 3\tau_{xy}^2} \tag{10-16}$$

注意:

(1)对以上4个强度理论的应用,一般地,对脆性材料(如铸铁、混凝土等)用第一和第二强度理论;对塑性材料(如低碳钢等)用第三和第四强度理论。

(2)对脆性材料或塑性材料,在三向拉应力状态下,应该用第一强度理论;在三向压应力状态下,应该用第三强度理论或第四强度理论。

(3)第三强度理论概念直观、计算简捷,计算结果偏于保守;第四强度理论着眼于形状改变比能,但其本质仍然是一种切应力理论。

(4)在不同情况下,如何选用强度理论,不是单纯的力学问题,而是与有关工程技术部门长期积累的经验及根据这些经验制订的一整套计算方法和,它与容许应力值$[\sigma]$有关。

5. 莫尔强度理论

该理论认为,材料发生屈服或剪切破坏,不仅与该截面上的切应力有关,而且与该截面上的正应力有关,只有当材料的某一截面上的切应力与正应力达到最不利组合时,才会发生屈服或剪断。

莫尔强度理论认为,材料是否破坏取决于三向应力圆中的最大应力圆。

在工程应用中,分别作拉伸和压缩极限状态的应力圆,这两个应力圆的直径分别等于脆性材料在拉伸和压缩时的强度极限 σ_b^+ 和 σ_b^-。这两个圆的公切线 MN 即该材料的包络线,如图10-6所示。若已知一点的3个主应力 σ_1、σ_2、σ_3,以 σ_1 和 σ_3 作出的应力圆与包络线相切,则此点就会发生破坏。由此可导出莫尔强度理论的强度条件为

$$\sigma_1 - \frac{[\sigma]^+}{[\sigma]^-}\sigma_3 \leq [\sigma]^+ \tag{10-17}$$

式中:$[\sigma]^+$——脆性材料的容许拉应力;

$[\sigma]^-$——脆性材料的容许压应力。

对 $[\sigma]^+ = [\sigma]^-$ 的塑性材料,莫尔强度条件化为

$$\sigma_1 - \sigma_3 \leqslant [\sigma] \tag{10-18}$$

式(10-18)为最大切应力理论的强度条件。可见,莫尔强度理论是最大切应力理论的发展,它把材料在单向拉伸和单向压缩时强度不等的因素都考虑进去了。

莫尔强度理论的使用范围:

(1)适用于从拉伸型到压缩型应力状态的广阔范围,可以描述从脆性断裂向塑性屈服失效形式过渡或反之的多种失效形态。例如,脆性材料在压缩型或压应力占优的混合型应力状态下呈剪切破坏的失效形式。

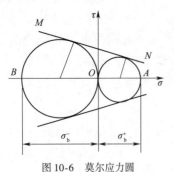

图 10-6 莫尔应力圆

(2)特别适用于抗拉与抗压强度不等的材料。

(3)在新材料(如新型复合材料)不断涌现的今天,莫尔强度理论从宏观角度归纳大量失效数据与资料的唯象处理方法仍具有广阔应用前景。

【例 10-4】 例 10-1 所示 a 点的单元体如图 10-7 所示。试计算该点第三和第四强度理论的相当应力。

解:从例 10-1 中知:$\sigma_x = 15.1\text{MPa}$,$\tau_{xy} = -2.7\text{MPa}$,分别代入式(10-15)和式(10-16),得到

图 10-7 单元应力状态

$$\sigma_{r3} = \sqrt{\sigma_x^2 + 4\tau_{xy}^2} = 16.04\text{MPa}$$

$$\sigma_{r4} = \sqrt{\sigma_x^2 + 3\tau_{xy}^2} = 15.81\text{MPa}$$

由例 10-4 可知,第三强度理论计算得到的相当应力大于第四强度理论的结果,因而更偏于保守。

【例 10-5】 如图 10-8a)所示简支梁由 20a 工字钢构成,已知 $[\sigma] = 180\text{MPa}$,$[\tau] = 100\text{MPa}$。试全面校核梁的强度。

解:(1)截面几何参数。

$$I_z = 2370\text{ cm}^4$$
$$W_z = 237\text{ cm}^3$$
$$\frac{I_z}{S_{zmax}^*} = 17.2\text{cm}$$

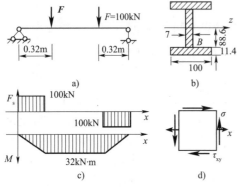

图 10-8 工字形截面简支梁的强度校核

(2)求支反力。

$$F_A = F_B = 100\text{kN}$$

(3)画内力图,如图 10-8c)所示。

(4)最大正应力校核(上、下边缘处)。

$$\sigma_{max} = \frac{M_{max}}{W_z} = \frac{32 \times 10^6}{237 \times 10^3}$$
$$= 135\text{MPa} \leqslant [\sigma] = 180\text{MPa}$$

(5)最大切应力校核(中性层轴)。

$$\tau_{max} = \frac{F_{smax}S_{zmax}^*}{I_z b} = \frac{100 \times 10^3}{17.2 \times 10 \times 7}$$
$$= 83.1\text{MPa} \leqslant [\tau] = 100\text{MPa}$$

(6)主应力校核(K 截面翼缘和腹板交界处 B 点)。

$$\sigma_x = \frac{My}{I_z} = \frac{32 \times 10^6 \times 88.6}{2370 \times 10^4} = 119.5 \text{MPa}$$

$$S_z^* = 100 \times 11.4 \times (88.6 + 11.4/2) = 107.5 \times 10^3 \text{mm}^3$$

$$\tau = \frac{F_{smax} S_z^*}{I_z b} = \frac{-100 \times 10^3 \times 107.5 \times 10^3}{2370 \times 10^4 \times 7} = -64.8 \text{MPa}$$

$$\sigma_x = 119.5 \text{MPa}, \tau_{xy} = -64.8 \text{MPa}$$

$$\sigma_{r3} = \sqrt{\sigma_x^2 + 4\tau_{xy}^2} = \sqrt{119.5^2 + 4 \times (-64.8)^2} = 176.3 \text{MPa} < [\sigma] = 180 \text{MPa}$$

$$\sigma_{r4} = \sqrt{\sigma_x^2 + 3\tau_{xy}^2} = \sqrt{119.5^2 + 3 \times (-64.8)^2} = 163.8 \text{MPa} < [\sigma] = 180 \text{MPa}$$

结论:此梁满足强度要求。

模块小结

1. 根据杆件受力特点画单元体图。
2. 计算单元体任意方位的正应力和切应力(图解法):

$$\sigma_\alpha = \frac{\sigma_x + \sigma_y}{2} + \frac{\sigma_x - \sigma_y}{2}\cos2\alpha - \tau_{xy}\sin2\alpha$$

$$\tau_\alpha = \frac{\sigma_x - \sigma_y}{2}\sin2\alpha + \tau_{xy}\cos2\alpha$$

3. 计算单元体主应力——最大和最小正应力:

$$\sigma_{\max} = \frac{\sigma_x + \sigma_y}{2} + \sqrt{\left(\frac{\sigma_x - \sigma_y}{2}\right)^2 + \tau_{xy}^2}$$

$$\sigma_{\min} = \frac{\sigma_x + \sigma_y}{2} - \sqrt{\left(\frac{\sigma_x - \sigma_y}{2}\right)^2 + \tau_{xy}^2}$$

$$\tan2\alpha_0 = -\frac{2\tau_{xy}}{\sigma_x - \sigma_y}$$

4. 计算单元体最大切应力:

$$\tau_{\max} = \sqrt{\left(\frac{\sigma_x - \sigma_y}{2}\right)^2 + \tau_{xy}^2}$$

$$\tau_{\min} = -\sqrt{\left(\frac{\sigma_x - \sigma_y}{2}\right)^2 + \tau_{xy}^2}$$

$$\tan2\alpha_1 = -\frac{\sigma_x - \sigma_y}{2\tau_{xy}}$$

5. 四大强度理论及其应用:

$$\sigma_{r1} = \sigma_1$$

$$\sigma_{r2} = \sigma_1 - \mu(\sigma_2 + \sigma_3)$$

$$\sigma_{r3} = \sigma_1 - \sigma_3$$

$$\sigma_{r4} = \sqrt{\frac{1}{2}[(\sigma_1 - \sigma_2)^2 + (\sigma_2 - \sigma_3)^2 + (\sigma_3 - \sigma_1)^2]}$$

6. 莫尔强度理论及其应用：

$$\sigma_1 - \frac{[\sigma]^+}{[\sigma]^-}\sigma_3 \leq [\sigma]^+$$

1. 梁的主应力迹线

对钢筋混凝土梁，布置钢筋的目的主要是让它承受拉应力。根据梁的弯曲强度理论可以知道，在剪切弯曲时，每个横截面上既有弯矩又有剪力，因而在同一横截面上的各点就既有正应力又有切应力。由主应力的概念可知各点的最大拉应力的方向将随不同的截面和截面上不同点的位置而变化。

如图10-9所示，在梁上等距离画若干横截面，从其中任一横截面（比如1—1截面）上的任一点 a 开始，求出该处的主应力（如主拉应力 σ_1）方向。过点 a 作方向线，与邻近横截面2—2相交于 b，再求 b 点处的主应力方向。过点 b 作方向线与邻近的3—3横截面相交，又求交点处的主应力方向，等等，如此继续进行下去，便可得到一根折线，如图10-9b)所示。作折线的内切曲线，这根曲线上任一点的切线方位就是该点处的主应力方位。此曲线称为主应力迹线。

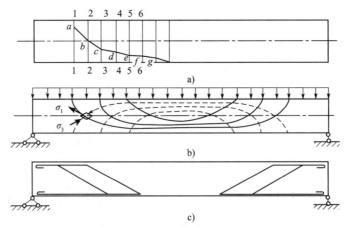

图10-9　剪切弯曲梁内主应力迹线

从另一截面的相同点开始重复以上过程，便可作出另一条主应力迹线。如果计算的是各点处的主拉应力方向，所作的主应力迹线为主拉应力迹线；如果计算的是各点处的主压应力方向，所作的主应力迹线为主压应力迹线。

图10-9b)绘出了两组相互正交的曲线，画实线的一组为主拉应力迹线，画虚线的一组为主压应力迹线。在钢筋混凝土梁中，混凝土的抗拉能力很差，主拉应力主要由钢筋来承担。所以钢筋应当大致沿着主拉应力迹线位置放置。钢筋混凝土矩形截面简支梁承受均布荷载时的主筋布置，如图10-9c)所示。

2. 桥墩受力状态分析

某桥墩顶部受到两边桥梁传来的铅直力 F_1、F_2，水平力 F_3，桥墩重力 P，风力的合力 F，各力作用线位置如图10-10a)所示。试分析该桥墩是否安全。

该桥墩由于自重作用轴向受压，偏心力 F_1 和 F_2 使梁产生偏心受压，水平

力 F_3 和风力 F 使梁产生弯曲变形,桥墩的根部 O 处为危险截面,危险点的应力状态如图 10-10b)、c)所示,求出单元体的主应力 σ_1、σ_2、σ_3,选择合适的强度理论并判断桥墩是否安全。

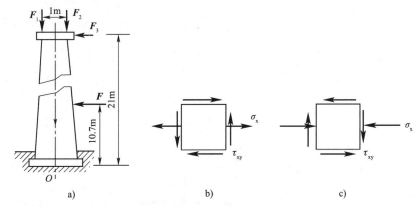

图 10-10 桥墩受力分析

3. 钢管混凝土与普通混凝土柱的承载能力分析

图 10-11a)为混凝土圆柱,图 10-11b)为套有钢管的同样的混凝土柱(壁间无间隙),在承受同样的均匀压力后哪个强度大?为什么?

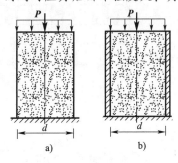

图 10-11 混凝土柱示意图

钢管混凝土柱中,钢管对其内部混凝土的约束作用使混凝土处于三向受压状态,提高了混凝土的抗压强度;钢管内部的混凝土能有效地防止钢管发生局部屈曲。研究表明,钢管混凝土柱的承载力高于相应的钢管柱承载力和混凝土柱承载力之和。而且,钢管和混凝土之间的相互作用使钢管内部混凝土的破坏由脆性破坏转变为塑性破坏,构件的延性性能明显改善,耗能能力大大提高。因此,与普通混凝土柱相比,钢管混凝土柱不仅强度大,还具有优越的抗震性能。

10-1 受力构件内一点处不同方位截面上应力的集合称为_____;一点处切应力等于零的截面称为_____;主平面上的正应力为_____。

10-2 平面应力圆的圆心为_____,半径为_____;空间应力状态下材料破坏规律的假设称为_____。

10-3 平面应力状态如题图 10-1 所示,设 $\alpha = 45°$,沿该方向的正应力 σ_α 和切应力 τ_α 为( )(E、ν 分别表示材料的弹性模量和泊松比)。

A. $\sigma_\alpha = \dfrac{\sigma}{2} + \tau, \tau_\alpha = \dfrac{\sigma}{2} + \tau$ B. $\sigma_\alpha = \dfrac{\sigma}{2} - \tau, \tau_\alpha = \dfrac{\sigma}{2} - \tau$

C. $\sigma_\alpha = \dfrac{\sigma}{2} + \tau, \tau_\alpha = \tau$ D. $\sigma_\alpha = \dfrac{\sigma}{2} - \tau, \tau_\alpha = \dfrac{\sigma}{2}$

10-4 如题图 10-2 所示应力状态，用第四强度理论校核时，其相当应力为 (　　)。

A. $\sigma_{r4} = \tau^{1/2}$ B. $\sigma_{r4} = \tau$

C. $\sigma_{r4} = 3^{1/2}\tau$ D. $\sigma_{r4} = 2\tau$

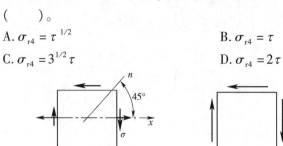

题图 10-1　平面应力状态　　题图 10-2　求相当应力

10-5 试用单元体表示题图 10-3 所示构件中 A、B 点的应力状态，并求出单元体上的应力数值。

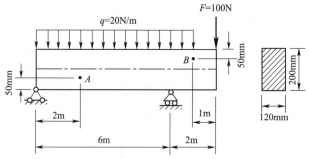

题图 10-3　求单元体的应力

10-6 已知矩形截面梁某截面上的弯矩及剪力分别为 $M = 10 \text{kN} \cdot \text{m}, Q = 120 \text{kN}$。试绘出题图 10-4 所示截面上 1、2、3、4 各点应力状态的单元体，并求其主应力。

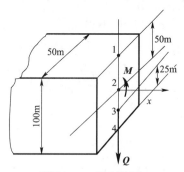

题图 10-4　截面单元体

10-7 如题图 10-5 所示单元体应力状态，已知图中应力单位为 MPa。试用解析法及图解法求：

(1) 主应力大小，主平面位置。

(2) 在单元体上绘出主平面位置及主应力方向。

(3) 切应力极值。

10-8 如题图 10-6 所示单元体,已知 $\sigma_y = -50\text{MPa}$, $\tau_{yx} = -10\text{MPa}$。试用应力圆法求 σ_α 和 τ_α。

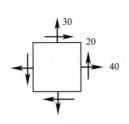

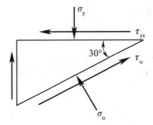

题图 10-5　单元体应力状态　　　题图 10-6　应力圆法求 σ_α、τ_α

10-9 某点的应力状态如题图 10-7 所示,图中单位为 MPa。试画出三向应力圆,并求相当应力 σ_{r3}。

10-10 设有单元体如题图 10-8 所示,已知材料的容许拉应力为 $\sigma_t = 60\text{MPa}$,容许压应力为 $\sigma_c = 180\text{MPa}$。试按莫尔强度理论作强度校核。

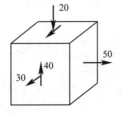

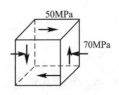

题图 10-7　求相当应力 σ_{r3}　　　题图 10-8　单元体强度校核

10-11 如题图 10-9 所示 T 形截面铸铁,已知抗拉容许应力 $[\sigma]_t = 30\text{MPa}$,抗压容许应力 $[\sigma]_c = 160\text{MPa}$,截面的形心惯性矩 $I_z = 763 \times 10^{-8}\text{m}^4$,形心 $y_1 = 52\text{mm}$。试用莫尔强度理论校核此梁的强度。

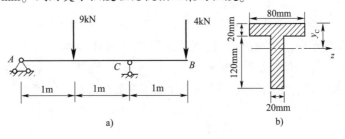

题图 10-9　T 形截面铸铁梁的强度校核

模块 11　组合变形的强度计算

1. 了解组合变形的概念。
2. 掌握斜弯曲的强度计算方法。
3. 掌握偏心压缩的强度计算方法。

单元 11.1　组合变形的概念

一、组合变形的实例与定义

前面各模块已经讨论了杆件在轴向拉伸(压缩)、扭转和弯曲等基本变形时的强度及刚度计算。但是,在城市轨道交通、建筑、路桥等实际工程中,有些杆件的受力情况比较复杂,其变形不是单一的基本变形,而是两种或两种以上基本变形的组合。例如,图 11-1a)所示的烟囱,除由自重引起的轴向压缩外,还有因水平方向的风力作用而产生的弯曲变形;图 11-1b)所示的厂房立柱,由于受到偏心压力的作用,使柱子产生压缩和弯曲变形;图 11-1c)所示的屋架檩条,荷载不是作用在纵向对称面内,所以,檩条的弯曲不是平面弯曲,将檩条所受的荷载 q 沿 y 轴和 z 轴分解后可见,檩条的变形是由两个互相垂直的平面弯曲组合而成。这种由两种或两种以上的基本变形组合而成的变形,称为**组合变形**。

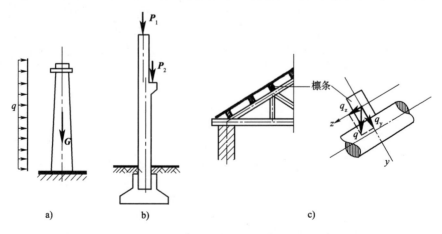

图 11-1　组合变形实例

二、组合变形的解题方法

解决组合变形强度问题的基本方法是叠加法。分析问题的基本步骤为:①将杆件的组合变形分解为基本变形;②计算杆件在每一种基本变形情况下所发生的内力和危险截面上的应力;③再将同一点的应力叠加起来,便可得到杆件在组合变形下的应力。

实践证明,只要杆件符合小变形条件,且材料在弹性范围内工作,由上述叠加法所计算的结果与实际情况基本上是符合的。

单元 11.2 斜 弯 曲

在单元 11.1 中讨论的平面弯曲是指荷载作用在梁的纵向对称平面内,这时梁的轴线在荷载作用的平面内变形成为一条平面曲线。但当外力不作用在梁的纵向对称平面内时,此时梁的挠曲线并不在荷载作用的平面内,即不属于平面弯曲,这种弯曲称为**斜弯曲**。

下文以矩形截面悬臂梁为例来说明斜弯曲的应力和强度计算。

一、正应力计算

假设梁(图 11-2)在自由端受集中力 F 作用,F 通过截面形心并与 y 轴成 φ 角。
选取如 11-2a)图所示坐标系,以梁的轴线为 x 轴,以截面两对称轴分别为 y 轴和 z 轴。

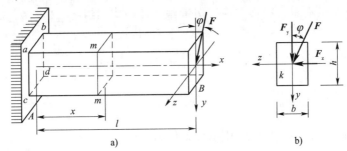

图 11-2 外力分解计算示意图

1. 外力分解

将力 F 沿 y 轴和 z 轴方向分解,得

$$F_y = F\cos\varphi$$
$$F_z = F\sin\varphi$$

分力 F_y 引起梁在 xy 平面内的平面弯曲;分力 F_z 引起梁在 xz 平面内的平面弯曲。

2. 内力分析

在分力 F_y 和 F_z 作用下,横截面上的内力有剪力和弯矩,由于剪力引起的切应力较小,通常只计算弯矩引起的正应力。

在距固定端为 x 的任意横截面 m—m 上:

由分力 F_y 引起的弯矩为 $\quad M_z = F_y(l-x) = F\cos\varphi(l-x) = M\cos\varphi$

由分力 F_z 引起的弯矩为 $\quad M_y = F_z(l-x) = F\sin\varphi(l-x) = M\sin\varphi$

式中,$M = F(l-x)$ 为 F 在 m—m 截面上产生的总弯矩。所以,M_y、M_z 也可看作总弯矩 M

在两个形心轴 z、y 上的分量。

3. 应力分析

运用平面弯曲时的正应力计算公式,可求得横截面 $m—m$ 上任意点 k 的应力

M_z 引起的应力为
$$\sigma' = -\frac{M_z y}{I_z} = -\frac{M\cos\varphi \cdot y}{I_z}$$

M_y 引起的应力为
$$\sigma'' = -\frac{M_y z}{I_y} = -\frac{M\sin\varphi \cdot z}{I_y}$$

式中,负号表示 k 点的应力均为压应力。根据叠加原理,k 点的弯曲正应力为

$$\sigma = \sigma' + \sigma'' = -\frac{M_z y}{I_z} - \frac{M_y z}{I_y} = -M\left(\frac{\cos\varphi}{I_z}y + \frac{\sin\varphi}{I_y}z\right) \tag{11-1}$$

式(11-1)就是斜弯曲时梁内任意一点 k 处正应力计算公式。式中,I_z、I_y 分别为梁的横截面对 z、y 轴的惯性矩。至于应力的正负号,可以直接观察梁的变形,看弯矩 M_z 和 M_y 分别引起所求点的正应力是拉应力还是压应力来决定。拉应力为正号,压应力为负号,如上述图中由 M_z、M_y 引起的 k 点处的应力均为压应力,所以 σ' 和 σ'' 均为负号。

二、最大正应力和强度条件

在进行强度计算时,应先判断危险面,再计算危险截面上的最大正应力。如图 11-2 所示的悬臂梁,其固定端截面上的弯矩最大,是危险截面。由应力分布规律可知,角点 b 和 c 是危险点,其中 b 点处有最大拉应力,c 点处有最大压应力,且 $|\sigma_{l\max}| = |\sigma_{y\max}|$。故最大正应力为

$$|\sigma_{\max}| = \frac{M_{z\max} y_{\max}}{I_z} + \frac{M_{y\max} z_{\max}}{I_y} = \frac{M_{z\max}}{W_z} + \frac{M_{y\max}}{W_y} \tag{11-2}$$

式中,$W_z = \frac{I_z}{y_{\max}}$,$W_y = \frac{I_y}{z_{\max}}$。

若材料的抗拉与抗压强度相等,则强度条件为

$$|\sigma_{\max}| = \frac{M_{z\max}}{W_z} + \frac{M_{y\max}}{W_y} \leqslant [\sigma] \tag{11-3a}$$

或

$$|\sigma_{\max}| = M_{\max}\left(\frac{\cos\varphi}{W_z} + \frac{\sin\varphi}{W_y}\right) = \frac{M_{\max}}{W_z}\left(\cos\varphi + \frac{W_z}{W_y}\sin\varphi\right) \leqslant [\sigma] \tag{11-3b}$$

运用上述强度条件,同样可对斜弯曲梁进行强度校核、选择截面和确定许可荷载三类问题的计算。

【例 11-1】 图 11-3a)所示矩形截面悬臂梁长 l,力 F 作用于截面形心处,方向如图所示。假设截面尺寸 h、b 为已知。试求梁上的最大拉应力和最大压应力以及所在的位置。

解:(1)分解外力。
$$F_y = F\cos\varphi, \quad F_z = F\sin\varphi$$

(2)计算内力。在固定端处有

F_y 引起 $M_{z\max} = F_y l = Fl\cos\varphi$,上部受拉,下部受压,如图 11-3b)所示。

F_z 引起 $M_{y\max} = F_z l = Fl\sin\varphi$,后部受拉,前部受压,如图 11-3c)所示。

(3) 计算应力。显然,在固定端的 b 点有最大拉应力,c 点有最大压应力,它们大小相等,具体为

$$\sigma_{max} = \left|\sigma_{lmax}\right| = \left|\sigma_{ymax}\right| = \frac{M_{zmax}}{W_z} + \frac{M_{ymax}}{W_y} = \frac{6Fl\cos\varphi}{bh^2} + \frac{6Fl\sin\varphi}{b^2h} = \frac{6Fl}{bh}\left(\frac{\cos\varphi}{h} + \frac{\sin\varphi}{b}\right)$$

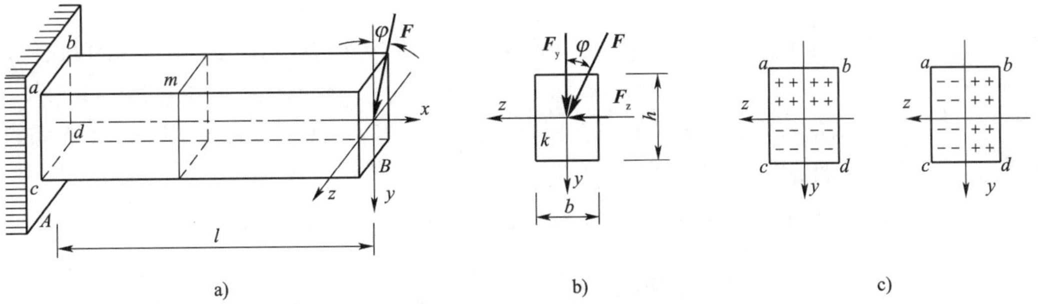

图 11-3 最大应力计算

单元 11.3 偏心压缩(拉伸)

作用在杆件上的外力,当其作用线与杆的轴线平行但不重合时,杆件就受到**偏心压缩（拉伸）**。图 11-4 所示的柱子受到上部结构传来的荷载 P,其作用线与柱轴线间的距离为 e,就使柱子产生偏心压缩的变形。荷载 P 称为**偏心力**,e 称为**偏心距**。

一、单向偏心压缩(拉伸)时的应力和强度条件

拉伸或压缩与弯曲的组合变形概念

图 11-4a)所示的柱子,当偏心力 P 通过截面某一根对称轴时,称为**单向偏心压缩**。

1. 荷载简化和内力计算

首先将偏心力 P 向截面形心平移,得到一个通过形心的轴向压力 P 和一个力偶矩 $m = Pe$ 的力偶(图 11-4b)。可见,偏心压缩实际上是轴向压缩和平面弯曲的组合变形。

运用截面法可求得任意横截面 $m—n$ 上的内力。显然,在这种承受偏心压缩的杆件中,各个横截面的内力是相同的。由图 11-4c 可知,横截面 $m—n$ 上的内力为轴力 $N = P$ 和弯矩 $M_z = Pe$。

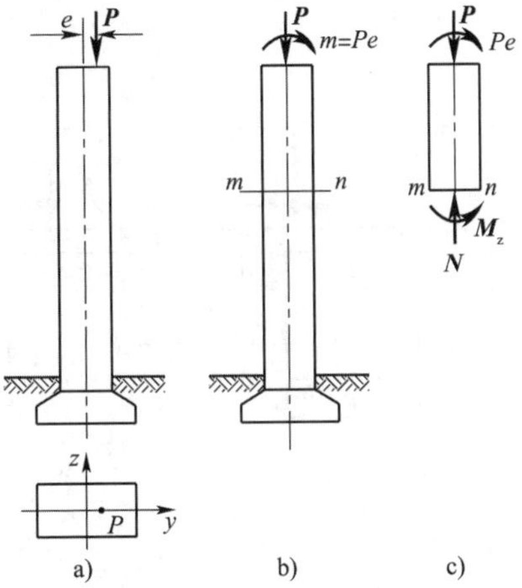

2. 应力计算和强度条件

偏心受压杆截面上任意一点 K 处的应力,是轴向压缩的正应力 σ_N 和平面弯曲的正应力 σ_{M_z} 的叠加,如图 11-5 所示。由轴力 N 引起的 K 点的正应力为

$$\sigma_N = -\frac{P}{A}$$ ①

图 11-4 单向偏心压缩构件

由弯矩 M_z 引起的 K 点的正应力为

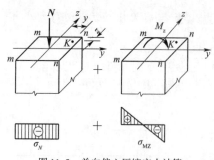

图 11-5 单向偏心压缩应力计算

$$\sigma_{Mz} = \frac{M_z y}{I_z} \quad ②$$

K 点的总应力为

$$\sigma = -\frac{P}{A} \pm \frac{M_z y}{I_z} \quad (11\text{-}4)$$

应用式(11-4)计算正应力时,P、M_z、y 都可用绝对值代入,式中弯曲正应力的正负号可由观察变形情况来判定。当 K 点处于弯曲变形的受压区时取负号;当 K 点处于受拉区时取正号。

显然,最大正应力(最小正应力)发生在截面的边线 m—m 和 n—n 上,其值分别为

$$\left. \begin{array}{l} \sigma_{\max} = \sigma_{\max}^{+} = -\dfrac{P}{A} + \dfrac{M_z}{W_z} \\[2mm] \sigma_{\min} = \sigma_{\min}^{-} = -\dfrac{P}{A} - \dfrac{M_z}{W_z} \end{array} \right\} \quad (11\text{-}5)$$

由于截面上各点都处于单向拉压状态,所以强度条件为

$$\left. \begin{array}{l} \sigma_{\max} = -\dfrac{P}{A} + \dfrac{M_z}{W_z} \leqslant [\sigma^{+}] \\[2mm] \sigma_{\min} = \left| -\dfrac{P}{A} - \dfrac{M_z}{W_z} \right| \leqslant [\sigma^{-}] \end{array} \right\} \quad (11\text{-}6)$$

3. 讨论

下面讨论矩形截面偏心受压柱截面上的最大正应力和偏心距 e 之间的关系。

如图 11-6a)所示的偏心受压柱,其 $A = bh$, $M_z = Pe$, $W_z = bh^2/6$。将各值代入式(11-5)得

$$\sigma_{\max} = -\frac{P}{bh} + \frac{Pe}{\frac{bh^2}{6}} = -\frac{P}{bh}\left(1 - \frac{6e}{h}\right) \quad (11\text{-}7)$$

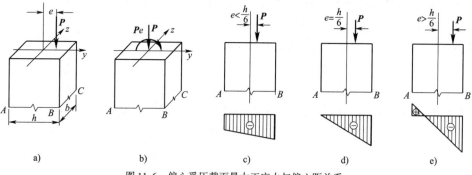

图 11-6 偏心受压截面最大正应力与偏心距关系

边缘 A—D 上的正应力 $\sigma_{\max}$ 的正负号,由式(11-7)中的 $(1 - 6e/h)$ 符号确定,可能出现以下三种情况:

(1)当 $e < h/6$ 时,$\sigma_{\max}$ 为压应力,截面全部受压,如图 11-6c)所示。

(2)当 $e = h/6$ 时,$\sigma_{\max}$ 为 0。截面上应力分布如图 11-6d)所示,整个截面受压,而边缘 A—D 上的正应力恰好为 0。

拉伸或压缩与弯曲的组合变形例题

(3)当 $e > h/6$ 时,σ_{max} 为拉应力。截面部分受拉,部分受压。应力分布如图 11-6e)所示。

可见,截面上应力分布情况随偏心距 e 而变化,与偏心力 P 的大小无关。当偏心距 $e > h/6$ 时,截面上出现受拉区;当偏心距 $e \leq h/6$ 时,截面各点全部受压。

【例 11-2】 图 11-7a)所示矩形截面牛腿柱,柱顶有屋架传来的压力 $P_1 = 100$kN,牛腿承受吊车梁传来的压力 $P_2 = 30$kN,P_2 与柱的轴线偏心距 $e = 0.2$m,已知柱截面的宽 $b = 180$mm。试求:

(1)截面高 h 为多大时才不致使截面上产生拉应力?
(2)在所选 h 尺寸时,柱截面中的最大压应力为多少?

解:(1)将 P_2 向轴线简化,如图 11-7b)所示,得轴向压力为

$$P = P_1 + P_2 = 130 \text{kN}$$

附加力偶矩为

$$m = P_2 e = 30 \times 0.2 = 6 \text{kN} \cdot \text{m}$$

(2)用截面法求横截面上的内力,如图 11-7c)所示。

轴力 $\quad N = -P = -130$kN

弯矩 $\quad M_z = m = 6$kN·m

(3)要使截面上不产生拉应力,应满足条件:

$$\sigma_{max} = -\frac{P}{A} + \frac{M_z}{W_z} \leq 0$$

即

$$-\frac{130 \times 10^3}{180h} + \frac{6 \times 10^6}{\frac{180h^2}{6}} \leq 0$$

得 $\quad h \geq 277$mm （取 $h = 280$mm）

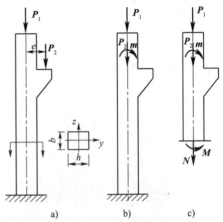

图 11-7 矩形截面牛腿柱

(4)最大压应力发生在截面的右边缘上各点处,其值为

$$\sigma_{min} = -\frac{P}{A} - \frac{M_z}{W_z} = -\frac{130 \times 10^3}{180 \times 280} - \frac{6 \times 10^6}{\frac{180 \times 280^2}{6}} = -2.58 - 2.55 = -5.13 \text{MPa}$$

【例 11-3】 挡土墙的横截面形状和尺寸如图 11-8a)所示。C 点为其形心,土对墙的侧压力每米为 $P = 30$kN,作用在离底面 $h/3$ 处,方向水平向左,如图 11-8b)所示。挡土墙材料的密度为 $\rho = 2.3 \times 10^3$kg/m^3。试画出基础 m—n 面上的应力分布图。

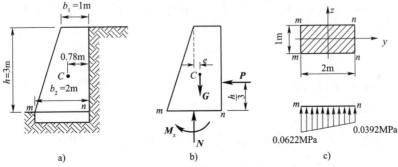

图 11-8 挡土墙截面应力计算

解:(1)内力计算。

挡土墙是等截面的,通常取1m长度来计算。每1m长度墙的自重为

$$G = \frac{1}{2}(b_1 + b_2)h\rho g = \frac{1}{2}(1+2) \times 3 \times 2.3 \times 10^3 \times 9.8 = 101.43 \text{kN}$$

土侧压力为 $P = 30\text{kN}$

用截面法求得 m—n 面的内力,如图11-8b)所示,其值为

$$N = G = 101.43 \text{kN}$$

弯矩 $M_z = P \times \dfrac{h}{3} - Ge = 30 \times \dfrac{3}{3} - 101.43 \times (1 - 0.78) = 7.69 \text{kN} \cdot \text{m}$

(2)应力计算及画应力分布图。

m—n 面的面积 $\qquad A = b_2 \times 1 \times 10^3 = 2 \times 10^6 \text{mm}^2$

抗弯截面系数 $W_z = \dfrac{1}{6} \times 10^3 \times b_2^2 = \dfrac{1}{6} \times 10^3 \times (2 \times 10^3)^2 = 667 \times 10^6 \text{mm}^3$

基础面上 m—m 边的应力为

$$\sigma_m = -\frac{N}{A} - \frac{M_z}{W_z} = -\frac{101.43 \times 10^3}{2 \times 10^6} - \frac{7.69 \times 10^6}{667 \times 10^6} = -0.0507 - 0.0115 = -0.0622 \text{MPa}$$

n—n 边上的应力为

$$\sigma_n = -\frac{N}{A} + \frac{M_z}{W_z} = -\frac{101.43 \times 10^3}{2 \times 10^6} + \frac{7.69 \times 10^6}{667 \times 10^6} = -0.0507 + 0.0115 = -0.0392 \text{MPa}$$

画出基础面的正应力分布图,如图11-8c)所示。

二、双向偏心压缩(拉伸)时的应力和强度条件

当偏心压力 P 的作用线与柱轴线平行,但不通过截面任一根对称轴时,称为**双向偏心压缩**,如图11-9a)所示。以下讨论双向偏心压缩(拉伸)时应力和强度条件的计算步骤。

1.荷载简化和内力计算

假设压力 P 至 z 轴的偏心距为 e_y,至 y 轴的偏心距为 e_z,如图11-9a)所示。先将压力 P 平移到 z 轴上,产生附加力偶矩 $m_z = Pe_y$,再将压力 P 从 z 轴上平移到截面的形心,又产生附加力偶矩 $m_y = Pe_z$。偏心力经过两次平移后,得到轴向压力 P 和两个力偶 m_z、m_y,如图11-9b)所示。可见,双向偏心压缩就是轴向压缩和两个相互垂直的平面弯曲的组合。

由截面法可求得任一横截面 $ABCD$ 上的内力为

$$N = P$$
$$M_z = Pe_y$$
$$M_y = Pe_z$$

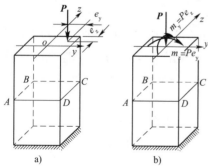

图11-9 荷载简化和内力计算

2.应力计算和强度条件

横截面 $ABCD$ 上任一点 K(坐标 y、z)的应力可用叠加法求得。由轴力 N 引起 K 点的压应力为

$$\sigma_N = -\frac{P}{A}$$

由弯矩 M_z 引起 K 点的应力为

$$\sigma_{M_z} = \pm \frac{M_z y}{I_z}$$

由弯矩 M_y 引起 K 点的应力为

$$\sigma_{M_y} = \pm \frac{M_y z}{I_y}$$

所以，K 点的正应力为

$$\sigma = \sigma_N + \sigma_{M_z} + \sigma_{M_y}$$

即

$$\sigma = -\frac{P}{A} \pm \frac{M_z y}{I_z} \pm \frac{M_y z}{I_y} \quad (11-8)$$

计算时，式(11-8)中 P、M_z、M_y、y、z 都可用绝对值代入，式中第二项和第三项前的正负号由观察弯曲变形的情况来判定，如图 11-10 所示。

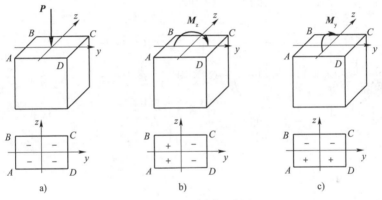

图 11-10 应力计算示意图

由图 11-10 可见，最小正应力 $\sigma_{\min}$ 发生在 C 点，最大正应力 $\sigma_{\max}$ 发生在 A 点，其值分别为

$$\left. \begin{array}{l} \sigma_{\max} = -\dfrac{P}{A} + \dfrac{M_z}{W_z} + \dfrac{M_y}{W_y} \\ \sigma_{\min} = -\dfrac{P}{A} - \dfrac{M_z}{W_z} - \dfrac{M_y}{W_y} \end{array} \right\} \quad (11-9)$$

危险点 A、C 都处于单向应力状态，所以强度条件为

$$\left. \begin{array}{l} \sigma_{\max} = -\dfrac{P}{A} + \dfrac{M_z}{W_z} + \dfrac{M_y}{W_y} \leq [\sigma^+] \\ \sigma_{\min} = -\dfrac{P}{A} - \dfrac{M_z}{W_z} - \dfrac{M_y}{W_y} \leq [\sigma^-] \end{array} \right\} \quad (11-10)$$

【例 11-4】 一端固定并有切槽的杆，如图 11-11 所示。试求最大正应力。

解：由观察判断，切槽处杆的横截面是危险截面，如图 11-11b) 所示。对于该截面，F 力是偏心拉力。现将 F 力向该截面的形心 C 简化，得到截面上的轴力和弯矩为

$$F_N = F = 10 \text{kN}$$
$$M_z = F \times 0.05 = 10 \times 0.05 = 0.5 \text{kN} \cdot \text{m}$$
$$M_y = F \times 0.025 = 10 \times 0.025 = 0.25 \text{kN} \cdot \text{m}$$

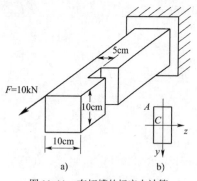

图 11-11 有切槽的杆应力计算

A 点为危险点,该点处的最大拉应力为

$$\sigma_{max} = \frac{F_N}{A} + \frac{M_z}{W_z} + \frac{M_y}{W_y}$$

$$= \frac{10 \times 10^3}{100 \times 50} + \frac{0.5 \times 10^6}{\frac{50 \times 100^2}{6}} + \frac{0.25 \times 10^6}{\frac{100 \times 50^2}{6}} = 14 \text{MPa}$$

三、截面核心

前面曾经指出,当偏心压力 P 的偏心距 e 小于某一值时,可使杆横截面上的正应力全部为压应力而不出现拉应力。工程实际中大量使用的砖、石、混凝土材料,其抗拉能力比抗压能力小得多,这类材料制成的杆件在偏心压力作用下,截面中最好不出现拉应力,以避免拉裂。因此,要求偏心压力的作用点至截面形心的距离不可过大。当荷载作用在截面形心周围的一个区域内时,杆件整个横截面上只产生压应力而不出现拉应力,这个荷载作用的区域就称为**截面核心**。常见的矩形、圆形、工字形截面核心如图 11-12 所示。

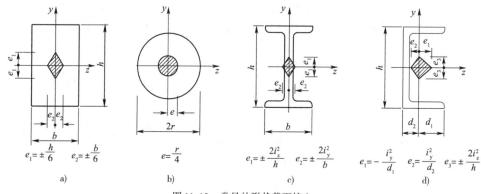

图 11-12 常见的形状截面核心

1. 组合变形构件的强度计算步骤。
(1) 将外力向轴线分解或简化,构成几种基本变形。
(2) 计算各种基本变形时的内力,判断危险截面位置。
(3) 分析各基本变形的内力在危险截面上的应力,判断危险点的位置。
(4) 用叠加法建立危险点的强度条件。

2. 斜弯曲的强度条件。若材料的抗拉压强度相等,则有

$$|\sigma_{max}| = \frac{M_{zmax}}{W_z} + \frac{M_{ymax}}{W_y} \leq [\sigma]$$

3. 偏心压缩的强度条件。

单向偏心压缩

$$\sigma_{max} = -\frac{P}{A} + \frac{M_z}{W_z} \leq [\sigma^+]$$

$$\sigma_{min} = \left| -\frac{P}{A} - \frac{M_z}{W_z} \right| \leq [\sigma^-]$$

双向偏心压缩

$$\sigma_{max} = -\frac{P}{A} + \frac{M_z}{W_z} + \frac{M_y}{W_y} \leq [\sigma^+]$$

$$\sigma_{\min} = -\frac{P}{A} - \frac{M_z}{W_z} - \frac{M_y}{W_y} \leq [\sigma^-]$$

1. 图 11-13 所示各杆的 AB、BC、CD 杆段横截面上有哪些内力？各杆段产生什么组合变形？

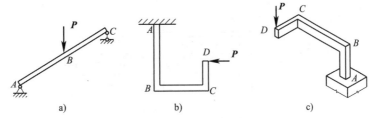

图 11-13　各杆内力计算

2. 图 11-14 所示各杆的变形由哪些基本变形组合？判定在各基本变形情况下 A、B、C、D 各点处正应力的正负号。

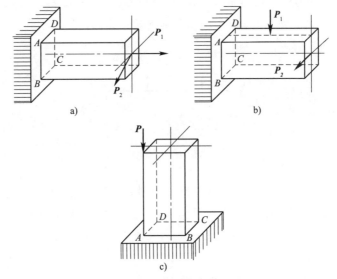

图 11-14　基本变形

3. 图 11-15 所示 3 根短柱受压力 P 作用。试判断在三种情况下，各短柱中的最大压应力的大小和位置。

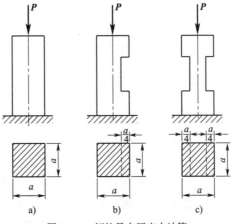

图 11-15　短柱最大压应力计算

11-1 题图 11-1 所示为一 I25a 工字钢截面简支梁,跨中受集中力作用。已知 $l=4\text{m}, F=20\text{kN}, \varphi=15°$,杆材料的容许应力 $[\sigma]=160\text{MPa}$。试校核梁的正应力强度。

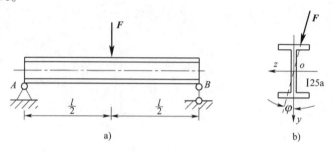

题图 11-1

11-2 题图 11-2 所示为屋面结构中的木檩条,跨长 $l=3\text{m}$,受集度为 $q=800\text{N/m}$ 的均布荷载作用。檩条采用高宽比 $h/b=3/2$ 的矩形截面,材料的容许应力 $[\sigma]=10\text{MPa}$。试选择其截面尺寸。

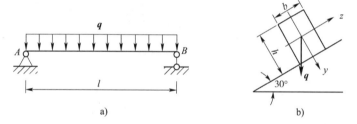

题图 11-2

11-3 题图 11-3 所示水塔盛满水时连同基础总重为 $G=2000\text{kN}$,在离地面 $H=15\text{m}$ 处受水平风力的合力 $P=60\text{kN}$ 作用。已知:圆形基础的直径 $d=6\text{m}$,埋置深度 $h=3\text{m}$。若地基土壤的容许承载力 $[R]=0.2\text{MPa}$,试校核地基土壤的强度。

11-4 砖墙和基础如题图 11-4 所示。假设在 1m 长的墙上有偏心力 $P=40\text{kN}$ 的作用,偏心距 $e=0.05\text{m}$。试画出截面 1—1、2—2、3—3 上正应力分布图。

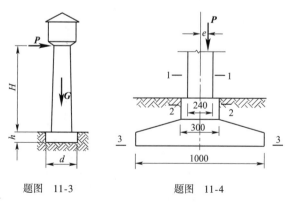

题图 11-3 题图 11-4

11-5 题图 11-5 所示截面为 20mm×80mm 的钢杆,在做压缩试验时,测得截面 m—m 边缘的应力为 $\sigma_m=-125\text{MPa}$,n—n 边缘的应力为 $\sigma_n=25\text{MPa}$。

试求压力 P 的大小及其偏心距 e 的值。

11-6 题图 11-6 所示混凝土重力坝，截面为三角形，坝高 $H=30\text{m}$，混凝土的密度为 2.4kg/m^3。在水压力和坝体自重作用下，坝底截面不允许出现拉应力。试确定所需的坝底宽度 B，并求坝底产生的最大压应力。

11-7 题图 11-7 所示为柱的基础。已知在其顶面受到由柱子传来的轴力 $N=1180\text{kN}$，弯矩 $M=110\text{kN}\cdot\text{m}$ 及水平力 $Q=60\text{kN}$ 的作用，基础自重及其上土重共计为 $G=173\text{kN}$。试画出基础底面的正应力分布图。

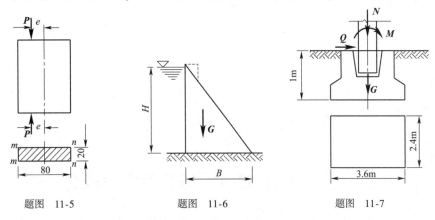

题图 11-5　　　　题图 11-6　　　　题图 11-7

模块 12　压杆稳定

1. 了解压杆稳定的概念。
2. 掌握细长压杆临界压力与临界应力的计算方法。
3. 掌握压杆的稳定计算方法。

单元 12.1　压杆稳定的概念

压杆稳定的概念

在材料力学中曾经指出,当作用在细长杆上的轴向压力达到或超过一定限度时,杆件可能突然变弯。我们可以做一个简单的试验,如图 12-1 所示。取两根矩形截面的松木条,$A = 30\text{mm} \times 5\text{mm}$,一根杆长为 20mm,另一根杆长为 1200mm。若松木的强度极限 $\sigma_b = 40\text{MPa}$,按强度考虑,两杆的极限承载能力均应为 $P = \sigma_b A = 6000\text{N}$。但是,当我们给两杆缓缓施加压力时会发现,长杆在加载到约 30N 时,杆发生了弯曲,当压力继续增加时,弯曲迅速增大,杆随即折断。而短杆则可受力到接近 6000N,且在破坏前一直保持着直线形状。显然,长杆的破坏不是由于强度不足而引起的,这种当轴向压力远未达到强度破坏极限而突然弯曲从而丧失承载能力的现象称为**压杆失稳**。压杆失稳往往产生很大的变形甚至导致系统破坏。因此,对于轴向受压杆件,除应考虑其强度与刚度问题外,还应考虑其稳定性问题。

下面结合图 12-2 所示力学模型,介绍有关平衡稳定性的一些基本概念。

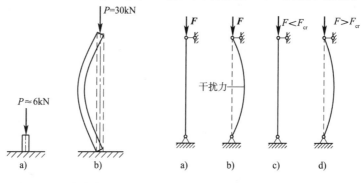

图 12-1　压杆稳定试验　　　　图 12-2　力学模型

图 12-2a)为一两端铰支的细长压杆。当轴向压力 F 较小时,压杆在 F 力作用下将保持其原有的直线平衡形式,如在侧向干扰力作用下使其微弯,如图 12-2b)所示。当干扰力撤

除,压杆在往复摆动几次后仍回复到原来的直线平衡状态,如图12-2c)所示。这种平衡称为**稳定平衡**。但当压力增大至某一数值时,如作用一侧向干扰力使压杆微弯,在干扰力撤除后,压杆不能回复到原来的直线形式,而在曲线形态下平衡,如图12-2d)所示。可见这时压杆原有的直线平衡形式是不稳定的,称为**不稳定平衡**。这种丧失原有平衡形式的现象称为**丧失稳定性**,简称**失稳**。

压杆的平衡是稳定的还是不稳定的,取决于压力 F 的大小。压杆从稳定平衡过渡到不稳定平衡时,轴向压力的临界值,称为**临界力**,用 F_{cr} 表示。显然,当 $F<F_{cr}$ 时,压杆将保持稳定;当 $F>F_{cr}$ 时,压杆将失稳。因此,分析稳定性问题的关键是求压杆的临界力。

单元12.2　细长压杆的临界力

一、两端铰支细长压杆的临界力

图12-3所示为两端铰支的细长压杆,由试验可测得其临界力 F_{cr} 为

$$F_{cr} = \frac{\pi^2 EI}{l^2} \qquad (12\text{-}1)$$

式中:π——圆周率;
　　　E——材料的弹性模量;
　　　I——杆件横截面对形心轴的惯性矩;
　　　l——杆件长度。

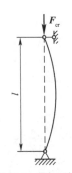

图12-3　细长压杆临界力计算示意

当杆端在各方向的支承情况相同时,压杆总是在抗弯刚度最小的纵向平面内失稳,所以式(12-1)中的惯性矩应取截面的最小形心主惯性矩 I_{min}。

上述关系式也可以通过建立临界平衡状态时压杆的弯曲挠曲线微分方程,从理论上证明。式(12-1)是由瑞士科学家欧拉(Leonhard Euler)于1774年首先导出的,故又称为**欧拉公式**。

欧拉公式

二、杆端支承对临界力的影响

如果压杆两端不全是铰支,而是采用其他约束形式,临界力的大小会受到影响。杆端的约束越强,压杆越不容易失稳,临界力就越大。各种端部支承压杆的临界力计算式,可以两端铰支的压杆作为基本情况,通过其临界状态时挠曲线形状的比较而推出。若将两端约束形式不同的细长压杆的临界力公式写成统一的形式,即

$$F_{cr} = \frac{\pi^2 EI}{(\mu l)^2} \qquad (12\text{-}2)$$

式中,μ 称为**长度系数**,μl 称为压杆的**相当长度**,长度系数 μ 反映了杆端的支承情况对临界力的影响。各种不同杆端支承的长度系数 μ 列于表12-1。

式(12-2)称为欧拉公式的通式。由式(12-2)可知,细长压杆的临界力 F_{cr},与杆的抗弯刚度 EI 成正比,与杆的长度平方成反比;同时,还与杆端的约束情况有关。显然,临界力越大,压杆的稳定性越好,即越不容易失稳。

表 12-1 各种杆端支承压杆的长度系数 μ

杆端支承情况				
临界力 F_{cr}	$\dfrac{\pi^2 EI}{l^2}$	$\dfrac{\pi^2 EI}{(2l)^2}$	$\dfrac{\pi^2 EI}{(0.5l)^2}$	$\dfrac{\pi^2 EI}{(0.7l)^2}$
相当长度	l	$2l$	$0.5l$	$0.7l$
长度系数 μ	1	2	0.5	0.7

【例 12-1】 一端固定、一端自由的受压柱,长 $l=1\mathrm{m}$,材料弹性模量 $E=200\mathrm{GPa}$。试计算图 12-4 所示两种截面时柱子的临界力。

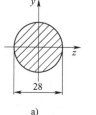
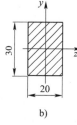

图 12-4 临界力计算示意图

解:(1)计算直径 $d=28\mathrm{mm}$ 的圆截面柱的临界力

一端固定、一端自由的压杆,长度系数 $\mu=2$,截面惯性矩为

$$I = \frac{\pi d^4}{64} = \frac{\pi \times 28^4}{64} \approx 3.02 \times 10^4 \mathrm{mm}^4$$

临界力为

$$F_{cr} = \frac{\pi^2 EI}{(\mu l)^2} = \frac{\pi^2 \times 200 \times 10^3 \times 3.02 \times 10^4}{(2 \times 10^3)^2} = 14903\mathrm{N} \approx 14.90\mathrm{kN}$$

(2)计算矩形截面柱的临界力

当长度系数 $\mu=2$ 时,截面惯性矩为

$$I = \frac{bh^3}{12} = \frac{30 \times 20^3}{12} \approx 2 \times 10^4 \mathrm{mm}^4$$

临界力为

$$F_{cr} = \frac{\pi^2 EI}{(\mu l)^2} = \frac{\pi^2 \times 200 \times 10^3 \times 2 \times 10^4}{(2 \times 10^3)^2} = 9869\mathrm{N} \approx 9.87\mathrm{kN}$$

单元 12.3 欧拉公式的适用范围及经验公式

一、临界应力与柔度

在临界力作用下,压杆截面上的平均正应力称为压杆的**临界应力**,用

临界应力

σ_{cr}表示。若以 A 表示压杆的横截面面积,则由欧拉公式可得临界应力为

$$\sigma_{cr} = \frac{F_{cr}}{A} = \frac{\pi^2 EI}{(\mu l)^2 \cdot A} = \frac{\pi^2 E}{(\mu l)^2} i^2 = \frac{\pi^2 E}{\left(\frac{\mu l}{i}\right)^2}$$

式中,$i = \sqrt{I/A}$ 称为压杆横截面的惯性半径,令

$$\lambda = \frac{\mu l}{i} \tag{12-3}$$

则压杆临界应力的欧拉公式为

$$\sigma_{cr} = \frac{\pi^2 E}{\lambda^2} \tag{12-4}$$

式中:λ——压杆的**柔度**。

λ 是无量纲的量,它综合反映了压杆的长度、杆端约束、截面形状与尺寸等因素对临界应力的影响。

式(12-4)表明,细长压杆的临界应力,与 λ^2 成反比,λ 越大,临界应力越小,压杆越容易失稳。

二、欧拉公式的适用范围

欧拉公式是在杆内应力不超过材料的比例极限 σ_P 时得出,只适用于应力小于比例极限的情况,用式(12-4)表达,则为

$$\sigma_{cr} = \frac{\pi^2 E}{\lambda^2} \leq \sigma_P$$

若用柔度来表示,则欧拉公式的适用范围为

$$\lambda \geq \lambda_P = \sqrt{\frac{\pi^2 E}{\sigma_P}} \tag{12-5}$$

式中:λ_P——σ_{cr} 等于比例极限 σ_P 时的柔度值。

工程实际中把 $\lambda \geq \lambda_P$ 的压杆称为**细长杆**或**大柔度杆**,只有这种细长杆才能应用欧拉公式计算临界力或临界应力。例如,Q235 钢,若取 $E = 200\text{GPa}$,$\sigma_P = 200\text{MPa}$,代入式(12-5)可得 $\lambda_P = 120$,所以,Q235 钢制成的压杆,只有在 $\lambda \geq 120$ 时才可应用欧拉公式。

三、经验公式

当压杆的柔度 λ 小于 λ_P 时,称为**中小柔度杆**。由于这类压杆的临界应力超出了比例极限的范围,不能应用欧拉公式。目前采用由实验为基础得到的经验公式进行计算。

我国钢结构规范中规定采用抛物线经验公式

$$\sigma_{cr} = \sigma_s - \alpha \lambda^2 \tag{12-6}$$

式中:λ——压杆的柔度;

α——与材料有关的系数。

例如,对于 Q235 钢,其 $\sigma_s = 235\text{MPa}$,$\alpha = 0.00668\text{MPa}$,则经验公式为

$$\sigma_{cr} = (235 - 0.00668\lambda^2)\text{MPa} \tag{12-7}$$

四、临界应力总图

由式(12-4)、式(12-6)可知,无论是大柔度杆还是中、小柔度杆,其临界应力均为压杆柔

度的函数,将临界应力 σ_{cr} 和柔度 λ 的函数关系用曲线表示,所画出的曲线称为**临界应力总图**。

图 12-5 为 Q235 钢的临界应力总图。图中 AC 段是以经验公式绘出的抛物线,CB 段是以欧拉公式绘出的双曲线。两段曲线交于 C 点,C 点对应的柔度 $\lambda_C = 123$。这一交点的柔度值就是 Q235 钢压杆求临界应力的经验公式与欧拉公式的分界点。该点的柔度值对理论的 λ_P 值作了修正,所以在实际应用中,用 Q235 钢制成的压杆,当 $\lambda \geq 123$ 时,才按欧拉公式计算临界应力或临界力,当 $\lambda < \lambda_C$ 时,用经验公式进行计算。

【例 12-2】 图 12-6 所示为双端柱铰的压杆,其横截面为矩形,$h = 80\text{mm}$,$b = 50\text{mm}$,杆长 $l = 2\text{m}$,材料为 Q235 钢,其 $\sigma_s = 235\text{MPa}$,$\lambda_C = 123$。在图 12-6a)所示平面内,杆端约束为两端铰支;在图 12-6b)所示平面内,杆端约束为两端固定。试求此压杆的临界力。

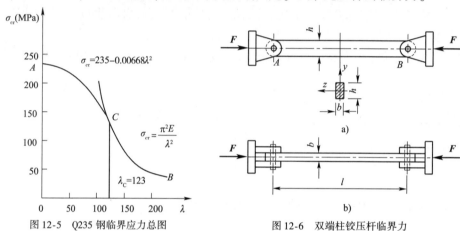

图 12-5 Q235 钢临界应力总图

图 12-6 双端柱铰压杆临界力

解:(1)判断压杆的失稳平面

因为压杆在各个纵向平面内的杆端约束和弯曲刚度都不相同,所以必须计算压杆在两个纵向对称面内的柔度值。

在图 12-6a)所示平面内,杆端约束为两端铰支,$\mu = 1$。惯性半径为

$$i_z = \frac{h}{\sqrt{12}} = \frac{80}{\sqrt{12}} = 23.09 \text{mm}$$

由式(12-7),柔度为

$$\lambda_z = \frac{\mu l}{i_z} = \frac{1 \times 2 \times 10^3}{23.09} = 86.6$$

在图 12-6b)所示平面内,杆端约束为两端固定,$\mu = 0.5$。惯性半径为

$$i_y = \frac{b}{\sqrt{12}} = \frac{50}{\sqrt{12}} = 14.43 \text{mm}$$

由式(12-7),柔度为

$$\lambda_y = \frac{\mu l}{i_y} = \frac{0.5 \times 2 \times 10^3}{14.43} = 69.3$$

由于 $\lambda_z > \lambda_y$,故压杆将在图 12-5a)所示平面内失稳。

(2) 计算压杆的临界力

因 $\lambda_z < 123$，故采用抛物线公式计算杆的临界应力

$$\sigma_{cr} = 235 - 0.00668\lambda^2 = 235 - 0.00668 \times 86.6^2 = 185 \text{MPa}$$

由此可得，压杆的临界力为

$$F_{cr} = \sigma_{cr} A = 185 \times 80 \times 50 = 740 \times 10^3 \text{N} = 740 \text{kN}$$

单元 12.4　压杆的稳定计算

一、压杆的稳定条件

若要使压杆不丧失稳定，应使作用在杆上的压力 F 不超过压杆的临界力 F_{cr}。故压杆的稳定条件为

$$F \leq \frac{F_{cr}}{n_{st}} \tag{12-8}$$

式中：F——实际作用在压杆上的压力；

F_{cr}——压杆的临界力；

n_{st}——稳定安全因数，随 λ 而变化；λ 越大，杆越细长，所取安全因数 n_{st} 也越大；一般稳定安全因数比强度安全因数 n 大。

将稳定条件式(12-8)两边除以压杆横截面面积 A，则可改写为

$$\sigma = \frac{F}{A} \leq \frac{F_{cr}}{A n_{st}} = \frac{\sigma_{cr}}{n_{st}}$$

或

$$\sigma = \frac{F}{A} \leq [\sigma_{st}]$$

式中：$\sigma = F/A$——杆内实际工作应力；

$[\sigma_{st}] = \sigma_{cr}/n_{st}$——压杆的稳定容许应力。

由于临界应力 σ_{cr} 和稳定安全因数 n_{st} 都是随压杆的柔度 λ 而变化的，所以 $[\sigma_{st}]$ 也是随 λ 而变化的一个量。这与强度计算时材料的容许应力 $[\sigma]$ 不同。

二、折减系数 φ

在城市轨道交通、建筑、路桥等工程实际的压杆稳定计算中，常将变化的稳定容许应力 $[\sigma_{st}]$ 改为用强度容许应力 $[\sigma]$ 来表达，写为

$$[\sigma_{st}] = \varphi [\sigma]$$

式中：$[\sigma]$——强度计算时的容许应力；

φ——折减系数，其值小于 1；φ 也是一个随 λ 而变化的量。

表 12-2 是几种材料的**折减系数**，计算时可查用。于是压杆的稳定条件可写为

$$\sigma = \frac{F}{A} \leq \varphi [\sigma] \tag{12-9}$$

式(12-9)类似压杆强度条件式。从形式上可理解为：压杆因在强度破坏之前便可能丧

失稳定,故由降低强度容许应力$[\sigma]$来保证压杆的安全。

压杆的折减系数 φ 表 12-2

λ	φ 值				
	Q215、Q235 钢	16Mn 钢	铸 铁	木 材	混凝土
0	1.000	1.000	1.000	1.000	1.000
20	0.981	0.973	0.91	0.932	0.96
40	0.927	0.895	0.69	0.822	0.83
60	0.842	0.776	0.44	0.658	0.70
70	0.789	0.705	0.34	0.575	0.63
80	0.731	0.627	0.26	0.460	0.57
90	0.669	0.546	0.20	0.371	0.46
100	0.604	0.462	0.16	0.300	—
110	0.536	0.384	—	0.248	—
120	0.466	0.325	—	0.209	—
130	0.401	0.279	—	0.178	—
140	0.349	0.242	—	0.153	—
150	0.306	0.213	—	0.134	—
160	0.272	0.188	—	0.117	—
170	0.243	0.168	—	0.122	—
180	0.218	0.151	—	0.093	—
190	0.197	0.136	—	0.083	—
200	0.180	0.124	—	0.075	—

三、稳定计算

应用式(12-9)可对压杆进行稳定性的三类计算。

1. 稳定校核

校核时,首先按压杆给定的支承情况确定 μ 值,然后由已知截面的形状、尺寸计算面积 A、惯性矩 I、惯性半径 i 及柔度 λ,再根据压杆的材料及 λ 值,由表 12-2 查出 φ 值,最后验算是否满足式(12-9)确定的稳定条件。

【例 12-3】 一空心支柱,长 $l=2.2$m,两端铰支。已知:外径 $D=102$mm,内径 $d=86$mm,材料为 Q235 钢,容许压应力$[\sigma]=160$MPa,承受轴向力 $F=300$kN。试校核此柱的稳定性。

解:支柱两端铰支,故 $\mu=1$,支柱截面惯性矩

$$I = \frac{\pi}{64}(D^4 - d^4) = \frac{\pi}{64} \times (102^4 - 86^4) = 262.8 \times 10^4 \text{mm}^4$$

截面面积 $\quad A = \frac{\pi}{4}(D^2 - d^2) = \frac{\pi}{4} \times (102^2 - 86^2) = 23.6 \times 10^2 \text{mm}^2$

惯性半径 $\quad i = \sqrt{\frac{I}{A}} = \sqrt{\frac{262.8 \times 10^4}{23.6 \times 10^2}} = 33.3$mm

柔度
$$\lambda = \frac{\mu l}{i} = \frac{1 \times 2200}{33.3} = 66$$

查表 12-2 可得：当 $\lambda = 60$ 时，$\varphi = 0.842$；当 $\lambda = 70$ 时，$\varphi = 0.789$。用直线插入法确定 $\lambda = 66$ 时的 φ 值为

$$\varphi = 0.842 - \frac{66-60}{70-60} \times (0.842 - 0.789) = 0.81$$

校核稳定性
$$\sigma = \frac{F}{A} = \frac{300 \times 10^3}{23.6 \times 10^2} = 127.1 \text{MPa}$$

$$\varphi[\sigma] = 0.81 \times 160 = 129.6 \text{MPa}$$

由于 $\sigma < \varphi[\sigma]$，故支柱满足稳定条件。

2. 确定容许荷载

首先，根据压杆的支承情况、截面形状和尺寸，依次确定 μ 值计算 A、I、i、λ 各值；其次，根据材料和 λ 值，由表 12-2 查出 φ；最后，按稳定条件计算容许荷载

$$[F] = A[\sigma]\varphi \tag{12-10}$$

【例 12-4】 钢柱由两根 20 号槽钢组成，截面如图 12-7 所示。已知：柱高 $l = 5.72\text{m}$，两端铰支，材料为 Q235 钢，容许应力 $[\sigma] = 160\text{MPa}$。试求钢柱所能承受的轴向压力 $[F]$。

解：查型钢表得单根 20 号槽钢的有关数据如下：

$b = 7.5\text{cm}$，$z_0 = 1.95\text{cm}$，$A = 32.83\text{cm}^2$，$I_{z0} = 1913.7\text{cm}^4$，$I_{y0} = 143.6\text{cm}^4$

钢柱截面由两根槽钢组成，则有

$$I_z = 2I_{z0} = 2 \times 1913.7 = 3827.4\text{cm}^4$$

$$I_y = 2[I_{y0} + A(b-z_0)^2] = 2 \times [143.6 + 32.83 \times (7.5-1.95)^2] = 2309.7\text{cm}^4$$

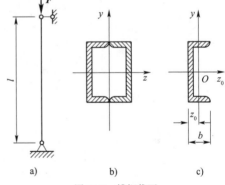

图 12-7 槽钢截面

由于 $I_y < I_z$，失稳将在以 y 轴为中性轴方向发生，则有

$$i_{\min} = i_y = \sqrt{\frac{I_y}{A}} = \sqrt{\frac{2309.7}{2 \times 32.83}} = 5.93\text{cm} = 59.3\text{mm}$$

钢柱两端铰支，当 $\mu = 1$ 时，钢柱最大柔度为

$$\lambda_{\max} = \frac{\mu l}{i_{\min}} = \frac{1 \times 5720}{59.3} = 96.5$$

查表 12-2 得：当 $\lambda = 90$ 时，$\varphi = 0.669$；当 $\lambda = 100$ 时，$\varphi = 0.604$。用直线插入法求 $\lambda = 96.5$ 时的 φ 值为

$$\varphi = 0.669 - \frac{96.5-90}{100-90} \times (0.669 - 0.604) = 0.627$$

所以容许荷载为

$$[F] = A[\sigma]\varphi = (2 \times 32.83 \times 10^2) \times 160 \times 0.627 = 658.7 \times 10^3 \text{N} = 658.7 \text{kN}$$

3. 选择截面

由稳定条件选择杆件截面时,可将稳定条件改写为

$$A \geqslant \frac{F}{\varphi[\sigma]} \tag{12-11}$$

从式(12-11)看,要计算出 A,需先查知 φ,但 φ 与 λ 有关,λ 与 i 有关,而 i 又与 A 有关,所以当 A 未求得之前,φ 值也不能查出。因此,工程上采用试算法来进行截面选择工作。其步骤如下:

(1) 先假设一适当的 φ_1 值(一般取 $\varphi = 0.5 \sim 0.6$),由此可定出截面尺寸 A_1。

(2) 按初选的截面尺寸 A_1 计算 i、λ,查出相当的 φ_1'。比较查出的 φ_1' 与假设的 φ_1,若两者比较接近,可对所选截面进行稳定校核。

(3) 若 φ_1' 与 φ_1 相差较大,可再设 $\varphi_2 = (\varphi_1' + \varphi_1)/2$,重复(1)(2)步骤,直至求得的 φ_n' 值与所设的 φ_n 值接近为止。一般重复 2~3 次便可达到目的。

【例 12-5】 一木柱高 $h = 3.5\text{m}$,截面为圆,两端铰支,承受轴向压力 $F = 75\text{kN}$,木材容许应力 $[\sigma] = 10\text{MPa}$。试选择直径 d。

解: (1) 先设 $\varphi_1 = 0.5$,则有

$$A_1 = \frac{F}{\varphi_1[\sigma]} = \frac{75 \times 10^3}{0.5 \times 10} = 15 \times 10^3 \text{mm}^2$$

于是直径

$$d_1 = \sqrt{\frac{4A_1}{\pi}} = \sqrt{\frac{4 \times 15 \times 10^3}{\pi}} = 138\text{mm}$$

取 $d_1 = 140\text{mm}$。

(2) 在所选直径下,$i_1 = \dfrac{d_1}{4} = \dfrac{140}{4} = 35\text{mm}$

$$\lambda_1 = \frac{\mu l}{i_1} = \frac{1 \times 3.5 \times 10^3}{35} = 100$$

查表 12-2 得 $\varphi_1' = 0.3$。这与所设 $\varphi_1 = 0.5$ 差别较大,应重新计算。

(3) 设 $\varphi_2 = \dfrac{\varphi_1 + \varphi_1'}{2} = \dfrac{0.5 + 0.3}{2} = 0.4$,则有

$$A_2 = \frac{F}{\varphi_2[\sigma]} = \frac{75 \times 10^3}{0.4 \times 10} = 18.75 \times 10^3 \text{mm}^2$$

$$d_2 = \sqrt{\frac{4A_2}{\pi}} = \sqrt{\frac{4 \times 18.75 \times 10^3}{\pi}} = 154.5\text{mm}$$

取 $d_2 = 160\text{mm}$。

(4) 在所选直径下,$i_2 = \dfrac{d_2}{4} = \dfrac{160}{4} = 40\text{mm}$

$$\lambda_2 = \frac{\mu l}{i_2} = \frac{1 \times 3.5 \times 10^3}{40} = 87.5$$

查表并进行插值计算得

$$\varphi_2' = 0.460 - \frac{87.5 - 80}{90 - 80} \times (0.460 - 0.371) = 0.393$$

与所设 $\varphi_2 = 0.4$ 很相近,不必再选。

(5) 稳定性校核

$$\sigma = \frac{F}{A} = \frac{75 \times 10^3}{\frac{\pi}{4} \times 160^2} = 3.73 \text{MPa}$$

$$\varphi[\sigma] = 0.393 \times 10 = 3.93 \text{MPa}$$

因 $\sigma < \varphi[\sigma]$ 符合稳定条件,故最后选定圆柱直径 $d = 160$mm。

单元 12.5 提高压杆稳定性的措施

提高压杆稳定性的中心问题,是提高杆件的临界力或临界应力,可以从影响临界力或临界应力的诸种因素出发,采取下列一些措施。

一、降低柔度

对于一定材料制成的压杆,其临界应力与柔度 λ 的平方成反比,即柔度越小,稳定性越好。为了减小柔度,可采取如下一些措施。

1. 选择合理的截面形状

柔度 λ 与惯性半径 i 成反比。因此,要提高压杆的稳定性,应尽量增大 i。由于 $i = \sqrt{I/A}$,所以在截面积一定的情况下,要尽量增大惯性矩 I。例如,采用空心截面(图 12-8)或组合截面(图 12-9),尽量使截面材料远离中性轴。

图 12-8 空心截面　　　图 12-9 组合截面

当压杆在各个弯曲平面内的支承情况相同时,为避免在最小刚度平面内先发生失稳,应尽可能使各个方向的惯性矩相同,如采用圆形、正方形截面。

当压杆的两个弯曲平面支承情况不同,图 12-6 所示的双端柱铰压杆,则采用两个方向惯性矩不同的截面,与相应的支承情况对应,如采用矩形、工字形截面。在具体确定截面尺寸时,尽可能使两个方向的柔度相等或接近,以使两个方向的抗失稳能力大体相同。

2. 改善支承条件

因压杆两端支承越牢固,长度系数 μ 就越小,则柔度也越小,从而临界应力就越大。因此,采用 μ 值小的支承形式可提高压杆的稳定性。

3. 减小杆的长度

压杆临界力的大小与杆长平方成反比,缩小杆件长度可以大大提高临界力,即提高抵抗失稳的能力,因此压杆应尽量避免细而长。在可能时,在压杆中间增加支承,也能起到有效作用。

二、选择合适的材料

在其他条件相同的情况下,选择高弹性模量的材料,可以提高压杆的稳定性。例如,钢杆的临界力大于铜、铁、木杆的临界力。

注意:对细长杆,临界应力与材料的强度指标无关,各种钢材的 E 值又大致是相等的,所以采用高强度钢材是不能提高压杆的稳定性的,反而增加成本;对于中长杆,临界应力与材料强度指标有关,采用高强度钢材,提高了屈服极限 σ_s 和比例极限 σ_p,在一定程度上可以提高临界应力。

模块小结

1. 压杆直线形状的平衡状态,根据它对干扰力的抵抗能力不同,可分为稳定平衡与不稳定平衡。所谓压杆丧失稳定,是指压杆在压力作用下,直线形状的平衡状态由稳定变成了不稳定。

2. 临界力是压杆处于稳定平衡状态时轴向压力的极限值。确定临界力或临界应力的大小是解决压杆稳定问题的关键。

3. 大柔度杆($\lambda \geq \lambda_c$)临界力和临界应力的欧拉公式为

$$F_{cr} = \frac{\pi^2 EI}{(\mu l)^2}$$

$$\sigma_{cr} = \frac{\pi^2 E}{\lambda^2}$$

4. 中、小柔度杆($\lambda < \lambda_c$)临界应力的经验公式为

$$\sigma_{cr} = \sigma_s - \alpha \lambda^2$$

5. 柔度 λ 综合反映了杆的长度、支承情况、截面形状与尺寸对压杆稳定性的影响,即

$$\lambda = \frac{\mu l}{i}$$

压杆总是在柔度大的平面内首先失稳。当压杆两端支承情况各方向相同时,计算最小形心主惯矩 I_{min},求得最小惯性半径 i_{min},再求出 λ_{max}。当压杆两个方向的支承情况不同时,则要比较两个方向的柔度值,取大者进行稳定计算。

6. 在城市轨道交通、路桥、建筑等工程实际中,通常采用折减系数法进行稳定计算。其稳定条件为

$$\sigma = \frac{F}{A} \leq \varphi[\sigma]$$

折减系数 φ 值随压杆的柔度和材料而变化。应用稳定条件可以进行稳定校核、确定稳定容许荷载、设计压杆截面等三类稳定计算。

1. 压杆的稳定平衡与不稳定平衡指的是什么状态?如何区别压杆的稳定平衡和不稳定平衡?

2. 压杆失稳发生的弯曲与梁的弯曲有什么区别?

3. 图12-10所示4根细长压杆,材料、截面均相同,问哪一根临界力最大?哪一根最小?

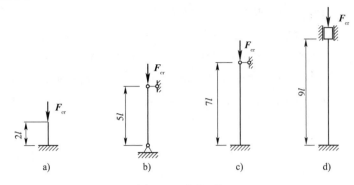

图12-10 细长压杆

4. 什么是柔度?它与哪些因素有关?它表征压杆的什么特性?

5. 图12-11所示不同截面各杆,杆端支承情况在各方面相同,失稳时将绕截面哪一根形心轴转动?

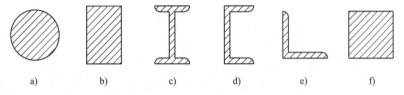

图12-11 各种截面
a)圆;b)矩形;c)I字形;d)槽形;e)等边;f)正方形

6. 图12-12所示各组截面,两截面面积相同,试问作为压杆时,每组截面中哪个合理,为什么?

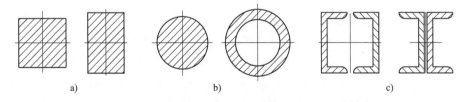

图12-12 几组截面

7. 何谓折减系数 φ?它随什么因素而变化?用折减系数法对压杆进行稳定计算时,是否需分细长杆和中长杆?为什么?

12-1 一圆截面细长柱,$l=4m$,直径 $d=200mm$,材料弹性模量 $E=12GPa$,假设:①两端铰支;②一端固定、一端自由。试求木柱的临界力和临界应力。

12-2 由22a工字钢所制压杆,两端铰支。已知:压杆长 $l=6m$,弹性模量 $E=200GPa$。试计算压杆的临界力和临界应力。

12-3 题图12-1所示压杆由4根等边角钢∠120mm×12mm制成,$E=200GPa$。试求其临界力。

12-4 一矩形截面木柱,柱高 $l=4\mathrm{m}$,两端铰支,如题图12-2所示。已知:截面 $b=160\mathrm{mm}$, $h=240\mathrm{mm}$,材料的容许应力 $[\sigma]=12\mathrm{MPa}$,承受轴向压力 $P=135\mathrm{kN}$。试校核该柱的稳定性。

12-5 一压杆两端固定,杆长1m,截面为圆形,直径 $d=40\mathrm{mm}$,材料为Q235钢,$[\sigma]=160\mathrm{MPa}$。试求此压杆的容许荷载。

12-6 题图12-3所示千斤顶的最大起重量 $P=120\mathrm{kN}$。已知:丝杠的长度 $l=600\mathrm{mm}$, $h=120\mathrm{mm}$,丝杠内径 $d=52\mathrm{mm}$,材料为Q235钢,$[\sigma]=80\mathrm{MPa}$。试验算丝杠的稳定性。

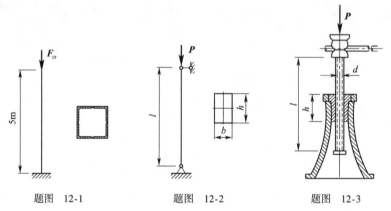

题图 12-1　　　题图 12-2　　　题图 12-3

12-7 压杆由32a工字钢制成,如题图12-4所示。在z轴平面内弯曲时(截面绕y轴转动)为两端固定;在y轴平面内弯曲时(截面绕z轴转动)为一端固定、一端自由;杆长 $l=5\mathrm{m}$,$[\sigma]=160\mathrm{MPa}$。试求压杆的容许荷载。

12-8 桁架弦杆所受的轴向压力为 $N=25\mathrm{kN}$,杆长 $l=3.61\mathrm{m}$。已知:截面为正方形,材料为松木,容许应力 $[\sigma]=12\mathrm{MPa}$。若两端按铰支考虑,试确定弦杆的截面尺寸。

12-9 题图12-5所示托架,斜撑 CD 为圆木杆,两端铰支,横杆 AB 承受均布荷载 $q=50\mathrm{kN/m}$,木材容许应力 $[\sigma]=12\mathrm{MPa}$。试求斜撑杆所需直径。

12-10 结构受力如题图12-6所示。已知:梁 ABC 为22b工字钢,$[\sigma_{钢}]=160\mathrm{MPa}$,柱 BD 为圆截面木材,直径 $d=160\mathrm{mm}$。$[\sigma_{木}]=10\mathrm{MPa}$,两端铰支。试作梁的强度校核和柱的稳定性校核。

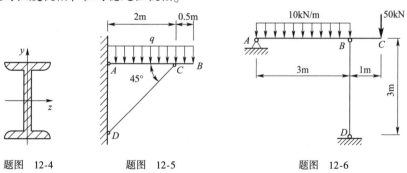

题图 12-4　　　题图 12-5　　　题图 12-6

模块 13 平面体系的几何组成分析

1. 掌握几何不变体系的基本组成规则。
2. 能够灵活运用几何不变体系的组成规则对平面体系进行几何组成分析。

单元 13.1 几何组成分析的基本概念

一、几何不变体系和几何可变体系

1. 几何不变体系

几何不变体系是指在不考虑材料变形的条件下，位置和形状不能改变的体系，如图 13-1a) 所示。

2. 几何可变体系

几何可变体系是指不考虑材料的变形，在微小荷载作用下，不能保持原有几何形状和位置的体系，如图 13-1b) 所示。

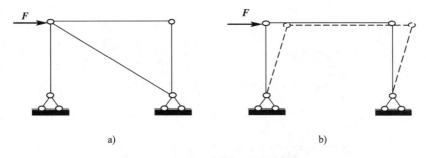

图 13-1 几何不变体系和几何可变体系

显然只有几何不变体系可作为结构，而几何可变体系则不可以作为结构的。因此，在选择或组成一个结构时必须掌握几何不变体系的组成规律。

二、相关基本概念

1. 自由度

在介绍自由度之前，我们先了解一下有关刚片的概念。

刚片:体系几何形状和尺寸不会改变,可视为刚体的物体。显然,每一杆件或每根梁、柱都可以看作是一个刚片,建筑物的基础或地球也可以看作是一个大刚片。

自由度是指体系运动时,可以独立改变的几何参数的数目,即确定体系位置所需(平移和转动)独立坐标的数目。

(1)平面内一质点有 2 个自由度:x 方向和 y 方向的运动,如图 13-2a)所示。

(2)平面内一刚片有 3 个自由度:任意点的 (x,y) 坐标,一个绕该点的转动角度 φ,如图 13-2b)所示。

(3)地基是自由度为零的刚片。

2. 约束

限制物体自由度的外部条件,或体系内部加入的减少自由度的装置称为**约束**。当对刚体施加约束时,其自由度将减少。能减少一个自由度的约束称为一个联系。能减少 n 个自由度的约束称为增加了 n 个联系。

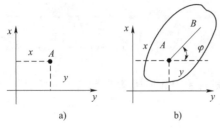

图 13-2 点和刚体的平面自由度

(1)**链杆**。仅在两处与其他物体用铰相连,不论其形状和铰的位置如何。一根链杆可以减少体系一个自由度,一根链杆相当于一个约束。链杆连接的两个刚片(减少一个)有 5 个自由度。固定一地基上链杆,被连接的刚片(减少一个)还剩 2 个自由度。如图 13-3a)所示。

(2)**单铰**。连接两个刚片的铰为**单铰**,如图 13-3b)所示。加单铰前构成体系的两个刚片共有 6 个自由度,而加单铰后体系有 4 个自由度。一个刚片可以自由运动,但是,另一个刚片只能绕结点转动。但从被连接的一个刚片来说减少了 2 个自由度,它只能转动,不能自由移动了。所以,一个单铰相当于两个约束。

(3)**复铰**。如图 13-3c)所示,一个铰接点,连接 n 个刚片称为**复铰**。复铰等于 $(n-1)$ 个单铰,使得被连接的刚片平动坐标有两个,另外每个刚片还可以有一个自由转动,共有 $2+n$ 个自由度,减少了 $2(n-1)$ 个自由度。

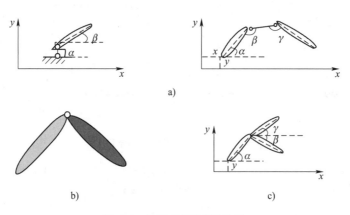

图 13-3 链杆、单铰和复铰约束
a)链杆;b)单铰;c)复铰点

(4)**虚铰**。如果两个刚片用两根链杆连接,该连接作用就和一个位于两杆交点的铰作用相同,这个交点称为**虚铰**。虚铰的位置在这两根链杆的交点上,如图 13-4 所示的 O 点。连接两个刚片的两根链杆,相对于两根链杆的延长线交点的一个铰。当两根链杆平行时,则相当于虚铰在无穷远处。

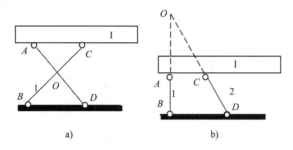

图 13-4　虚铰

单元 13.2　几何不变体系的基本组成规则

下文分别介绍组成几何不变体系的三个基本规则。

规则 1(二元体规则)　由一个铰连接的两根链杆,两根链杆的另一端连接的是一个刚片,从而构成几何不变体系,如图 13-5a)所示。

由两根不在同一直线上的链杆相互铰接形成的结构或构造,称为**二元体**。

推论 1　在一个体系上增加或减去二元体,不会改变原有体系的几何构造性质。也就是说,在刚片上用两根不在一条直线上的链杆连接出一个节点,形成无多余约束的几何不变体系或在一个刚片上增加二元体,如图 13-5b)所示。

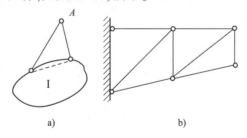

图 13-5　二元体规则及二元体

规则 2(两刚片规则)　两个刚片之间,用不共点的三根链杆连接,或用一个单铰和一根链杆连接,且铰和链杆不在同一直线上,则组成无多余约束的几何不变体系,如图 13-6 所示。

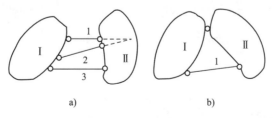

图 13-6　两刚片规则

推论 2　两个刚片上用三根不交于一点、也不全平行的三根链杆相连接,形成无多余约束的几何不变体系。

规则 3(三刚片规则)　三个刚片上用不在同一直线上的三个铰两两相连接,形成无多余约束的几何不变体系,如图 13-7 所示。

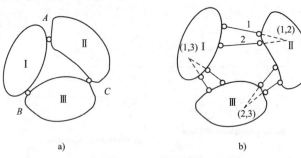

图 13-7 三刚片规则

推论 3 三个刚片分别用不完全平行也不共线的两根链杆两两连接,且所形成的三个虚铰不在同一条直线上,则组成无多余约束的几何不变体系。

三个规则合并成一个规则,一个刚片两根链杆,两个刚片一个铰加一根链杆,以及三个刚片三个铰,本就是一个由三个刚片组成的牢固的铰接三角形体系。

单元 13.3　几何组成分析示例

进行几何组成分析的基本依据是前述的三个规则。对于比较简单的体系,可视为两个或三个刚片时,直接应用三个规则分析。对于复杂体系,可视为两个或三个刚片时,先把其中已分析出的几何不变部分视为一个刚片或撤去"二元体",使原体系简化。

其分析过程通常有两种:一是从基础出发分析,构造如图 13-8 所示;二是从内部刚片出发分析,构造如图 13-9 所示。

图 13-8 从基础出发分析

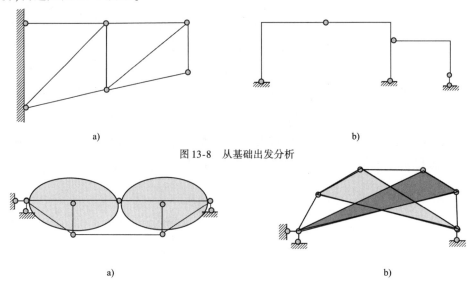

图 13-9 从内部刚片出发分析

对于复杂体系可以采用以下方法简化体系:
(1)去掉二元体,将体系简单化,以便应用规则。

【**例 13-1**】 对图 13-10 所示体系进行几何组成分析。

解:第一步,去掉二元体 DF、FE,如图 13-10b)所示。

第二步，刚片Ⅰ、Ⅱ、Ⅲ由不共线的三个铰 A、B、C 相连，如图 13-10c) 所示。

第三步，该体系为几何不变体系，且无多余约束，如图 13-10d) 所示。

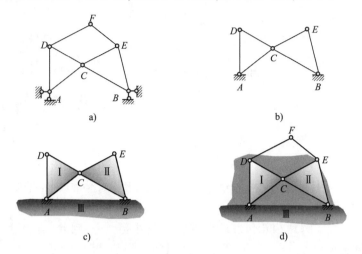

图 13-10

(2) 如果体系与基础用三个链杆相连并满足两刚片规则，可去掉基础及链杆，只分析体系内部即可。

【例 13-2】 对图 13-11a) 所示体系进行几何组成分析。

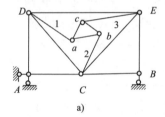 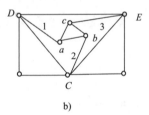

图 13-11

解：先去掉基础，再去掉二元体 A、B 后，剩下图 13-10b) 部分，外边三角形 $\triangle CDE$ 和里面小三角形 abc，用链杆 1、2、3 相连，不交于同一点，所以原体系是无多余约束的几何不变体系。

(3) 当体系的支座链杆多于三根时，应考虑把地基作为一个刚片，将体系本身和地基一起用三刚片规则进行分析。

【例 13-3】 对图 13-12a) 所示体系进行几何组成分析。

解：取三角形 CEF、BD 杆和基础为三刚片，分别用链杆 DE 和 BF、AD 和 B 处支座链杆、AE 和 C 处链杆两两构成的三虚铰 O_{23}、O_{13}、O_{12} 相连，三铰不共线，所以体系为无多余约束的几何不变体系。

(4) 利用约束的等效替换。如果只有两个铰与其他部分相连的刚片用直链杆代替；连接两个刚片的两根链杆可用其交点处的虚铰代替。

【例 13-4】 对图 13-13 所示体系进行几何组成分析。

解：取地基作为刚片Ⅰ，刚架中间的 T 形杆部分 BDE 为刚片Ⅱ，分别用三根链杆连接，且三链杆不交于一点，利用两刚片规则，体系为无多余约束的几何不变体系。

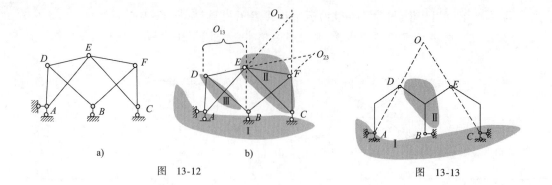

图 13-12　　　　　　　　　　　图 13-13

1. 体系可以分为几何可变体系和几何不变体系。只有几何不变体系才可以作为结构使用。

2. 工程结构几何组成分析的几个重要概念：刚片、自由度、链杆、单铰、复铰和虚铰。

3. 几何不变体系组成规则有二元体规则、两刚片规则和三刚片规则三个。满足这三个规则的体系是几何不变体系。

静定结构与超静定结构都是几何不变体系。在几何构造方面，两者不同在于：静定结构无多余联系，而超静定结构则具有多余联系。

有多余约束（$n>0$）的几何不变体系——超静定结构；

无多余约束（$n=0$）的几何不变体系——静定结构。

静定结构的几何特征为无多余约束的几何不变体系，是实际结构的基础。因为静定结构撤销约束或不适当的更改约束配置可以使其变成几何可变体系，而增加约束又可以使其成为有多余约束的几何不变体系（超静定结构）。静定结构的约束反力或内力均能通过静力平衡方程求解，也就是说，其未知的约束反力或内力的数目等于独立的静力平衡方程的数目。静定结构在工程中被广泛应用，同时是超静定结构分析的基础。

超静定结构的几何特征为几何不变但存在多余约束的结构体系，是实际工程经常采用的结构体系。由于多余约束的存在，使得该类结构在部分约束或连接失效后仍可以承担外荷载，但需要注意的是，此时的超静定结构的受力状态与以前是大不一样的，如果需要的话，要重新核算。因为其结构中有不需要的多余联系，所以所受的约束反力或内力仅凭静力平衡方程不能全部求解，也就是未知力的数目多于独立的静力平衡方程的个数。

13-1　三刚片组成几何不变体系的规则是（　　）。

A. 三链杆相连，不平行也不相交于一点

B. 三铰两两相连，三铰不在一直线上

C. 三铰三链杆相连，杆不通过铰

D. 一铰一链杆相连，杆不过铰

13-2 在无多余约束的几何不变体系上增加二元体后构成(　　)。

A. 几何可变体系

B. 无多余约束的几何不变体系

C. 有多余约束的几何不变体系

D. 可能是几何可变体系，也可能是几何不变体系

13-3 多余约束从哪个角度来看才是多余的？(　　)

A. 从对体系的自由度是否有影响的角度看

B. 从对体系的计算自由度是否有影响的角度看

C. 从对体系的受力和变形状态是否有影响的角度看

D. 从区分静定与超静定两类问题的角度看

13-4 不能作为建筑结构使用的是(　　)。

A. 无多余约束的几何不变体系　　B. 几何不变体系

C. 有多余约束的几何不变体系　　D. 几何可变体系

13-5 题图 13-1a) 属几何_____体系，题图 13-1b) 属几何_____体系。

A. 不变，无多余约束　　　　　　B. 不变，有多余约束

C. 可变，无多余约束　　　　　　D. 可变，有多余约束

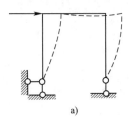
a)

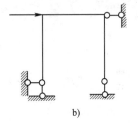
b)

题图　13-1

13-6 试对题图 13-2 所示各杆系作几何组成分析。如果是具体多余联系的几何不变体系，则指出其多余联系的数目。

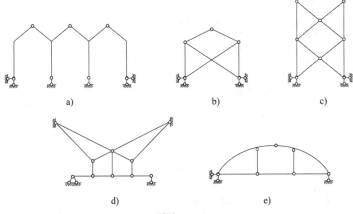

题图　13-2

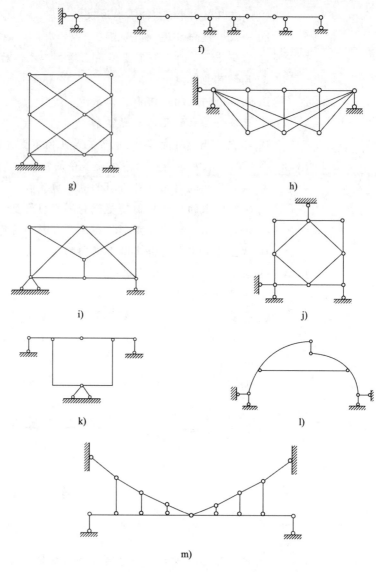

题图 13-2

模块 14 静定结构的内力计算

1. 掌握多跨静定梁、斜梁的内力计算及内力图的绘制。
2. 掌握静定平面刚架的内力计算和内力图的绘制。
3. 理解静定平面桁架、三铰拱及组合结构的内力计算。

单元 14.1 多跨静定梁

一、多跨静定梁的几何组成特点

从几何构造层次来看,多跨静定梁由基本部分及附属部分组成,将各段梁之间的约束解除仍能平衡其上外力的称为**基本部分**,不能独立平衡其上外力的称为**附属部分**,附属部分是支承在基本部分的。图 14-1 所示的多跨静定梁中 ABC、DEFG 是基本部分,CD、GH 是附属部分。为了更清楚地表示各部分之间的支承关系,把基本部分画在下层,将附属部分画在上层,中间的连接部分则由与原结构等效的链杆代替,一个铰链相当于两根相交的链杆。我们把这种图称为多跨静定梁的构造层次图或层叠图,如图 14-1 所示。

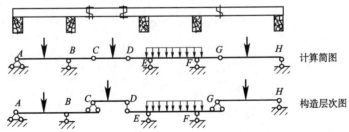

图 14-1 多跨静定梁及其层叠图

二、多跨静定梁的受力特点

由多跨静定梁的构造层次图可得到多跨静定梁的受力特点为:**力作用在基本部分时附属部分不受力,力作用在附属部分时附属部分和基本部分都受力。**

三、多跨静定梁的计算特点

由多跨静定梁的构造层次图可知,作用于基本部分上的荷载并不影响附属部分,而作用于附属部分上的荷载会以支座反力的形式影响基本部分。因此,多跨静定梁可由平衡条件求出全部反力和内力,但为了避免解联立方程,应先算附属部分,再算基本部分。

【例 14-1】 计算如图 14-2a)所示的多跨静定梁支座反力,并绘制内力图。

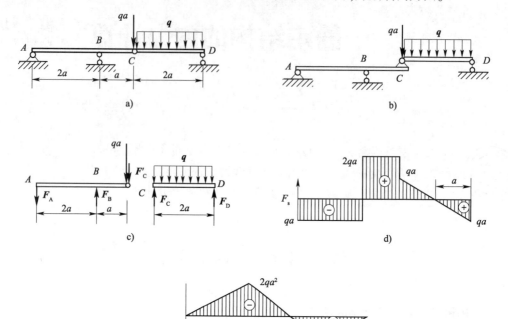

图 14-2 多跨静定梁内力分析(一)

解:(1)作层叠图,如图 14-2b)所示,ABC 梁为基本部分,CD 梁为附属部分。

(2)计算支座反力,从层叠图看出,应先从附属部分 CD 梁开始取分离体,如图 14-2c)所示。

对 CD 梁: $F_C = F_D = \dfrac{2qa}{2} = qa(\uparrow)$

对 ABC 梁: $F'_C = qa(\downarrow)$

$$F_B = \dfrac{2qa \cdot 3a}{2a} = 3qa(\uparrow)$$

$$F_A = 3qa - 2qa = qa(\uparrow)$$

(3)画内力图,如图 14-2d)、e)所示。

【例 14-2】 试判断图 14-3 所示结构弯矩图的形状是否是正确的?

解:(1)图 14-3a)所示的三跨静定梁的弯矩图是错误的。在 C、E、G 铰节点处弯矩为零,铰不传递弯矩。

(2)根据多跨静定梁的层叠关系作出各附属部分 AC、CE、EG 以及基本部分 GH 的受力图如图 14-3b)所示。

(3)全梁无分布荷载,弯矩为斜直线,弯矩的转折控制面为 B、D、E 三个铰支座截面。改正后的弯矩图如图 14-3c)所示。

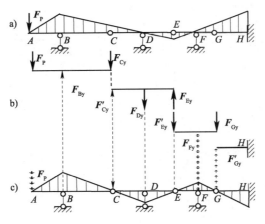

图 14-3　多跨静定梁内力分析(二)

单元 14.2　静定平面刚架

一、刚架的主要结构特征

刚架是由若干梁、柱等直杆组成的具有刚结点的结构。刚架在城市轨道交通、建筑、路桥等工程中应用十分广泛,包括单层厂房、工业和民用建筑(如教学楼、图书馆、住宅等)等。6~15 层房屋建筑承重结构体系其骨架主要就是刚架,其形式主要有悬臂刚架、简支刚架、三铰刚架和组合刚架等,如图 14-4 所示。

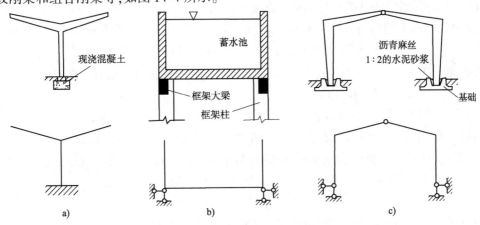

图 14-4　静定平面刚架
a)悬臂刚架;b)简支刚架;c)三铰刚架

刚架中的刚结点是指在刚架受力后,刚结点所连各杆的角度保持不变。平面刚架的变形如图 14-5 所示。刚结点的特性是在荷载作用下,各杆端不仅不能发生相对移动,而且不能发生相对转动。因为刚结点具有约束杆端相对转动的作用,所以它能承受和传递弯矩。

由于在刚架结构中,梁和柱由于刚结点相连,梁和柱能够成为一个整体共同承担外荷载的作用。因此,刚架结构整体性好,刚度大,内力分布较均匀。刚架中杆件数量较少,结点连接简单,内部空间较大,在大跨度、重荷载的情况下是一种较好的承重结构。刚架结构在城市轨道交通、建筑、路桥等工程中被广泛使用。

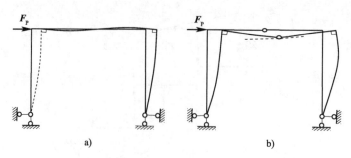

图 14-5 平面刚架的变形

二、静定平面刚架的内力分析

结合前面所述,求解直梁的剪力和弯矩以及作直梁剪力图和弯矩图的方法,同样适用于平面刚架。平面刚架横截面上一般有轴力、剪力和弯矩三个内力。**通常将刚架的弯矩图画在杆件弯曲时受拉的一侧,而不必标注正负号,但作剪力图和轴力图时,其正负号仍按以前的规定。**

画刚架内力图时,可先将刚架拆成单个杆件,由各杆件的平衡条件求出各杆的杆端内力;然后利用杆端内力分别画出各杆件的内力图;最后将各杆件的内力图合在一起就是刚架的内力图。

静定刚架内力求解的步骤如下:

(1) **求支座反力**。简单刚架可由三个整体平衡方程求出支座反力;对于三铰刚架及主从刚架等,一般要利用整体平衡和局部平衡求支座反力。

(2) **求控制截面的内力**。控制截面一般选在支承点、结点、集中荷载作用点、分布荷载不连续点。控制截面把刚架划分成受力简单的区段。运用截面法或直接由截面一边的外力求出控制截面的内力值。结点处有不同的杆端截面。各截面上的内力用该杆两端字母作为下标来表示,并把该端字母列在前面。

(3) **画内力图**。内力图一般可用叠加法画出。

绘制弯矩图时,要利用荷载与内力之间的微分关系画出。当两杆结点上无外力偶作用时,结点处两杆弯矩图的纵标在同侧且数值相等。当铰支端和悬臂端无外力偶作用时,弯矩为零;当铰支端与悬臂端有外力偶作用时,该端的弯矩值等于该处外力偶矩的大小。

剪力图和轴力图可以画在杆件的任意一侧,并注明正、负号。

(4) **内力图的校核**。选择一未使用过的脱离体,建立平衡方程,进行验算。由于刚架中的刚结点应保持平衡状态,经常也用刚结点的平衡进行验算。

【**例 14-3**】 计算图 14-6a)所示静定刚架的内力,并画内力图。

解:(1) 求支座反力。

由整体平衡:$\sum M_A = 0, F_{Dy} \times 4 - 40 \times 2 - 20 \times 4 \times 2 = 0, F_{Dy} = 60 \text{kN}(\uparrow)$

$\sum M_D = 0, F_{Ay} \times 4 - 40 \times 2 + 20 \times 4 \times 2 = 0, F_{Ay} = -20 \text{kN}(\downarrow)$

$\sum F_x = 0, F_{Ax} - 20 \times 4 = 0, F_{Ax} = 80 \text{kN}(\leftarrow)$

(2) 画内力图,如图 14-6b)、c)、d)所示。

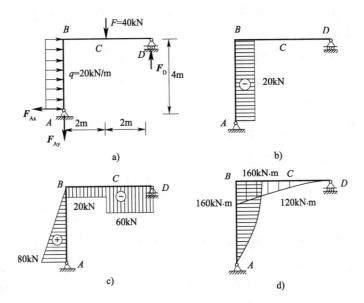

图 14-6 静定刚架的计算
a)基本结构;b)F_N 图;c)F_S 图;d)M 图

【例 14-4】 试画出图 14-7a)所示悬臂刚架的内力图。

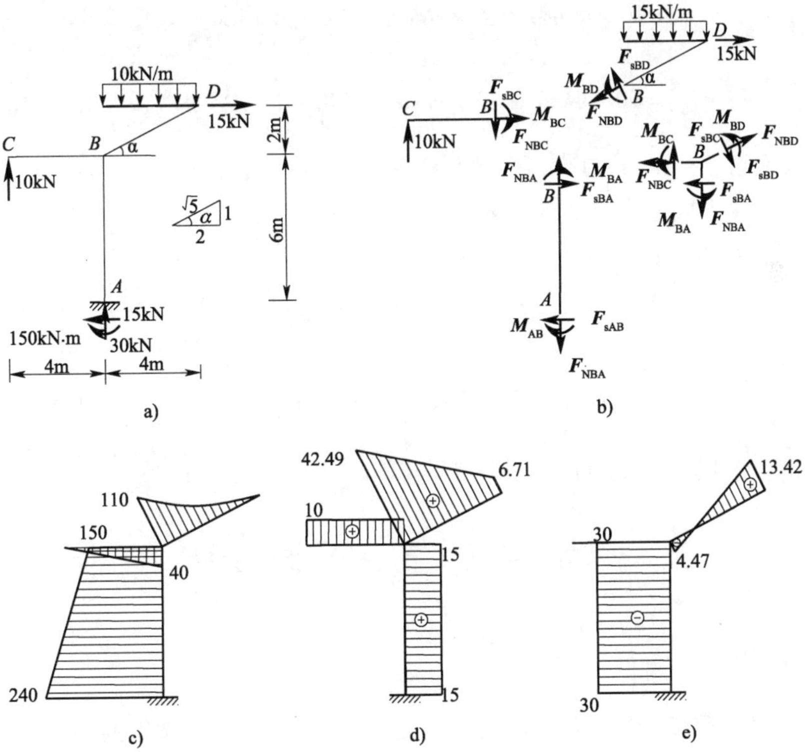

图 14-7 悬臂静定刚架的计算
a)悬臂刚架;b)受力图;c)M 图(kN·m);d)F_s 图(kN);e)F_N 图(kN)

解:悬臂刚架的内力计算与悬臂梁基本相同,一般从自由端开始,逐根杆件截取分离体计算各杆端内力。悬臂刚架可以不先求支座反力,只是在内力计算结果的检验时可利用整体平衡下求得的支座反力。

(1) 求杆端内力。将悬臂刚架拆分成三根杆件 CB、DB、AB 及结点 B。其受力图如图14-7b)所示。杆端内力计算从自由端开始,用截面法直接计算:

CB 杆件:　　$M_{CB}=0$　　　　$F_{sCB}=20\text{kN}$　　$F_{NCB}=0$

$M_{BC}=-10\times4=-80\text{kN}\cdot\text{m}$　　$F_{sBC}=20\text{kN}$　　$F_{NBC}=0$

DB 杆件:　　$M_{DB}=0$

$$F_{sDB}=15\sin\alpha=15\times\frac{1}{\sqrt{5}}=6.71\text{kN}$$

$$F_{NDB}=15\cos\alpha=15\times\frac{2}{\sqrt{5}}=13.42\text{kN}$$

$$M_{BD}=-10\times4\times2-15\times2=-110\text{kN}\cdot\text{m}$$

$$F_{sBD}=10\times4\cos\alpha+15\times\sin\alpha=40\times\frac{2}{\sqrt{5}}+15\times\frac{1}{\sqrt{5}}=42.49\text{kN}$$

$$F_{NBD}=10\times4\sin\alpha+15\times\cos\alpha=-40\times\frac{1}{\sqrt{5}}+15\times\frac{2}{\sqrt{5}}=-4.47\text{kN}$$

AB 杆件:　　$M_{AB}=240\text{kN}\cdot\text{m}$　　$F_{sAB}=15\text{kN}$　　$F_{NDB}=10-40=-30\text{kN}$

$M_{BA}=240-15\times6=150\text{kN}\cdot\text{m}$

$$F_{sBD}=10\times4\cos\alpha+15\times\sin\alpha=40\times\frac{2}{\sqrt{5}}+15\times\frac{1}{\sqrt{5}}=42.49\text{kN}$$

$$F_{NBD}=10\times4\sin\alpha+15\times\cos\alpha=-40\times\frac{1}{\sqrt{5}}+15\times\frac{2}{\sqrt{5}}=-4.47\text{kN}$$

(2) 画内力图。弯矩图、剪力图和轴力图如图14-7c)、d)、e)所示。

(3) 内力校核。取出结点 B 为分离体,其受力图如图14-7b)所示。根据结点 B 杆端内力的三个平衡方程检验结点 B 是否平衡:

$$\sum F_x = F_{NBC}-F_{sBA}+F_{sBD}\sin\alpha-F_{NBD}\cos\alpha = 0-15+42.49\times\frac{1}{\sqrt{5}}-4.47\times\frac{2}{\sqrt{5}}=0$$

$$\sum F_y = F_{sBC}-F_{NBA}-F_{sBD}\cos\alpha+F_{NBD}\sin\alpha = 10-(-30)-42.49\times\frac{2}{\sqrt{5}}-4.47\times\frac{1}{\sqrt{5}}=0$$

$$\sum M_B = M_{BA}+M_{BC}+M_{BD} = 150-40-110 = 0$$

单元 14.3　静定平面桁架

一、桁架的特征

桁架是指由若干直杆在其两端用铰连接而成,承受铰连点力作用的结构。本单元研究的静定平面桁架属于铰接平面直杆体系。图 14-8 所示为一简支静定平面桁架的构造计算简图。桁架的杆件,依其所在位置的不同,分为弦杆和腹杆两类。其中,弦杆又分为上弦杆和下弦杆。腹杆又分为斜腹杆和竖腹杆。弦杆上相邻两结点间的区间称为节间,节间距 d 称为节间跨度。两支座间的水平距离 l 称为跨度。支座连线至桁架最高点的距离 h 称为桁架高。桁架计算简图的形成中通常引用了如下假设:

(1)各杆件两端用绝对光滑而无摩擦的理想铰相连。
(2)各杆轴线均为直线,并且在同一平面内且通过铰的几何中心。
(3)外荷载及支座反力均作用在铰结点上并位于桁架平面内。

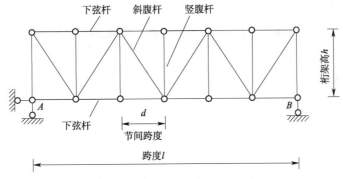

图 14-8 一简支静定平面桁架的构造简图

按上述假设,可得出桁架各杆均为两端铰接的直杆,均为二力杆,横截面内力只有轴力,轴力符号以拉力为正,压力为负;截面上的应力是均匀分布,可同时达到容许值,材料能得到充分利用。因此,在工程中,桁架结构得到广泛的应用,如大跨屋架、托架、吊车梁、桥梁、塔架、建筑施工用的支架等。

实际桁架常常不能完全符合上述理想情况。图 14-9a)所示钢筋混凝土屋架中各杆件是浇注在一起的,结点具有一定的刚性,在结点处杆件可能连续不断,或各杆之间的夹角几乎不可能任意转动。图 14-9c)所示木屋架中,各杆是用螺栓连接或榫接,它们在结点处可能有些相对转动,但其结点也不完全符合理想铰的情况。桁架中的结点通常采用焊接、铆接等,实际近乎弹性连接,介于铰接和刚结点之间,可见,实际桁架的构造和受力分析情况都是很复杂的。

通常把按理想桁架算得的内力称为主内力(轴力),而把上述一些原因所产生的内力称为次内力(弯矩、剪力)。经过实验和工程实践证明:次内力对于桁架属次要因素,对桁架受力影响较小。图 14-9a)中的钢筋混凝土桁架和图 14-9c)中的木屋架其理想情况下的计算简图如图 14-9b)、d)所示。

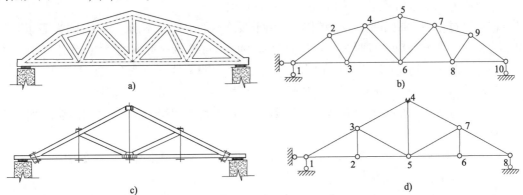

图 14-9 静定平面桁架的计算简图

二、平面桁架分类

按几何构造特点,平面桁架可分为以下三类:

(1)简单桁架。简单桁架是指由基础或一个基本铰接三角形开始而组成的桁架,如图 14-10a)、b)所示。

(2)联合桁架。联合桁架是指由几个简单桁架按几何不变体系的组成规律联合组成的桁架,如图 14-10c)所示。

(3)复杂桁架。复杂桁架是指不按上述两种方式组成的其他形式的桁架,如图 14-10d)所示。

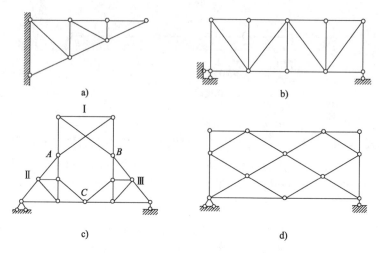

图 14-10 平面桁架的分类

三、桁架的内力计算方法

对于静定平面桁架,计算内力的方法有结点法、截面法和联合法(两种方法的结合)。在求桁架各杆的内力时,我们可以截取桁架中的一部分为脱离体,考虑脱离体的平衡,由平衡方程求出各杆的内力。如果截取的脱离体只包含一个结点,就称为**结点法**。如果截取的脱离体包含两个以上的结点时,就称为**截面法**。

1. 结点法

结点法适用于求解静定桁架结构所有杆件的内力。

在计算过程中,选取的结点应力求使作用于该结点的未知力不超过两个,因为平面汇交力系的独立平衡方程数只有两个。在计算过程中应尽量使每次截取的结点,作用其上的未知力不超过两个。通常先假设杆件内力为拉力(背离结点),由平衡方程求得的结果为正,则杆件实际受力为拉力;若结果为负,则与假设相反,杆件受到压力。

在用结点法计算桁架内力时,利用某些结点平衡的特殊情况可使计算简化,常见的特殊情况有如下两种:

(1)在不共线的两杆结点上无荷载作用时,则该两杆的内力都等于零。如图 14-11a)所示。内力为零的杆件称为**零杆**。

(2)三杆结点上无荷载作用时如果其中有两杆在一直线上,则另一杆必为零杆,如图 14-11b)所示。

上述结论都不难由结点平衡条件得到证实。在分析桁架时,可先利用上述原则找出零杆,这样可使计算工作简化。图 14-12 中虚线所示各杆皆为零杆。

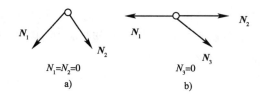

图 14-11 结点法计算桁架内力的特殊情形

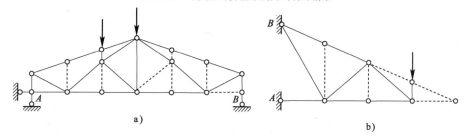

图 14-12 桁架零杆

【例 14-5】 试用结点法计算图 14-13a)所示桁架中各杆的内力,其中 $P=10\text{kN}$。

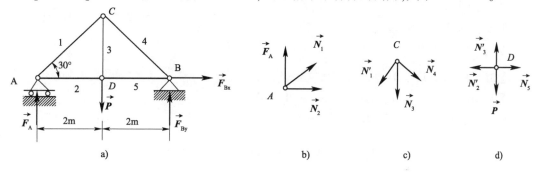

图 14-13 用结点法计算桁架的内力

解:(1)求支座反力。

取整体为研究对象,则

$\sum F_x = 0, F_{Bx} = 0$

$\sum M_B(\vec{F}) = 0, -F_A \times 4 + P \times 2 = 0, F_A = 5\text{kN}(\uparrow)$

$\sum F_y = 0, F_{By} + F_A - P = 0, F_{By} = 5\text{kN}(\uparrow)$

(2)依次取结点计算内力(假设杆件受拉)。

取 A 点为研究对象,则

$\sum F_y = 0, N_1 \sin 30° + F_A = 0, N_1 = -10\text{kN}$

$\sum F_x = 0, N_1 \cos 30° + N_2 = 0, N_2 = 8.66\text{kN}$

取 C 点为研究对象,则

$\sum F_x = 0, -N'_1 \cos 30° + N_4 \cos 30° = 0, N_4 = -10\text{kN}$

$\sum F_y = 0, -N'_1 \sin 30° - N_3 + N_4 \sin 30° = 0, N_3 = 10\text{kN}$

取 D 点为研究对象,则

$\sum F_x = 0, -N'_2 + N_5 = 0, N_5 = 8.66\text{kN}$

2. 截面法

截面法是指假设用一截面,把桁架截为两部分,选取任一部分为隔离体,建立静力平衡方程,求出未知的杆件内力。因为作用于隔离体上的力系为平面一般力系,所以要求选取的隔离体上未知力数目一般不应多于3个,这样可直接把截断的杆件的全部未知力求出。一般情况下,选取截面时截断的杆件不应超过3个。

对两个未知力交点取矩或沿与两个平行未知力垂直的方向投影列平衡方程,可使一个方程中只含一个未知力。

【例 14-6】 图 14-14a)所示桁架,各杆杆长为 a,桁架上受力 $P_1 = 10\text{kN}$,$P_2 = 7\text{kN}$,求 1、2、3 杆的内力。

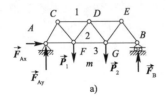 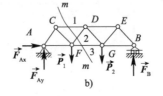 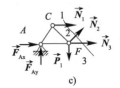

图 14-14 截面法计算桁架内力

解:(1) 求支座反力。
取整体为研究对象,则
$\sum F_x = 0$, $F_{Ax} = 0$
$\sum M_A(\vec{F}) = 0$, $F_B \times 3 - P_1 \times 1 - P_2 \times 2 = 0$, $F_B = 8\text{kN}(\uparrow)$
$\sum F_y = 0$, $F_B + F_{Ay} - P_1 - P_2 = 0$, $F_{Ay} = 9\text{kN}(\uparrow)$

(2) 取 m-m 截面,如图 14-14b) 所示。
$\sum M_F(\vec{F}) = 0$, $N_1 \dfrac{\sqrt{3}}{2}a + F_{Ay}a = 0$, $N_1 = -10.4\text{kN}$
$\sum F_y = 0$, $N_2 \sin 60° + F_{Ay} - P_1 = 0$, $N_2 = 1.15\text{kN}$
$\sum F_x = 0$, $N_1 + N_3 + N_2 \cos 60° + F_{Ax} = 0$, $N_3 = 9.81\text{kN}$

3. 结点法与截面法的联合运用

在一些比较复杂的桁架中,仅用结点法或截面法不容易求得所有杆件的内力。联合使用结点法与截面法,则方便很多。

【例 14-7】 平面桁架的支座和荷载如图 14-15a)所示,求 1、2、3 杆的内力。

解:(1) 取 m—m 截面
由 $\sum M_K(\vec{F}) = 0 - F \times \dfrac{2}{3}a - F_2 \times a = 0$
得 $F_2 = -\dfrac{2}{3}F$
由 $\sum F_x = 0$
得 $F_3 = 0$

(2) 取结点 C
由 $\sum F_y = 0 - F_2 - F_5 \sin\alpha = 0$
得 $F_5 = \dfrac{-F_2}{\sin\alpha}$

由 $\sum F_x = 0 \quad -F_1 - F_5\cos\alpha = 0$

得 $F_1 = F_2\cot\alpha = -\dfrac{2}{3}F \times \dfrac{2}{3} = -\dfrac{4}{9}F$

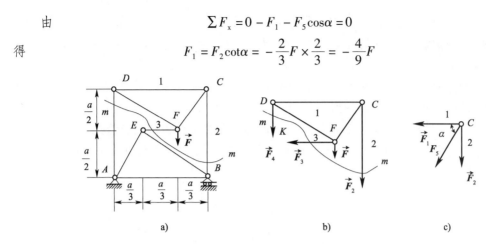

图 14-15　结点法与截面法的联合计算桁架

单元 14.4　三铰拱结构

一、拱的结构特性

拱是杆轴线为曲线并且在竖向荷载作用下会产生水平反力的结构。常用的拱形式有三铰拱、两铰拱和无铰拱(图 14-16)等几种。除桥梁、隧道外,在房屋建筑中,屋面承重结构也用到拱结构。

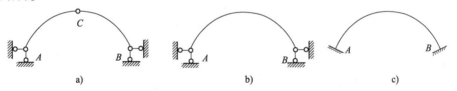

图 14-16　拱常用的形式
a) 三铰拱；b) 两铰拱；c) 无铰拱

拱结构的特点是:杆轴线为曲线,而且在竖向荷载作用下支座将产生水平力。这种水平反力又称为**水平推力**,简称**推力**。拱结构与梁结构的区别,不仅在于外形不同,更重要的是在于竖向荷载作用下是否产生水平推力。图 14-17 所示的两个结构,虽然它们的杆轴都是曲线,但图 14-17a)所示结构在竖向荷载作用下不产生水平推力,其弯矩与相应简支梁(同跨度、同荷载的梁)的弯矩相同,所以这种结构不是拱结构而是一根曲梁。而图 14-17b)所示结构,由于其两端都有水平支座链杆,在竖向荷载作用下将产生水平推力,所以属于拱结构。

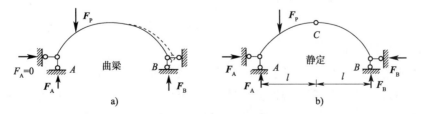

图 14-17　曲梁与拱的区别

有时,在拱的两支座间设置拉杆来代替支座承受水平推力,在竖向荷载作用下,使支座只产生竖向反力。但是这种结构的内部受力情况与三铰拱完全相同,故称为具有拉杆的拱,简称拉杆拱。它的优点在于消除了推力对支承结构(如砖墙、柱等)的影响。拉杆拱的计算简图如图14-18所示。

拱的各部位名称如图14-19所示。拱身截面形心之轴线称为**拱轴**,拱两端与支座联结处称为**拱趾**,或称为拱脚,通常两拱趾位于同一高程上。拱轴最高一点称为**拱顶**。三铰拱的中间铰通常布置在拱顶处。拱顶到两拱趾连线的竖向距离 f 称为**拱高**,或称为**拱矢**、矢高。**矢跨比**(f/l)值的变化范围很大,是拱的重要几何特征,是决定拱主要性能的重要因素。

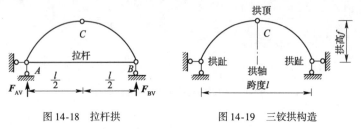

图 14-18 拉杆拱   图 14-19 三铰拱构造

二、三铰拱的内力分析

三铰拱为静定结构,其全部约束反力和内力求解与静定梁或三铰刚架的求解方法完全相同,都是利用平衡条件确定。现以拱趾在同一水平线上的三铰拱为例[图14-20a)],推导其支座反力和内力的计算中心公式。同时,为了与梁比较,图14-20b)给出了同跨度、同荷载的相应简支梁计算简图。

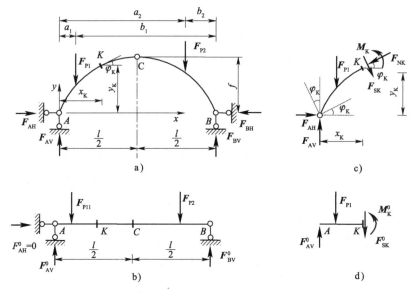

图 14-20 三铰拱的计算分析

1. 支座反力的计算公式

三铰拱两端是固定铰支座,其支座反力共有4个,其全部反力的求解共需列4个平衡方程。与三铰刚架类似,一般需取两次分离体,除取整体列出3个平衡方程外,还需取左半个拱或右半个拱为分离体,再列一个平衡方程(通常列对中间铰的力矩式平衡方程 $\sum M_C(F_i)=0$),方可求出全部反力。

注意：尽量做到每列一个方程，解出一个未知量，避免解联立方程。

(1) 取整体为分离体，如图 14-20a) 所示，列 $\sum M_A(F_i) = 0$ 与 $\sum M_B(F_i) = 0$ 两个力矩式平衡方程以及水平方向投影平衡方程 $\sum F_x = 0$，可得

$$F_{AV} = \frac{F_{P1}b_1 + F_{P2}b_2}{l} = \frac{\sum F_{Pi}b_i}{l} \tag{14-1}$$

$$F_{BV} = \frac{F_{P1}a_1 + F_{P2}a_2}{l} = \frac{\sum F_{Pi}a_i}{l} \tag{14-2}$$

$$F_{AH} = F_{BH} = F_H \tag{14-3}$$

式中：F_H——铰支座对拱结构的水平推力。

(2) 考虑左半个拱 AC 的平衡，列平衡方程 $\sum M_C(F_i) = 0$，则有

$$F_{AV} \times \frac{l}{2} + F_{P1} \times \left(\frac{l}{2} - a_1\right) - F_H \times f = 0$$

整理可得

$$F_H = \frac{F_{AV} \times \frac{l}{2} + F_{P1} \times \left(\frac{l}{2} - a_1\right)}{f} \tag{14-4}$$

(3) 将拱与图 14-20b) 所示的同跨度、同荷载的水平简支梁比较，式(14-1)与式(14-2)恰好与相应简支梁的支座反力 F_{AV}^0 和 F_{BV}^0 相等。而式(14-4)中水平推力 F_H 的分子等于简支梁截面 C 的弯矩 M_C^0。所以三铰拱的支座反力分别为

$$F_{AV} = F_{AV}^0 \tag{14-5}$$

$$F_{BV} = F_{BV}^0 \tag{14-6}$$

$$F_H = \frac{M_C^0}{f} \tag{14-7}$$

由式(14-7)可知，水平推力 F_H 等于相应简支梁的截面 C 的弯矩 M_C^0 除以拱高 f。其值只与 3 个铰的位置有关，而与各铰间的拱轴线无关，即 F_H 只与拱的高跨比 f/l 有关。当荷载和拱的跨度不变时，推力 F_H 将与拱高 f 成反比，即 f 越大则 F_H 越小；反之 f 越小则 F_H 越大。

支座反力的主要特点：①竖向反力与拱高无关；②水平反力与 f 成反比；③所有反力与拱轴无关，只取决于荷载与三个铰的位置。

2. 三铰拱的内力计算公式

三铰拱的内力符号规定：①弯矩以使拱内侧纤维受拉为正；②剪力以使隔离体顺时针转动为正；③因拱受压力，规定轴力以压力为正。

为计算三铰拱任意截面 K（应与拱轴线正交）的内力，取三铰拱的 AK 为分离体，其受力图如图 14-20c) 所示，图中内力均按正方向假设。相应的简支梁受力图如图 14-20d) 所示。由图可见，K 截面内力为

$$F_{SK}^0 = F_{AV}^0 - P_1$$

$$M_K^0 = F_{AV}^0 x_K - P_1(x_K - a_1)$$

由图 14-20c) 中的 $\sum M_K = 0$ 及所有力向 K 截面的切线和法线方向分别投影，其代数和为零。求得 M_K 与相应简支梁 K 截面内力的关系式为

$$\left.\begin{array}{l} M_K = M_K^0 - F_H y_K \\ F_{SK} = F_{SK}^0 \cos\varphi_K - F_H \sin\varphi_K \\ F_{NK} = F_{SK}^0 \sin\varphi_K + F_H \cos\varphi_K \end{array}\right\} \tag{14-8}$$

由式(14-8)可知,三铰拱的内力值不但与荷载及三个铰的位置有关,而且与各铰间拱轴线的形状有关。计算中左半个拱 φ_K 的符号为正,右半个拱 φ_K 的符号为负。同时可知:因推力关系,拱内弯矩、剪力较之相应的简支梁都小。拱结构可跨越比梁更大的跨度;但拱结构的支承要比梁的支承多承受上部结构作用的水平方向作用压力,因此支承部位拱不及梁经济。拱内以轴力(压力)为主要内力。

三铰拱的主要特点:①拱要比梁有更坚固的支承;②拱可跨越较梁更大的跨度;③拱宜用脆性材料。

【例 14-8】 三铰拱及其所受荷载如图 14-21 所示。拱的轴线为抛物线方程 $y = \dfrac{4f}{l^2} \cdot x(l-x)$,试计算该三铰拱的反力并绘制内力图。

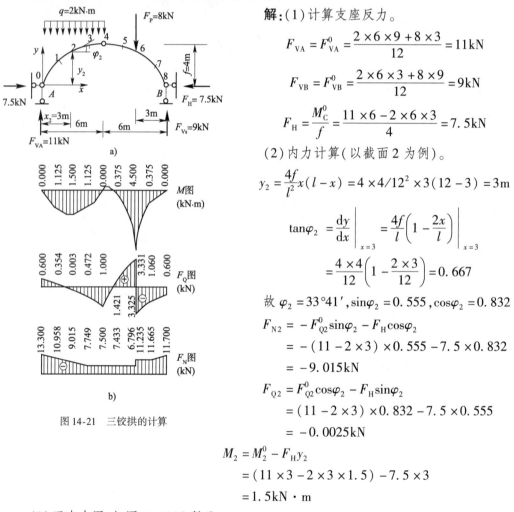

图 14-21 三铰拱的计算

解:(1)计算支座反力。

$$F_{VA} = F_{VA}^0 = \frac{2 \times 6 \times 9 + 8 \times 3}{12} = 11\text{kN}$$

$$F_{VB} = F_{VB}^0 = \frac{2 \times 6 \times 3 + 8 \times 9}{12} = 9\text{kN}$$

$$F_H = \frac{M_C^0}{f} = \frac{11 \times 6 - 2 \times 6 \times 3}{4} = 7.5\text{kN}$$

(2)内力计算(以截面 2 为例)。

$$y_2 = \frac{4f}{l^2}x(l-x) = 4 \times 4/12^2 \times 3(12-3) = 3\text{m}$$

$$\tan\varphi_2 = \left.\frac{dy}{dx}\right|_{x=3} = \left.\frac{4f}{l}\left(1-\frac{2x}{l}\right)\right|_{x=3}$$

$$= \frac{4 \times 4}{12}\left(1-\frac{2 \times 3}{12}\right) = 0.667$$

故 $\varphi_2 = 33°41'$, $\sin\varphi_2 = 0.555$, $\cos\varphi_2 = 0.832$

$$F_{N2} = -F_{Q2}^0\sin\varphi_2 - F_H\cos\varphi_2$$
$$= -(11-2\times3)\times0.555 - 7.5\times0.832$$
$$= -9.015\text{kN}$$

$$F_{Q2} = F_{Q2}^0\cos\varphi_2 - F_H\sin\varphi_2$$
$$= (11-2\times3)\times0.832 - 7.5\times0.555$$
$$= -0.0025\text{kN}$$

$$M_2 = M_2^0 - F_H y_2$$
$$= (11\times3 - 2\times3\times1.5) - 7.5\times3$$
$$= 1.5\text{kN}\cdot\text{m}$$

(3)画内力图,如图 14-21b)所示。

三、三铰拱的合理拱轴线

在一般情况下,三铰拱截面上有弯矩、剪力和轴力,处于偏心受压状态,其正应力分布不均匀。但是,我们可以选取一根适当的拱轴线,使得在给定荷载作用下,拱上各截面只承受轴力,而且弯矩为零,这样的拱轴线称为合理轴线。

由式(14-8)可知,任意截面 K 的弯矩为

$$M_K = M_K^0 - F_H y_K \tag{14-9}$$

式(14-9)说明,三铰拱的弯矩 M_K 是由相应简支梁的弯矩 M_K^0 与 $-F_H y_K$ 叠加而得。当拱的跨度和荷载为已知时,M_K^0 不随拱轴线改变而变,而 $-F_H y_K$ 则与拱的轴线有关。因此,我们可以在 3 个铰之间恰当地选择拱的轴线形式。使拱中各截面的弯矩 M_K 都为零,即

$$M_K = M_K^0 - F_H y = 0$$

因此,合理拱轴的方程为

$$y = \frac{M_K^0}{F_H} \tag{14-10}$$

由式(14-10)可知:合理轴线的竖标 y 与相应简支梁的弯矩竖标成正比,$1/F_H$ 是这两个竖标之间比例系数。当拱上所受荷载为已知时,只需求出相应简支梁的弯矩方程,然后除以推力 F_H,即可得到拱的合理轴线方程。

单元 14.5 静定组合结构

一、组合结构的组成

组合结构是指由若干受弯杆件和链杆混合组成的结构。图 14-22 所示均为静定组合结构示例。组合结构常用于房屋建筑中的屋架、吊车梁和桥梁的承重结构。

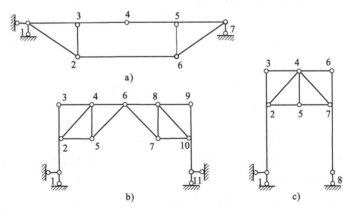

图 14-22 静定组合结构

二、组合结构内力分析方法

用截面法和结点法联合求解,其计算步骤与其他静定结构相同,但在取分离体时,应特别注意所截断的杆件属于哪一类型。如果截断的杆件是梁式杆,则杆件的内力分量一般有弯矩、剪力和轴力;如果截断的杆件是链杆,则该杆件的内力只有轴力。

【**例 14-9**】 试作图 14-23 所示组合结构的内力图。

解:(1)求支座反力。

利用对称性,由整体平衡条件得

$$F_{ya} = F_{yb} = 1 \times 4 = 4\text{kN}, F_{xa} = 0$$

(2) 计算链杆轴力。

几何组成分析：本结构是由 ADE 和 BFG 两个刚片用铰 C 和链杆 EG 连接而成的几何不变且无多余约束的组合结构。计算内力时，先作截面 n—n，截断铰 C 和链杆 EG，分离体如图 14-23b) 所示，由力矩平衡方程得

由 $\sum M_C = 0$，则

$$F_{NEG} = \frac{-1 \times 4 \times 2 + 4 \times 4}{2} = 4\text{kN}$$

取 E 结点，由 $\sum F_x = 0$，则

$$F_{NEA} = 4\sqrt{2}\text{kN}$$

由 $\sum F_y = 0$，则

$$F_{NED} = -4\text{kN}$$

(3) 画弯矩和轴力图，如图 14-23c) 所示。

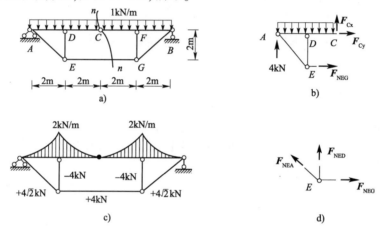

图 14-23 组合结构的内力计算

模块小结

1. 在计算多跨静定梁时，可将其分成若干单跨梁分别计算，首先计算附属部分，然后计算基础部分，最后将各单跨梁的内力图连在一起，即可得到多跨静定梁的内力图。

2. 画刚架内力图的基本方法是将刚架拆成单个杆件，求各杆件的杆端内力，先分别作各杆件的内力图，然后将各杆的内力图合并在一起即可得到刚架的内力图。在求解各杆的杆端内力时，应注意结点的平衡。

3. 三铰拱的内力计算与相应简支梁的剪力和弯矩相联系。这样求三铰拱的内力归结为求拱的水平推力和相应简支梁的剪力和弯矩，然后代入相应公式计算即可。

4. 求解静定平面桁架的基本方法是结点法和截面法。前者是以结点为研究对象，用平面汇交力系的平衡方程求解内力，一般首先选取的结点未知内力的杆不超过两根；而截面法是假设用截面把桁架截开，取一部分为研究对象，用平面任意力系的平衡方程求解内力，应注意假设的截面一定要把桁架断为

两部分(每一部分必须有一根完整的杆件),一个截面一般不应超过截断3根未知内力的杆件。

5. 静定平面结构不同类型及比较。

静定平面结构主要有静定梁、静定刚架、静定拱、静定桁架和组合结构等类型。

静定梁包括单跨静定梁和多跨静定梁。单跨静定梁可分为简支梁、外伸梁和悬臂梁。单跨静定梁是组成各种结构的基本形式之一。多跨静定梁是使用短梁小跨度的一种较合理的结构形式。

静定刚架分为简支刚架、悬臂刚架和三铰刚架三种。其中,静定刚架是直杆由刚结点连接组成的结构。由于有刚结点,各杆之间可以传递弯矩,内力分布较为均匀,可以充分发挥材料的性能,同时刚结点处刚架杆数少,可以形成较大的内部空间。

静定拱主要有三铰拱和带拉杆的三铰拱。它们是由曲杆组成,在竖向荷载作用下,支座处有水平反力的结构。水平推力使拱上的弯矩比同情况下的梁的弯矩小得多。因而材料可以充分得到利用。又由于拱主要是受压,这样可以利用抗压性能好而抗拉性能差的砖、石和混凝土等建筑材料。

静定桁架是由等截面直杆相互用铰链连接组成的结构。理想桁架各杆均为只受轴向力的二力杆。静定桁架内力分布均匀,可以用较少的材料跨越较大的跨度。

6. 静定平面结构的特性:①静定结构是没有多余联系的几何不变体系;②静定结构的反力和内力是只用静力平衡条件就可以确定的;③静定结构在温度改变、支座产生位移和制造误差等因素的影响下,不会产生内力和反力,但能使结构产生位移;④当平衡力系作用在静定结构的某一内部几何不变部分上时,其余部分的内力和反力不受其影响;⑤当静定结构的某一内部几何不变部分上的荷载作等效变换时,只有该部分的内力发生变化,其余部分的内力和反力均保持不变。

以上讨论了几种典型的静定结构:静定梁(单跨和多跨梁)、刚架、拱、桁架、组合结构等。如果从反力的特点进行结构分类,则静定结构又可分为无推力结构(梁、梁式桁架)和有推力结构(三铰拱、三铰刚架、拱式桁架、组合结构)。虽然这些静定结构的形式各异,但有下列共同的特性,分析如下:

(1)静力分析方面。静定结构的全部约束反力和内力可由静力平衡方程求解,而且**满足平衡条件的内力解答是唯一的**,这是**静定结构的基本静力特性**。

在几何组成方面,静定结构是无多余联系的几何不变体系。在静力平衡方面,由于静定结构没多余约束,故所有内力和反力都可由平衡条件完全确定,而且所得的内力和反力的解答只有一种。下面总结静定结构的一般特性,这些特性都可由基本特性推论得出。

(2) 在静定结构中,温度改变、支座移动、制造误差和材料收缩等均不会引起内力。

根据静定结构解答的唯一性,在没有荷载作用时,零反力和零内力的解可满足静定结构的所有各部分的平衡条件,因上述的非荷载因素影响时,静定结构中均不引起内力,零解便是唯一的解答。

图 14-24a)、b) 所示的受温度改变影响的简支梁和悬臂梁,图 14-24c)、d) 所示的受支座移动的简支梁和三铰刚架,由于结构没有多余约束,当产生温度改变或支座不均匀沉降时,仅发生虚线所示绕 A 点的转动,而不产生反力和内力。

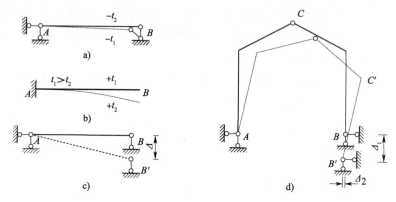

图 14-24 温度改变、支座移动的静定结构

(3) 静定结构的局部平衡特性。当平衡力系加在静定结构的某一内部几何不变部分时,其余部分都没有内力和反力。

如图 14-25a) 所示,简支梁的 CD 段为一几何不变部分时,作用有平衡力系,则只有该部分产生内力,其余梁段(AC、BD 段)没有内力和反力产生。图 14-25b) 所示的桁架,平衡力系作用在三角形 CDE 的内部,而 CDE 属于几何不变部分,则只有该部分杆件产生轴力,其余各杆和支座反力均等于零。

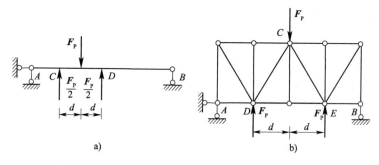

图 14-25 静定结构的局部平衡

(4) 静定结构的荷载等效特性。当静定结构的一个几何不变部分上的荷载作等效变换时,只有该部分的内力发生变化,其余部分的内力和反力均保持不变。

所谓等效变换,是指由一组荷载变换为另一组荷载,且两组荷载的合力保持相同。合力相同的荷载通常称为等效荷载。

如图14-26a)所示,简支梁在F_P的作用下,若把F_P进行等效变换,等效力系的结果如图14-26b)所示。那么,除CD范围内的受力状态发生变化处,其余部分的内力和反力保持不变。

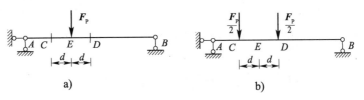

图14-26 静定结构的荷载等效

(5)静定结构的构造变换特性。当静定结构的一个内部几何不变部分作组成上的局部构造变换时,只在该部分的内力发生变化,其余部分的内力均保持不变。

如图14-27a)所示的桁架,若把6-7杆换成图14-27b)所示的小桁架6、8、7、9,而作用的荷载和端部6、7铰的约束性质保持不变,则在作上述组成的局部改变后,只有6、7部分的内力发生变化,其余部分的内力和反力保持不变。

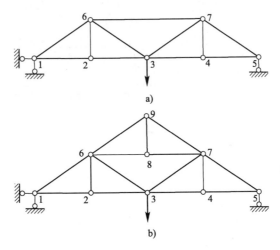

图14-27 静定结构的构造变换

14-1 试比较拱与梁的受力特点。

14-2 刚架的刚结点处内力图有何特点?

14-3 简述多跨静定梁中基本部分与附属部分的几何组成和受力特点。

14-4 三铰拱在任何荷载作用下的合理拱轴都是二次抛物线。（　　）

14-5 静定结构的全部内力及反力,只根据平衡条件求得,且解答是唯一的。（　　）

14-6 静定结构受外界因素影响均产生内力,内力大小与杆件截面尺寸无关。（　　）

14-7 静定结构的几何特征是几何不变且无多余约束的体系。（　　）

14-8 静定多跨梁包括基本部分和附属部分,反力计算从基本部分开始。（　　）

14-9 在静定刚架中,只要已知杆件两端弯矩和该杆所受外力,则该杆内力分布就可完全确定。 （　）

14-10 荷载作用在静定多跨梁的附属部分时,基本部分一般内力不为零。 （　）

14-11 题图 14-1 所示静定结构,在竖向荷载作用下,AB 是基本部分,BC 是附属部分。 （　）

14-12 题图 14-2 所示结构 B 支座反力等于 $F_P/2(\uparrow)$。 （　）

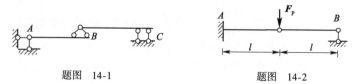

题图 14-1　　　　　　题图 14-2

14-13 在相同跨度及竖向荷载下,拱脚等高的三铰拱,水平推力 F_H 随矢高 f 减小而减小。 （　）

14-14 试作题图 14-3 所示铰接单跨或两跨静定梁的内力图。

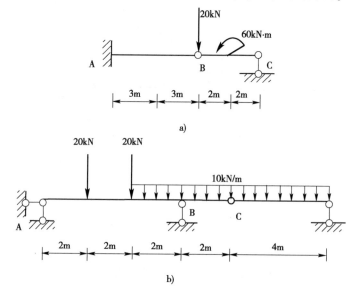

题图 14-3　作铰接单跨或两跨静定梁的内力图

14-15 试作题图 14-4 所示多跨静定梁的内力图。

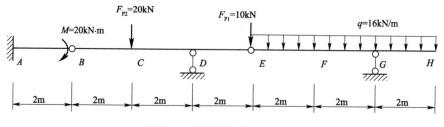

题图 14-4　作多跨静定梁的内力图

14-16 试作题图 14-5 所示刚架的内力图。

14-17 试求题图 14-6 所示平面桁架指定杆 1、2、3、4 的内力。

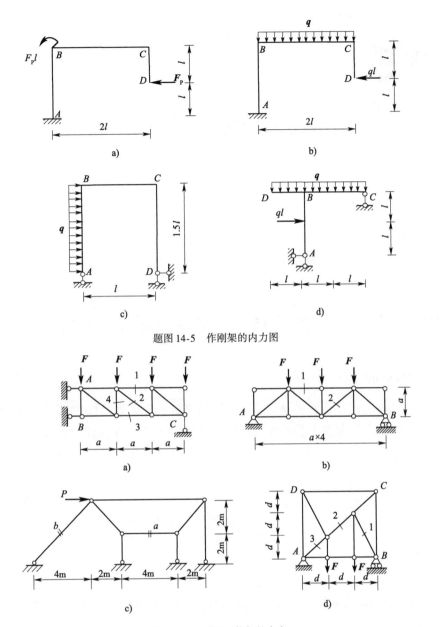

题图 14-5 作刚架的内力图

题图 14-6 求平面桁架的内力

14-18 计算题图 14-7 所示组合结构,求出二力杆中的轴力,并作梁式杆的弯矩图。

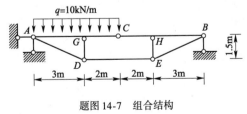

题图 14-7 组合结构

模块 15 静定结构的位移计算

1. 能够计算静定结构在荷载作用下的位移。
2. 会用图乘法计算荷载作用下静定结构的位移。

单元 15.1 结构位移计算的目的

一、结构位移

结构都是由变形材料制成的。当结构受到外部因素的作用时,它将产生变形和伴随而来的位移。变形是指形状的改变,位移是指某点位置或某截面位置和方位的移动。

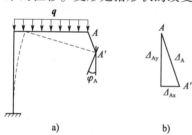

图 15-1 刚架的变形

如图 15-1a)所示,刚架在荷载作用下发生如虚线所示的变形,使截面 A 的形心从 A 点移动到了 A' 点,线段 AA' 称为 A 点的线位移,记为 Δ_A,它也可以用水平线位移 Δ_{Ax} 和竖向线位移 Δ_{Ay} 两个分量来表示,如图 15-1b)所示。同时,截面 A 还转动了一个角度,称为截面 A 的角位移,用 φ_A 表示。

除上述位移之外,静定结构由于支座沉降等因素作用,也可以使结构或杆件产生位移,但结构的各杆件并不产生内力,也不产生变形,这种位移称为刚体位移。

一般情况下,结构的线位移、角位移或相对位移,与结构原来的几何尺寸相比都是极其微小的。

引起结构产生位移的主要因素有荷载作用、温度改变、支座移动及杆件几何尺寸制造误差和材料收缩变形等。

二、结构位移计算的目的

1. 验算结构的刚度

结构在荷载作用下如果变形过大,即使不破坏也不能正常使用。因此,在结构设计时,要计算结构的位移,以控制结构不能发生过大的变形。让结构位移不超过允许的限值,这一计算过程称为刚度验算。

2. 计算超静定

在计算超静定结构的反力和内力时,由于静力平衡方程数目不够,需建立位移条件的补充方程,所以必须计算结构的位移。

3. 保证施工

在结构的施工过程中,常常需要知道结构的位移,以确保施工安全和拼装就位。

4. 研究振动和稳定

在结构的动力计算和稳定计算中,还需要计算结构的位移。

可见,结构的位移计算在城市轨道交通、建筑、路桥等工程实际中具有重要意义。

单元 15.2 虚 功 原 理

一、功与广义位移

如图 15-2 所示,设物体上 A 点受到恒力 P 的作用时,从 A 点移到 A' 点,发生了 Δ 的线位移,则力 P 在位移 Δ 过程中所做的功为

$$W = P\Delta\cos\theta \tag{15-1}$$

式中:θ——力 P 与位移 Δ 之间的夹角。

功是标量,它的量纲为力乘以长度,其单位用 N·m 或 kN·m 表示。

图 15-3 为一绕 O 点转动的轮子。在轮子边缘作用有力。P 假设力 P 的大小不变而方向改变,但始终沿着轮子的切线方向。当轮缘上的一点 A 在力 P 的作用下转到点 A',即轮子转动了角度 φ 时,力 P 所做的功为

$$W = PR\varphi$$

式中:PR——P 点对 O 点的力矩,以 M 来表示,则有

$$W = M\varphi \tag{15-2}$$

即力矩所做的功为力矩的大小和其所转过的角度的乘积。

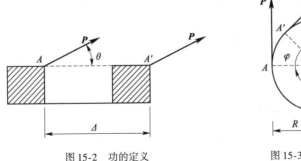

图 15-2 功的定义　　图 15-3 力矩做功

另外,力偶所做的功为力偶矩的大小和其所转过的角度的乘积。为了方便计算,可将力、力偶做的功统一写成

$$W = P\Delta \tag{15-3}$$

式中,P 为广义力,它可以是一个集中力或集中力偶,也可以是一对力或一对力偶,等等。若 P 为集中力,则 Δ 就为线位移;若 P 为力偶,则 Δ 为角位移。Δ 称为广义位移,它可以是线位移、角位移等。

对于功的基本概念,需注意以下两个问题:

(1) 功的正负号。功可以为正,也可以为负,还可以为零。当 P 与 Δ 方向相同时,为正;反之则为负。当 P 与 Δ 方向相互垂直时,功为零。

(2) 实功与虚功。实功是指外力或内力在自身引起的位移上所做的功;若外力或内力在其他原因引起的位移上做功,称为虚功。

例如,图 15-4a) 所示简支梁,在静力荷载 P_1 的作用下,结构发生了图 15-4a) 虚线的变形,达到平衡状态。当 P_1 由零缓慢逐渐增加到其最终值时,其作用点沿 P_1 方向产生了位移 Δ_{11},此时 $W_{11}=0.5P_1\Delta_{11}$ 就为 P_1 所作的实功,称为外力实功;若在此基础上,又在梁上施加另外一个静力荷载 P_2,梁就会达到新的平衡状态 [图 15-4b)],P_1 的作用点沿 P_1 方向又产生了位移 Δ_{12}(此时的 P_1 不再是静力荷载,而是一个恒力)。P_2 的作用点沿 P_2 方向产生了位移 Δ_{22},那么,由于 P_1 不是产生 Δ_{12} 的原因,所以 $W_{12}=0.5P_1\Delta_{12}$ 就为 P_1 所做的虚功,称为外力虚功;而 P_2 是产生 Δ_{22} 的原因,所以 $W_{22}=0.5P_2\Delta_{22}$ 就是外力实功。

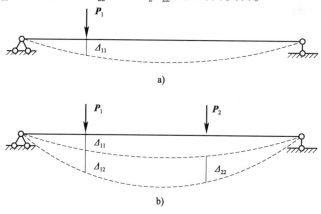

图 15-4 外力实功和虚功

二、内力虚功

内力虚功也称为虚应变能,是指内力在其他因素引起的位移上所做的功。

如图 15-5 所示,简支梁在外力作用下各微段两侧的内力为 M、F_S、F_N,其对应的变形为 $d\varphi$、γds、du,所做的虚功称为**内力虚功**,其微段表达式为

$$dw_{内}=F_N du+M d\varphi+F_S \gamma ds \tag{15-4}$$

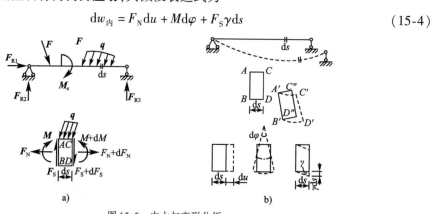

图 15-5 内力与变形分析
a) 力状态;b) 位移状态

对于整个平面杆系结构而言,则有

$$W_{内} = \sum \int \mathrm{d}w_{内} = \sum \int F_N \mathrm{d}u + \sum \int M \mathrm{d}\varphi s + \sum \int F_S r \mathrm{d}s \tag{15-5}$$

将这个功称为内力虚功。内力虚功强调做功的力与产生位移的原因无关。

三、变形体的虚功原理

根据能量转变和守恒定律,可推出外力虚功等于内力虚功,即

$$W_{外} = W_{内}$$

或

$$W_{外} = \sum \int F_N \mathrm{d}u + \sum \int M \mathrm{d}\varphi s + \sum \int F_S r \mathrm{d}s \tag{15-6}$$

式(15-6)表明:外力在此虚位移上所做虚功总和等于各微段上内力在微段虚变形位移上所做虚功的总和,即外力虚功等于内力虚功。这就是**虚功原理**。式(15-6)称为**变形体虚功方程**。

虚功原理在具体应用时主要有两种方式:

(1)虚设力状态。对于给定的力状态,另外虚设一个位移状态,利用虚功方程来求解力状态中的未知力,这样应用的虚功原理可称为**虚位移原理**。

(2)虚设位移状态。对于给定的位移状态,另外虚设一个力状态,利用虚功方程来求解位移状态中的未知位移,这样应用的虚功原理可称为**虚力原理**。

四、利用虚功原理计算结构的位移

虚力原理是在虚功原理两个彼此无关的状态中,在位移状态给定的条件下,通过虚设平衡力状态而建立虚功方程求解结构实际存在的位移。

1. 结构位移计算的一般公式

如图 15-6a)所示,刚架在荷载支座移动及温度变化等因素影响下,产生了如图虚线所示的实际变形,此状态为位移状态。为求此状态的位移需按所求位移相对应地虚设一个力状态。若求图 15-6a)所示刚架 K 点沿 $k-k$ 方向的位移 Δ_K,现虚设图 15-6b)所示刚架的力状态。即在刚架 K 点沿拟求位移 Δ_K 的 $K-K$ 方向虚加一个集中力 F_K,为使计算简便令 $F_K = 1$。

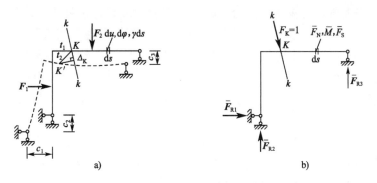

图 15-6 外力虚功和内力虚功
a)位移状态(实际状态);b)力状态(虚拟状态)

为求外力虚功 W,在位移状态中给出了实际位移 Δ_K,C_1、C_2 和 C_3 在力状态中可根据 $F_K = 1$ 的作用求出 $\overline{F}_{R1}$、$\overline{F}_{R2}$、$\overline{F}_{R3}$ 支座反力。力状态上的外力在位移状态上的相应位移所做虚

功为

$$W_{外} = F_K \Delta_K + \overline{F}_{R1} C_1 + \overline{F}_{R2} C_2 + \overline{F}_{R3} C_3$$
$$= 1 \times \Delta_K + \sum \overline{F}_R C$$

为求变形虚功,在位移状态中任取一 ds 微段,微段上的变形位移分别为 du、$d\varphi$ 和 γds。

在力状态中,可在与位移状态相对应的相同位置取 ds 微段,并根据 $F_K = 1$ 的作用可求出微段上的内力。$\overline{F}_N$、$\overline{M}$ 和 $\overline{F}_S$ 这些力状态微段上的内力,在位移状态微段上的变形位移所做虚功为

$$dw_{内} = \overline{F}_N du + \overline{M} d\varphi + \overline{F}_S \gamma ds$$

而整个结构的变形虚功为

$$W_{内} = \sum \int \overline{F}_N du + \sum \int \overline{M} d\varphi + \sum \int \overline{F}_S \gamma ds$$

由虚功原理 $W_{外} = W_{内}$,则有

$$1 \times \Delta_K + \sum \int \overline{F}_R C = \sum \int \overline{F}_N du + \sum \int \overline{M} d\varphi + \sum \int \overline{F}_S \gamma ds$$

得

$$\Delta_K = -\sum \overline{F}_R C + \sum \int \overline{F}_N du + \sum \int \overline{M} d\varphi + \sum \int \overline{F}_S \gamma ds \tag{15-7}$$

式(15-7)就是**平面杆件结构位移计算的一般公式**。

如果确定了虚拟力状态,其反力 $\overline{F}_R$ 和微段上的内力 $\overline{F}_N$、$\overline{M}_1$ 和 $\overline{F}_S$ 可求;同时,若已知了实际位移状态支座的位移 C,并可求解微段的变形 du、$d\varphi$、γds,则位移 Δ_K 可求。若计算结果为正,表示单位荷载所做虚功为正,即所求位移 Δ_K 的指向与单位荷载 $F_K = 1$ 的指向相同,为负则相反。

2. 单位荷载的设置

利用虚功原理来求结构的位移,关键是虚设恰当的力状态,而方法的巧妙之处在于虚设的单位荷载一定在所求位移点沿所求位移方向设置,这样虚功恰等于位移。这种计算位移的方法称为**单位荷载法**。

在实际问题中,除了计算线位移外,还要计算角位移、相对位移等。因集中力是在其相应的线位移上做功,力偶是在其相应的角位移上做功,若拟求绝对线位移,则应在拟求位移处沿拟求线位移方向虚设相应的单位集中力;若拟求绝对角位移,则应在拟求角位移处沿拟求角位移方向虚设相应的单位集中力偶;若拟求相对位移,则应在拟求相对位移处沿拟求位移方向虚设相应的一对平衡单位力或力偶。图 15-7 分别表示了在拟求 Δ_{Ky}、Δ_{Kx}、φ_K、Δ_{K5} 和 φ_{CE} 的单位荷载设置。

为研究问题的方便,在位移计算中,我们引入广义位移和广义力的概念。线位移、角位移、相对线位移、相对角位移以及某一组位移等,可统称为广义位移;而集中力、力偶、一对集中力、一对力偶以及某一力系等,则统称为广义力。

这样在求任何广义位移时,虚拟状态所加的荷载就应是与所求广义位移相应的单位广义力。这里的"相应"是指力与位移在做功的关系上的对应,如集中力与线位移对应、力偶与角位移对应等。

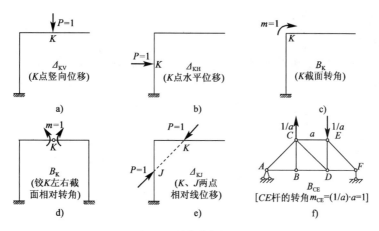

图 15-7 单位荷载的设置

单元 15.3 荷载作用下的位移计算

设位移仅由荷载引起,而无支座移动,故式(15-7)中的 $\sum \overline{F}_R C$ 一项为零,位移计算公式为

$$\Delta_K = \sum \int \overline{M} d\varphi_P + \sum \int \overline{F}_S \gamma_P ds + \sum \int \overline{F}_N du_P \tag{15-8}$$

在荷载作用下应用式(15-8)计算位移时,应根据材料是弹性的特点计算荷载作用下各截面的应变。计算时,从结构上截取长度为 ds 的微段,在虚拟状态中由单位荷载 $P_k = 1$ 引起的此微段两端截面上的内力用 $\overline{M}$、$\overline{F}_S$、$\overline{F}_N$ 表示;在实际状态中,由荷载 P 引起的此微段两端截面上的内力用 M_P、F_{SP} 和 $\overline{F}_{NP}$ 表示,微段的变形为 $d\varphi_P$、$\gamma_P ds$、du_P,故虚拟状态的内力在实际状态相应的变形上所做的虚功为

$$W = \sum \int \overline{M} d\varphi_P + \sum \int \overline{F}_S \gamma_P ds + \sum \int \overline{F}_N du_P$$

对于弹性结构,因

$$d\varphi_P = \frac{M_P ds}{EI}$$

$$du_P = \frac{F_{NP} ds}{EA}$$

$$\gamma_P ds = \frac{k F_{SP} ds}{GA}$$

代入式(15-8),得

$$\Delta_K = \sum \int \frac{\overline{M} M_P}{EI} ds + \sum \int \frac{k \overline{F}_S \overline{F}_{SP}}{GA} ds + \sum \int \frac{\overline{F}_N F_{NP}}{EA} ds \tag{15-9}$$

式(15-9)为平面杆系结构在荷载作用下的位移计算公式。

在荷载作用下的实际结构中,不同的结构形式其受力特点不同,各内力项对位移的影响也不同。为简化计算,对不同结构常忽略对位移影响较小的内力项,这样既满足于工程精度要求,又使计算简化。

各类结构的位移计算简化公式如下。

(1) 梁和刚架

位移主要由弯矩引起,为简化计算可忽略剪力和轴力对位移的影响。

$$\Delta_K = \sum \int \frac{\overline{M} M_P}{EI} ds \tag{15-10}$$

(2) 桁架

各杆件只有轴力。

$$\Delta_K = \sum \int \frac{\overline{F}_N F_{NP}}{EA} ds \tag{15-11}$$

(3) 拱

对于拱,当其轴力与压力线相近(两者的距离与拱截面高度为同一数量级)或者为扁平拱$\left(\frac{f}{l} < \frac{1}{5}\right)$时要考虑弯矩和轴力对位移的影响。

$$\Delta_K = \sum \int \frac{\overline{M} M_P}{EI} ds + \sum \int \frac{\overline{F}_N F_{NP}}{EA} ds \tag{15-12}$$

其他情况下一般只考虑弯矩对位移的影响。

$$\Delta_K = \sum \int \frac{\overline{F}_N F_{NP}}{EA} ds \tag{15-13}$$

(4) 组合结构

此类结构中梁式杆以受弯为主,只计算弯矩一项的影响。对于链杆只有轴力影响。

$$\Delta_K = \sum \int \frac{\overline{M} M_P}{EI} ds + \sum \int \frac{\overline{F}_N F_{NP}}{EA} ds \tag{15-14}$$

【例 15-1】 图 15-8a)所示刚架,各杆段抗弯刚度均为 EI。试求 B 截面水平位移 Δ_{Bx}。

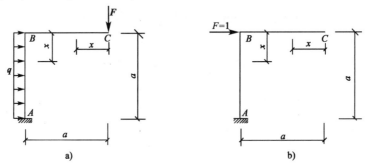

图 15-8 刚架的位移计算

解: 已知实际位移状态如图 15-8a)所示,假设虚拟单位力状态如图 15-8b)所示。刚架弯矩以内侧受拉为正,则有

BA 杆 $\qquad M_P(x) = -Fa - \dfrac{qx^2}{2}$

$$\overline{M}(x) = -1 \times x$$

BC 杆 $\qquad M_P(x) = -Fx$

$$\overline{M}(x)=0$$

将内力及 $ds=dx$ 代入式(15-9),则有

$$\Delta_{Bx}=\int_0^a \frac{-x}{EI}\times\left(-Fa-\frac{qx^2}{2}\right)dx+\int_0^a \frac{1}{EI}O(-Fx)dx$$

$$=\frac{1}{EI}\left(\frac{Fa^3}{2}+\frac{qa^4}{8}\right) \quad (\rightarrow)$$

【例 15-2】 试计算如图 15-9a)所示桁架结点 C 的竖向位移。设各杆 EA 为同一常数。

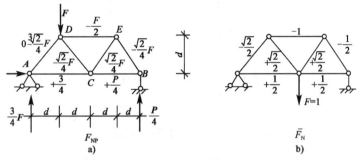

图 15-9 桁架的位移计算

解:实际位移状态如图 15-9a)所示,并求内力 F_{NP},假设虚拟单位力状态如图 15-9b)所示,并求内力 $\overline{F}_N$。

代入式(15-11),则有

$$\Delta_{Cy}=\frac{1}{EA}\sum\overline{F}_N F_{NP}l=\frac{1}{EA}\left(-\frac{\sqrt{2}}{2}\right)\times\left(-\frac{3\sqrt{2}}{4}F\right)\times(\sqrt{2}d)+\left(\frac{\sqrt{2}}{2}\right)\times\left(-\frac{\sqrt{2}}{4}F\right)\times(\sqrt{2}d)+$$

$$\left(\frac{\sqrt{2}}{2}\right)\times\left(\frac{\sqrt{2}}{4}F\right)\times\sqrt{2}d+\left(-\frac{\sqrt{2}}{2}\right)\times\left(-\frac{\sqrt{2}}{4}F\right)\times\sqrt{2}d+(-1)\times\left(-\frac{F}{2}\right)\times(2d)+$$

$$\left(\frac{1}{2}\right)\times\left(\frac{3}{4}F\right)\times 2d+\left(\frac{1}{2}\right)\times\left(\frac{F}{4}\right)\times 2d=\frac{Fd}{EA}\left(2+\frac{\sqrt{2}}{2}\right)$$

$$\approx 2.71\frac{Fd}{EA}(\downarrow)$$

单元 15.4 图 乘 法

计算梁和刚架在荷载作用下的位移时,先要写出 M_P 和 $\overline{M}$ 的方程式,然后代入式(15-10)进行积分运算。当荷载比较复杂时,两个函数乘积的积分计算很烦琐。当结构的各杆段符合下列条件时,问题可以简化如下:

(1)杆轴线为直线。
(2)EI 为常数。
(3)$\overline{M}$ 和 M_P 两个弯矩图至少有一个为直线图形。

若符合上述条件,则可用下述图乘法来代替积分运算,使计算工作简化。图 15-10 所示为等直杆 AB 段上的两个弯矩图,$\overline{M}$ 图为一段直线,M_P 图为任意形状对于图示坐标,$\overline{M}=x\tan\alpha$,于是有

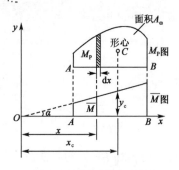

图 15-10 图乘法的公式推导

$$\int_A^B \frac{\overline{M}M_P}{EI}ds = \frac{1}{EI}\int_A^B \overline{M}M_p ds = \frac{1}{EI}\int_A^B x\tan\alpha M_p dx$$

$$= \frac{1}{EI}\tan\alpha \int_A^B xM_p dx \quad (15\text{-}15)$$

$$= \frac{1}{EI}\tan\alpha \int_A^B xdA_\omega$$

式中,$dA_\omega = M_p dx$,为 M_P 图的微面积,因而积分 $\int_A^B xdA_\omega$ 就是 M_P 图形面积 A_ω 对 y 轴的静矩。

这个静矩可以写为

$$\int_A^B xdA_\omega = A_\omega x_c \quad (15\text{-}16)$$

式中,x_c 为 M_P 图形心到 y 轴的距离。将式(15-16)代入式(15-15)得

$$\int_A^B \frac{\overline{M}M_P}{EI}ds = \frac{1}{EI}A_\omega x_c \tan\alpha$$

而 $x_c \tan\alpha = y_c$,y_c 为 $\overline{M}$ 图中与 M_P 图形心相对应的竖标。于是,式(15-16)可写为

$$\int_A^B \frac{\overline{M}M_P}{EI}ds = \frac{1}{EI}A_\omega y_c \quad (15\text{-}17)$$

上述积分式等于一个弯矩图的面积 A_ω 乘以其形心所对应的另一个直线弯矩图的竖标 y_c 再除以 EI。这种利用图形相乘来代替两函数乘积的积分运算称为图乘法。

根据上面的推证过程,在应用图乘法时要注意以下几点:

(1) 必须符合前述的条件。
(2) 竖标只能取自直线图形。
(3) A_ω 与 y_c 若在杆件同侧图乘取正号,异侧则取负号。
(4) 需要掌握几种简单图形的面积及形心位置。
(5) 当遇到面积和形心位置不易确定时,可将它分解为几个简单的图形,分别与另一图形相乘,然后把结果叠加。

例如,图 15-11a)所示两个梯形相乘时,梯形的形心不易定出,我们可以把它分解为两个三角形,即 $M_P = M_{Pa} + M_{Pb}$,形心对应竖标分别为 y_a 和 y_b,则有

$$\frac{1}{EI}\int \overline{M}M_P dx = \frac{1}{EI}\int \overline{M}(M_{Pa} + M_{Pb})dx$$

$$= \frac{1}{EI}\int \overline{M}M_{Pa}dx + \frac{1}{EI}\int \overline{M}M_{Pb}dx$$

$$= \frac{1}{EI}\left(\int \frac{al}{2}y_a + \frac{bl}{2}y_b\right)$$

式中,$y_a = \frac{2}{3}c + \frac{1}{3}d$,$y_b = \frac{1}{3}c + \frac{2}{3}d$。

当 M_P 或 $\overline{M}$ 图的竖标 a、b、c、d 不在基线的同一侧时,可继续分解为位于基线两侧的两个三角形,如图 15-11b)所示。

$$A_{\omega a} = \frac{al}{2}(\text{基线上})$$

$$A_{\omega b} = \frac{bl}{2}(\text{基线下})$$

$$y_a = \frac{2}{3}c - \frac{d}{3}(\text{基线下})$$

$$y_b = \frac{c}{3} - \frac{2}{3}d(\text{基线下})$$

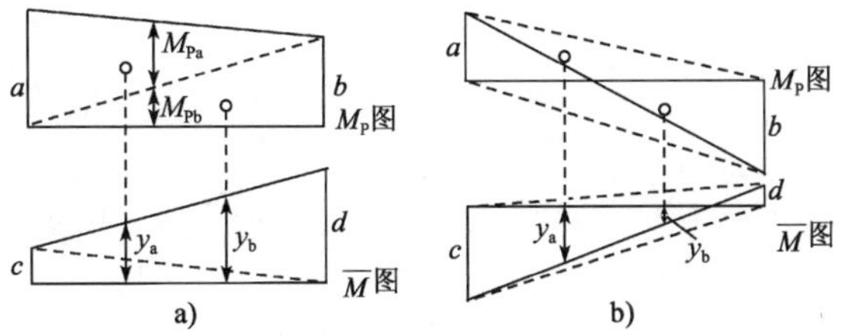

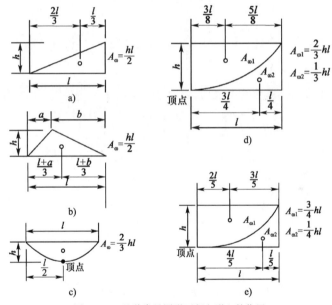

图 15-11 图乘叠加

图 15-12 所示为几种简单图形,其中各抛物线图形均为标准抛物线图形。所谓标准抛物线图形,是指抛物线图形具有顶点(顶点是指切线平行于底边的点),并且顶点在中点或者端点。在采用图形数据时一定要分清楚是否标准抛物线图形。

图 15-12 几种常见图形面积和形心的位置
a)、b)、c)、d)为二次抛物线,e)为三次抛物线

(6)当 y_c 所在图形是折线时,或各杆段截面不相等时,均应分段图乘,再进行叠加,如图 15-13 所示。

图 15-13a)所示应为

$$\Delta = \frac{1}{EI}(A_{\omega 1}y_1 + A_{\omega 2}y_2 + A_{\omega 3}y_3)$$

图 15-13b)所示应为

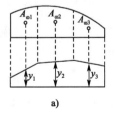
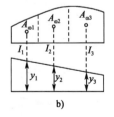

图 15-13 分段图乘

$$\Delta = \frac{A_{\omega 1}y_1}{EI_1} + \frac{A_{\omega 2}y_2}{EI_2} + \frac{A_{\omega 3}y_3}{EI_3}$$

【例 15-3】 试用图乘法计算图 15-14a)所示简支刚架距截面 C 的竖向位移 Δ_{Cy},B 点的角位移 φ_B 和 D、E 两点间的相对水平位移 Δ_{DE},其中各杆 EI 为常数。

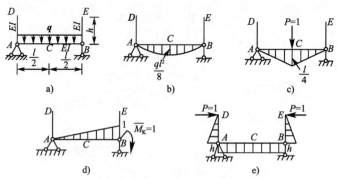

图 15-14 图乘法计算刚架位移

a)简支刚架;b)$\overline{M}_P$ 图;c)$\overline{M}_1$ 图;d)$\overline{M}_2$ 图;e)$\overline{M}_3$ 图

解:(1)计算截面 C 的竖向位移 Δ_{Cy}。

画出 M_P 图和截面 C 作用单位荷载 $F=1$ 时的 $\overline{M}_1$ 图,分别如图 15-14b)、c)所示。由于 $\overline{M}$ 图是折线,所以需分段进行图乘,然后叠加,即

$$\Delta_{cy} = \frac{1}{EI} \times 2\left[\left(\frac{2}{3} \times \frac{l}{2} \times \frac{ql^2}{8}\right) \times \left(\frac{5}{8} \times \frac{l}{4}\right)\right] = \frac{5ql^4}{384EI}(\downarrow)$$

(2)计算 B 点的角位移 φ_B。

在 B 点处加单位力偶,单位弯矩图 $\overline{M}_2$ 如图 15-14d)所示,将 M_P 与 $\overline{M}_2$ 图乘得

$$\varphi_B = \frac{-1}{EI}\left(\frac{2}{3} \times l \times \frac{ql^2}{8}\right) \times \frac{1}{2} = -\frac{ql^3}{24EI}(\uparrow)$$

式中,最初所用负号是因为两个图形在基线的异侧,最后结果为负号表示 φ_B 的实际转向与所加单位力偶的方向相反。

(3)计算 D、E 两点的相对水平位移 Δ_{DE}。

在 D、E 两点沿着两点连线加一对指向相反的单位力为虚拟状态,画出 $\overline{M}_3$ 图[图 15-14e)],将 M_P 与 $\overline{M}_3$ 图乘得

$$\Delta_{DE} = \frac{1}{EI}\left(\frac{2}{3} \times \frac{ql^2}{8} \times l\right) \times h = \frac{ql^3 h}{12EI}(\rightarrow\leftarrow)$$

计算结果为正号,表示 D、E 两点相对位移方向与所设单位力的指向相同,即 D、E 两点相互靠近。

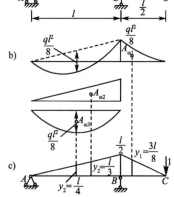

图 15-15 外伸梁竖向位移计算

【例 15-4】 试求图 15-15a)所示外伸梁 C 点的竖向位移 Δ_{Cy},其中梁的 EI 为常数。

解:画 M_P 和 $\overline{M}$ 图,分别如图 15-15b)、c)。BC 段 M_P 图是标准二次抛物线图形;AB 段 M_P 图不是标准二次抛物线图形,现将其分解为一个三角形和一个标准二次抛物线图形。由图乘法可得

$$\Delta_{Cy} = \frac{1}{EI}\left[\left(\frac{1}{3} \frac{ql^2}{8} \times \frac{l}{2}\right)\frac{3l}{8} - \left(\frac{2}{3}\frac{ql^2}{8} \times l\right) \times \frac{l}{4} + \left(\frac{1}{2}\frac{ql^2}{8} \times l\right) \times \frac{l}{3}\right]$$

$$= \frac{ql^4}{128EI}(\downarrow)$$

单元 15.5 温度变化和支座移动时静定结构的位移计算

一、温度作用下的位移计算

静定结构温度变化时不产生内力,但产生变形,从而产生位移。

如图 15-16a)所示,结构外侧升高 t_1 时内侧升高 t_2,现要求由此引起的 K 点竖向位移 Δ_{Kt}。此时,位移计算的一般式(15-7)可写为

$$\Delta_{Kt} = \sum \int \overline{F}_N du_t + \sum \int \overline{M} d\varphi_t + \sum \int \overline{F} S \gamma_t ds \tag{15-18}$$

为求 Δ_{Kt},需先求微段上由于温度变化而引起的变形位移 du_t、$d\varphi_t$、$\gamma_t ds$。

取实际位移状态中的微段 ds[图 15-16a)],微段上、下边缘处的纤维由于温度升高而伸长,分别为 $\alpha t_1 ds$ 和 $\alpha t_2 ds$,这里又是材料的线膨胀系数。为简化计算,可假设温度沿截面高度成直线变化,这样在温度变化时截面仍保持为平面。由几何关系可求微段在杆轴处的伸长为

$$du_t = \alpha t_1 ds + (\alpha t_2 ds - \alpha t_1 ds)\frac{h_1}{h}$$

$$= \alpha \left(\frac{h_2}{h}t_1 + \frac{h_1}{h}t_2\right)ds = \alpha t ds \tag{15-19}$$

式中,$t = \frac{h_2}{h}t_1 + \frac{h_1}{h}t_2$,为杆轴线处的温度变化。

若杆件的截面对称于形心轴,即 $h_1 = h_2 = \frac{h}{2}$,则 $t = \frac{t_1 + t_2}{2}$。

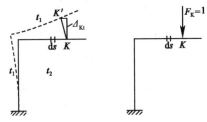
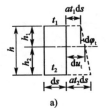
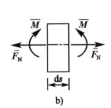

图 15-16 温度变化引起的结构变形
a)实际位移状态;b)虚拟单位力状态

微段两端截面的转角为

$$d\varphi_t = \frac{\alpha t_2 ds - \alpha t_1 ds}{h} = \frac{\alpha(t_2 - t_1)ds}{h} = \frac{\alpha \Delta t ds}{h} \tag{15-20}$$

式中,$\Delta t = t_2 - t_1$,为两侧温度变化之差。

对于杆件结构,温度变化并不引起剪切变形,即 $\gamma_t = 0$。

将以上微段的温度变化即式(15-19)、式(15-20)代入式(15-18),可得

$$\Delta_{Kt} = \sum \int \overline{F}_N \alpha t ds + \sum \int \overline{M} \frac{\alpha \Delta t ds}{h}$$

$$= \sum \alpha t \int \overline{F}_N ds + \sum \frac{\alpha \Delta t}{h} \int \overline{M} ds \tag{15-21}$$

若各杆均为等直杆,则有

$$\Delta_{Kt} = \sum \alpha t \int \overline{F}_N ds + \sum \frac{\alpha \Delta t}{h} \int \overline{M} ds$$

$$= \sum \alpha t A_{\omega \bar{F}_N} + \sum \frac{\alpha A t}{h} A_{\omega \bar{M}} \tag{15-22}$$

式中,$A_{\omega \bar{F}_N}$ 为 $\bar{F}_N$ 图的面积;$A_{\omega \bar{M}}$ 为 $\bar{M}$ 图的面积。

式(15-21)、式(15-22)是温度变化所引起的位移计算的一般公式,它右边两项的正负号做如下规定:若虚拟单位力状态的变形与实际位移状态的温度变化所引起的变形方向一致则取正号;反之,取负号。

对于梁和刚架,在计算温度变化所引起的位移时,一般不能略去轴向变形的影响。对于桁架,在温度变化时,其位移计算公式为

$$\Delta_{Kt} = \sum \bar{F}_N \alpha t l \tag{15-23}$$

当桁架的杆件长度因制造而存在误差时,由此引起的位移计算与温度变化时相类似。设各杆长度误差为 Δl,则位移计算公式为

$$\Delta_K = \sum \bar{F}_N \Delta l \tag{15-24}$$

式中,Δl 以伸长为正,$\bar{F}_N$ 以拉力为正;否则反之。

【例 15-5】 图 15-17a)所示刚架,已知刚架各杆内侧温度无变化,外侧温度下降 16℃,各杆截面均为矩形,高度为 h,线膨胀系数 α。试求温度变化引起的 C 点竖向位移 ΔC_y。

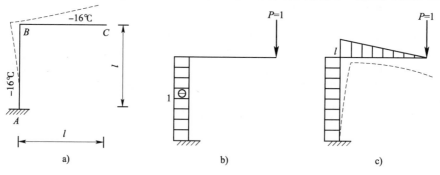

图 15-17 温度变化引起的刚架竖向位移计算

a)刚架;b)$\bar{N}_K$ 图;c)$\bar{M}_K$ 图;

解:假设虚拟单位力状态 $F=1$,画出相应的 $\bar{F}_N$ 和 $\bar{M}$ 图,分别如图 15-17b)、c)所示。

$$t_1 = -16℃ \qquad t_2 = 0$$

$$t = \frac{t_1 + t_2}{2} = \frac{-16 + 0}{2} = -8℃$$

$$\Delta_t = t_2 - t_1 = 0 - (-16) = 16℃$$

AB 杆由于温度变化产生轴向收缩变形,与 $\bar{F}_N$ 所产生的变形(压缩)方向相同。AB 杆和 BC 杆由于温度变化产生的弯曲变形(外侧纤维缩短,向外侧弯曲)与由 $\bar{M}$ 所产生的弯曲变形(外侧受拉,向内侧弯曲)方向相反,故在计算时,第一项取正号,第二项取负号。代入式(15-23),得

$$\Delta C_y = \alpha \times 8 \times l - \alpha \frac{16}{h} \times \frac{3}{2} l^2$$

$$= 8\alpha l - 24 \frac{\alpha l^2}{h} (\uparrow)$$

由于 $l>h$，所得结果为负值，表示 C 点竖向位移与单位力方向相反，即实际位移向上。

二、静定结构支座移动时的位移计算

由于静定结构在支座移动时不会引起结构的内力和变形，只会使结构发生刚体位移，此时，位移计算的一般公式(15-7)可写为

$$\Delta_{Kc} = -\overline{\sum F_R} C \qquad (15-25)$$

式中，$\overline{F}_R$ 为虚拟单位力状态的支座反力，$\sum \overline{F}_R C$ 为反力虚功的总和。当 $\overline{F}_R$ 与实际支座位移 C 方向一致时其乘积取正，反之则取负。式(15-24)为**静定结构在支座移动时的位移计算公式**。

注意：式(15-25)右项前有一负号，系原来移项时产生，不可漏掉。

【**例 15-6**】 图 15-18a)所示三铰刚架，若支座 B 发生如图所示位移 $a=4\text{cm}$，$b=6\text{cm}$，$l=8\text{m}$，$h=6\text{m}$。试求由此而引起的左支座处杆端截面的转角 φ_A。

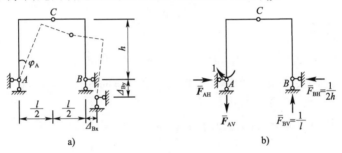

图 15-18 刚架支座位移时的位移计算
a)实际状态；b)虚拟状态

解：在 A 点处加一单位力偶，建立虚拟力状态。依次求得支座反力，如图 15-18b)所示。由式(15-25)得

$$\varphi_A = -\left[\left(-\frac{1}{2h}\times a\right)+\left(-\frac{1}{l}\times b\right)\right]$$

$$=\frac{a}{2h}-\frac{b}{l}=\frac{4}{2\times 600}-\frac{6}{800}$$

$$=0.0108\text{rad}(\uparrow)$$

单元 15.6　线弹性结构的互等定理

一、虚功互等定理

虚功互等定理(也称功的互等定理)是指第一状态的外力在第二状态的位移上所做的功等于第二状态的外力在第一状态的位移上所做的功，即 $W_{12}=W_{21}$。

证明：设有两组外力 F_1 和 F_2 分别作用于同一线弹性结构上，如图 15-19a)、b)所示。

我们先用第一状态的外力和内力在第二状态相应的位移和微段的变形位移上做虚功，根据虚功原理则有

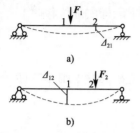

图 15-19 虚功互等的两种状态
a)第一种状态;b)第二种状态

$$F_1\Delta_{12} = \sum \int \frac{M_1 M_2}{EI}ds + \sum \int \frac{F_{N1}F_{N2}}{EA}ds + \sum \int k\frac{F_{S1}F_{S2}}{GA}ds \tag{15-26}$$

式中,Δ_{12}的两个脚标含义分别为:脚标1表示位移发生的地点和方向(这里表示F_1作用点沿F_1方向),脚标2表示产生位移的原因(这里表示位移是由F_2作用引起的)。

然后我们用第二个状态的外力和内力在第一个状态相应的位移和微段的变形位移上做虚功,根据虚功原理则有

$$F_2\Delta_{21} = \sum \int \frac{M_2 M_1}{EI}ds + \sum \int \frac{F_{N2}F_{N1}}{EA}ds + \sum \int k\frac{F_{S2}F_{S1}}{GA}ds \tag{15-27}$$

因为式(15-26)和式(15-27)的右边是相等的,所以其左边也相等,则有

$$F_1\Delta_{12} = F_1\Delta_{21}$$
$$F_1\Delta_{12} = W_{12}, F_2\Delta_{21} = W_{21} \tag{15-28}$$
$$W_{12} = W_{21}$$

二、位移互等定理

位移互等定理:是指第二个单位力所引起的第一个单位力作用点沿其方向的位移δ_{12},等于第一个单位力所引起的第二个单位力作用点沿其方向的位移δ_{21},即

$$\delta_{12} = \delta_{21}$$

证明:设两个状态中的荷载都是单位力,即$F_1 = 1, F_2 = 1$,如图15-20所示。

由功的互等定理则有

$$W_{12} = F_1 \cdot \delta_{12} = \delta_{12}$$
$$W_{21} = F_2 \cdot \delta_{21} = \delta_{21}$$

由 $W_{12} = W_{21}$,则得

$$\delta_{12} = \delta_{21} \tag{15-29}$$

图 15-20 位移互等的两种状态
a)第一个状态;b)第二个状态

注意:这里的单位力可以认为是广义的单位力,位移也可以认为是广义位移。虽然会出现角位移和线位移相等,二者含义不同,但是二者数值上相等,量纲也相同,定理也成立。

静定结构的位移计算是超静定结构内力计算的基础。位移计算的基本原理是虚功原理,基本方法是单位荷载法。

1. 实功与虚功的区别

实功:力在其本身引起的位移上所做的功。

虚功:力在其他原因引起的位移上所做的功,即做功的力系和相应的位移是彼此独立无关的。

2. 静定结构的位移计算公式

(1)荷载作用

$$\Delta_{KP} = \sum \int \frac{\overline{M}M_P}{EI}ds + \sum \int \frac{\overline{F}_N F_{NP}}{EA}ds + \sum \int k\frac{\overline{F}_Q F_{QP}}{GA}ds$$

公式适用范围:线弹性材料、微小变形、直杆(可近似地用于曲杆)。
各类结构位移计算的简化公式包括如下:

① 梁和刚架 $\quad\Delta_{KP} = \sum \int \dfrac{\overline{M}M_P}{EI}ds$

② 桁架 $\quad\Delta_{KP} = \sum \dfrac{\overline{F_N}F_{NP}l}{EA}$

③ 组合结构 $\quad\Delta_{KP} = \sum \int \dfrac{\overline{M}M_P}{EI}ds + \sum \dfrac{\overline{F_N}F_{NP}l}{EA}$

(2) 支座移动

当静定结构仅发生支座位移时,各杆不产生变形,因此,由结构位移计算一般公式得到支座移动时的位移公式

$$\Delta_{iC} = -\sum \overline{R}_i c_i$$

注意:在应用时,不能遗漏式中等号右端的负号。

(3) 温度变化

将实际状态中结构的任一微段 ds 因温度变化发生的变形代入结构位移计算一般公式,得到温度变化时的位移计算公式

$$\Delta_{kt} = \sum \int \overline{M}\dfrac{\alpha\Delta t}{h}ds + \sum \int \overline{F_N}\alpha t_0 ds$$

对于等直杆,若温度变化沿全杆相同,h、α、t_0、Δt 为常数,则

$$\Delta_{kt} = \sum \dfrac{\alpha\Delta t}{h}\omega_{\overline{M}} + \sum \alpha t_0 \omega_{\overline{F_N}}$$

注意:当实际温度变形与虚拟内力方向一致时,Δ 取为正值;反之,取为负值。

3. 图乘法及应用条件

在计算由弯曲变形引起的位移时,可采用图乘法进行计算,图乘公式为

$$\Delta_{KP} = \sum \int \dfrac{\overline{M}M_P}{EI}ds = \sum \dfrac{A_\omega y_c}{EI}$$

式中,积分式 $\int \overline{M}M_P ds$ 等于一个弯矩图的面积 A_ω 乘以其形心处对应的另一个直线弯矩图上的竖标 y_c。

图乘法的应用条件:① 杆轴为直线,EI 常数;② $\overline{M}$ 和 M_P 图中至少应有一个是直线图形;③ y_c 必须取自相同斜率段的直线图形的弯矩图中。

对于线性变形体,虚功互等定理和位移互等定理是最基本的两个定理,还有两个互等定理也可由虚功互等定理推导出。

1. 反力互等定理

支座1发生单位位移所引起的支座2的反力,等于支座2发生单位位移所引起的支座1的反力,即

$$\gamma_{21} = \gamma_{12} \quad (15\text{-}29)$$

式(15-29)说明,在超静定结构中,假设两个支座分别产生单位位移时,两个状态中反力的互等关系。

证明: 如图15-21a)所示,支座1发生单位位移$\Delta_1 = 1$,此时使支座2产生反力γ_{21},称此为第一个状态。如图15-21b)所示,支座2发生单位位移$\Delta_2 = 1$,此时使支座1产生反力γ_{12},称此为第二个状态。

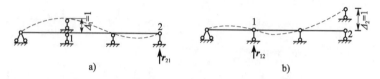

图15-21 反力互等的两种状态
a)第一个状态;b)第二个状态

根据功的互等定理有

$$W_{12} = W_{21}$$

$$r_{21}\Delta_2 = r_{12}\Delta_1$$

$$\Delta_2 = \Delta_1 = 1$$

所以有

$$r_{21} = r_{12}$$

2. 反力位移互等定理

单位力所引起结构某支座反力,等于该支座发生单位位移时所引起的单位力的作用点沿其方向的位移,但符号相反,即

$$r_{12} = -\delta_{21} \quad (15\text{-}30)$$

式(15-30)说明,在超静定结构中,一个状态中的反力与另一个状态中的位移具有互等关系。

证明: 如图15-22a)所示,单位荷载$F_2 = 1$作用时,支座1的反力偶为r_{12},称为第一个状态。如图15-22b)所示,当支座沿r_{12}的方向发生单位转角$\varphi_1 = 1$时,F_2作用点沿其方向的位移为δ_{21},称为第二个状态。

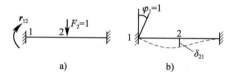

图15-22 反力位移互等的两种状态
a)第一个状态;b)第二个状态

根据功的互等定理有

$$W_{12} = W_{21}$$

$$r_{12}\varphi_1 + F_2\delta_{21} = 0$$

由于

$$\varphi_1 = 1 \quad F_2 = 1$$

所以有

$$r_{12} = -\delta_{21}$$

15-1 如题图 15-1 所示,结构上的广义力相对应的广义位移为( )。
A. B 点水平位移 B. A 点水平位移
C. AB 杆的转角 D. AB 杆与 AC 杆的相对转角

15-2 如题图 15-2 所示,结构加 F_{P1} 引起位移 Δ_{11}、Δ_{21},再加 F_{P2} 又产生新的位移 Δ_{12}、Δ_{22},两个力所作的总功为( )。

A. $W = F_{P1}(\Delta_{11} + \Delta_{12}) + F_{P2}\Delta_{22}$

B. $W = F_{P1}(\Delta_{11} + \Delta_{12}) + \dfrac{1}{2}F_{P2}\Delta_{22}$

C. $W = \dfrac{1}{2}F_{P1}\Delta_{11} + F_{P1}\Delta_{12} + \dfrac{1}{2}F_{P2}\Delta_{22}$

D. $W = F_{P1}(\Delta_{11} + \Delta_{12}) + F_{P2}(\Delta_{21} + \Delta_{22})$

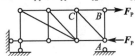
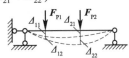

题图 15-1   题图 15-2

15-3 变形体虚功原理适用于( )。
A. 线弹性体系 B. 任何变形体
C. 静定结构 D. 杆件结构

15-4 下面说法中正确的一项是( )。
A. 图乘法适用于任何直杆结构
B. 虚功互等定理适用于任何结构
C. 单位荷载法仅适用于静定结构
D. 位移互等定理仅适用于线弹性结构

15-5 试求题图 15-3 所示结构的指定位移。

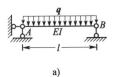 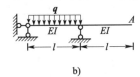 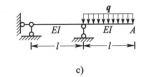

a)   b)   c)

题图 15-3

a) A 截面转角、中点竖向位移;b) A 点竖向位移;c) A 点竖向位移

15-6 求题图 15-4 所示三铰刚架点 E 的水平位移 Δ_{EH} 和截面 B 的转角 θ_B。其中 $EI =$ 常数。

15-7 如题图 15-5 所示简支刚架支座 B 下沉 b。试求 D 点的竖向位移 Δ_{DV} 和水平位移 Δ_{DH}。

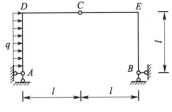

题图 15-4

15-8 如题图 15-6 所示悬臂刚架内部温度升高 $t°C$,材料的线膨胀系数为 α,各杆截面均为矩形,且高度 h 相同。求 D 点的竖向位移 Δ_{DV}、水平位移 Δ_{DH} 和转角 θ_D。

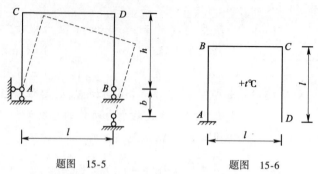

题图 15-5　　　　　题图 15-6

15-9　用图乘法求题图 15-7 所示悬臂梁 C 截面的竖向位移 Δ_{CV} 和转角 θ_C，其中 EI 为常数。

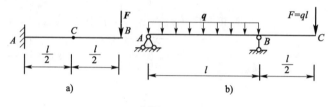

题图 15-7

15-10　求题图 15-8 所示桁架 A、B 两点间相对线位移 Δ_{AB}，其中 EI 为常数。

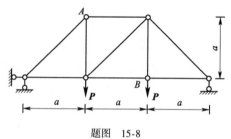

题图 15-8

力 法

1. 能准确确定超静定结构的次数及基本结构。
2. 能熟练写出力法典型方程,熟练掌握力法的基本原理及解题思路。
3. 掌握超静定结构的特性。

单元 16.1　超静定结构的概念

　　超静定平面杆系结构是几何不变且有多余约束的体系。按照受力特性分类,超静定平面杆系结构一般可分为超静定梁、超静定平面刚架、超静定平面桁架、超静定拱等。

　　静定结构可以从两个方面来定义:从几何组成的角度来看,静定结构就是没有多余约束的几何不变体系;从力学分析的角度来看,静定结构就是它的支座反力和截面内力都可以用静力平衡条件唯一确定的结构。例如,图 16-1 所示为静定刚架受力分析简图。

　　超静定结构同样可以从这两个方面来定义:从几何组成的角度来看,超静定结构就是具有多余约束的几何不变体系;从力学分析的角度来看,超静定结构就是它的支座反力和截面内力不能用静力平衡条件唯一确定的结构。例如,图 16-2 为超定刚架受力分析简图。

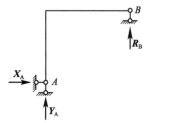
图 16-1　静定刚架受力分析简图

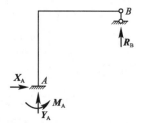
图 16-2　超静定刚架受力分析简图

　　城市轨道交通、建筑、路桥等工程中常见的超静定结构有超静定梁、超静定刚架、超静定桁架、超静定拱及超静定组合结构等,如图 16-3 所示。

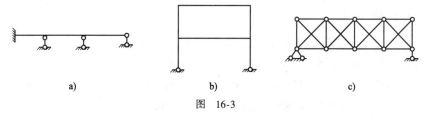
图 16-3

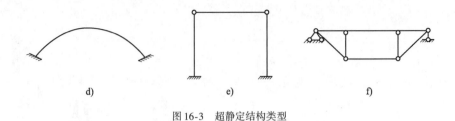

图 16-3 超静定结构类型

单元 16.2 力法基本原理

一、力法的基本结构

力法的基本结构就是同时承受着已知荷载和多余未知力的静定结构。显然,只要能设法求出多余未知力,其余一切计算与静定结构完全相同。

图 16-4a)所示为一端固定、另一端铰支的梁,承受均布荷载 q 的作用,EI 为常数,该梁有一个多余约束,是一次超静定结构。对图 16-4a)所示的原结构,如果把支座 B 作为多余约束去掉,并代之以多余未知力 X_1,则图 16-4a)所示的超静定梁就可以转化为图 16-4b)所示的静定梁。它承受着与图 16-4a)所示原结构相同的荷载 q 和多余未知力 X_1,这种去掉多余约束、用多余未知力来代替后得到的静定结构称为按力法计算的基本结构。

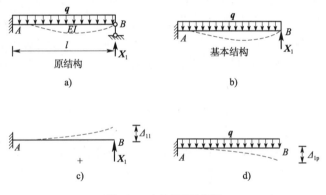

图 16-4 力法原理示意图

二、力法的基本未知量

如果能求出符合实际受力情况的多余未知力 X_1,也就是支座 B 处的真实反力,那么基本结构在荷载和多余未知力 X_1 共同作用下的内力和变形就与原结构在荷载作用下的情况完全一样,从而可将超静定结构问题转化为静定结构问题。因此,多余未知力是最基本的未知力,又称为力法的基本未知量。

三、力法的基本方程

对比原结构与基本结构的变形情况可知,原结构在支座 B 处由于存在多余约束(竖向支杆)而不可能有竖向位移;而基本结构则因该联系已被去掉,在 B 点处可能产生位移;只有当多余未知力 X_1 的数值与原结构支座 B 处的实际反力相等时,才能使基本结构在原荷载 q 和多余未知力 X_1 共同作用下 B 点的竖向位移等于零。所以,用来确定多余未知力 X_1 的条件是:基本结构在原荷载和多余未知力的共同作用下,在去掉多余约束处的位移应与原结构中相应处的位移相等,这一条件称为变形协调条件。为了唯一确定超静定结构的反力和内力,必须同时考虑静力平衡条件和变形协调条件。

用 Δ_{11} 表示基本结构在 X_1 单独作用下 B 点沿 X_1 方向产生的位移,如图 16-4c)所示;用 Δ_{1p} 表示基本结构在荷载作用下 B 点沿 X_1 方向产生的位移,如图 16-4d)所示。根据叠加原理,B 点的位移可视为基本结构的上述两种位移之和,即

$$\Delta_1 = \Delta_{11} + \Delta_{1p} = 0 \tag{16-1}$$

式中,δ_{11} 为当单位荷载 $X_1 = 1$ 时 B 点沿 X_1 方向产生的位移,则 $\Delta_{11} = \delta_{11} X_1$。$\delta_{11}$ 的物理意义是:在基本结构上,由于单位荷载 $X_1 = 1$ 的作用,在 X_1 的作用点沿 X_1 方向产生的位移。所以有

$$\Delta_1 = \delta_{11} X_1 + \Delta_{1p} = 0 \tag{16-2a}$$

这就是根据原结构的变形条件建立的用以确定 X_1 的变形协调方程,即力法的基本方程。

式(16-2a)中,δ_{11} 称为系数,Δ_{1p} 称为自由项,都是静定结构在已知荷载作用下的位移,所以均可用求静定结构位移的方法求得,从而多余未知力的大小和方向即可确定。

$$X_1 = -\frac{\Delta_{1p}}{\delta_{11}} \tag{16-2b}$$

为了计算系数 δ_{11} 和自由项 Δ_{1p},分别绘出基本结构在单位荷载 $X_1 = 1$ 作用下的弯矩图 $\overline{M}_1$ 和荷载弯矩图 M_p,如图 16-5a)、b)所示。

计算 δ_{11} 时可用 $\overline{M}_1$ 图与 $\overline{M}_1$ 图图乘,称为 $\overline{M}_1$ 图的"自乘",即

$$\delta_{11} = \sum \int \frac{\overline{M}_1 \overline{M}_1 \mathrm{d}s}{EI} = \frac{1}{EI} \times \frac{l^2}{2} \times \frac{2l}{3} = \frac{l^3}{3EI}$$

同理,可用 $\overline{M}_1$ 图与 M_p 图图乘计算 Δ_{1p},即

$$\Delta_{1p} = \sum \int \frac{\overline{M} M_p \mathrm{d}s}{EI} = -\frac{1}{EI}\left(\frac{1}{3} \times l \times \frac{ql^2}{2} \times \frac{3l}{4}\right) = -\frac{ql^4}{8EI}$$

将 δ_{11} 和 Δ_{1p} 代入式(16-2b),即可解出多余未知力 X_1 为

$$X_1 = -\frac{\Delta_{1p}}{\delta_{11}} = -\frac{-\dfrac{ql^4}{8EI}}{\dfrac{l^3}{3EI}} = \frac{3ql}{8}(\uparrow)$$

若所得结果为正值,表明 X_1 的实际方向与基本结构中所假设的方向是一致的。

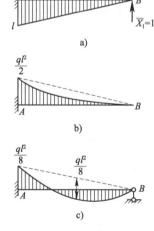

图 16-5 结构弯矩图
a)$\overline{M}_1$ 图;b)M_p 图;c)M 图

多余未知力 X_1 求出后,其余所有的反力和内力都可用静力平衡条件来确定。超静定结构的最后弯矩图 M 可利用已经绘出的 $\overline{M}_1$ 图和 M_p 图按叠加原理绘出。

$$M = \overline{M}_1 X_1 + M_p \tag{16-3}$$

应用式(16-3)作弯矩图时,可将图的纵坐标乘以 X_1,再与 M_p 图的相应纵坐标相叠加,即可作出 M 图,如图 16-5c)所示。

综上所述,力法的基本思路是:去掉多余的约束,以多余未知力代替,再根据原结构位移条件建立力法基本方程,并求解出多余未知力,即可将超静定问题转化为静定问题了。

四、超静定次数的确定

力法是解超静定结构最基本的方法。在用力法求解超静定结构时,首先要确定结构的超静定次数。用去掉多余约束的方法可以确定任何超静定结构的次数。通常,将多余约束的数目或多余未知力的数目称为超静定结构的超静定次数。如果一个超静定结构在去掉 n 个联系后变成静定结构,那么这个结构就是 n 次超静定结构。

去掉多余约束的方式通常有以下几种:
(1)去掉一个支座链杆或切断一根链杆,相当于去掉一个联系,如图 16-6a)、b)所示。
(2)去掉一个铰支座或去掉一个单铰,相当于去掉两个联系,如图 16-6c)、d)所示。
(3)去掉一个固定端支座或切断一根梁式杆,相当于去掉三个联系,如图 16-6e)所示。
(4)将一个固定端支座改为铰支座或将一刚性连接改为单铰连接,相当于去掉一个联系,如图 16-6f)所示。

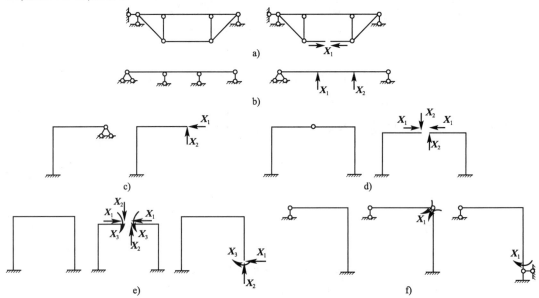

图 16-6 结构超静定次数及基本结构

去掉多余约束后的静定结构称为原超静定结构的基本结构。对于同一个超静定结构来说,去掉多余约束可以有多种方法,所以基本结构也有多种形式。但不论采用哪种形式,所去掉的多余约束数目必然是相同的。

五、力法典型方程

前面讨论了一次超静定结构的力法原理,下面以一个三次超静定结构为例来说明力法解超静定结构的典型方程。

图 16-7a)所示为一个三次超静定刚架,荷载作用下结构的变形如图中虚线所示。取基本结构[图 16-7b)],去掉支座 C 处的 3 个多余约束,分别用基本未知量 X_1、X_2、X_3 代替。

由于原结构中 C 为固定支座,其线位移和转角位移都为零,所以基本结构在荷载及 X_1、

X_2、X_3 共同作用下，C 点沿 X_1、X_2、X_3 方向产生的位移都等于零，即基本结构的几何位移条件为

$$\Delta_1 = 0, \Delta_2 = 0, \Delta_3 = 0$$

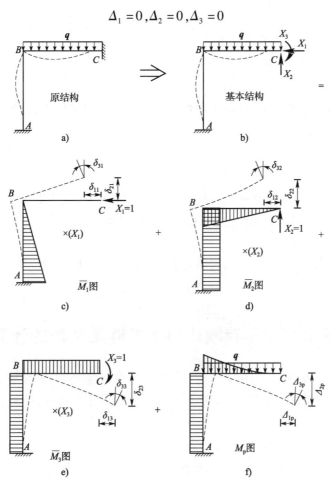

图 16-7 力法示意图

根据叠加原理，上面的几何位移条件可以表示为

$$\left.\begin{aligned}\Delta_1 &= \Delta_{11} + \Delta_{12} + \Delta_{13} + \Delta_{1p} = 0 \\ \Delta_2 &= \Delta_{21} + \Delta_{22} + \Delta_{23} + \Delta_{2p} = 0 \\ \Delta_3 &= \Delta_{31} + \Delta_{32} + \Delta_{33} + \Delta_{3p} = 0\end{aligned}\right\} \quad (16\text{-}3)$$

式(16-4)中，第一式的 Δ_{11}、Δ_{12}、Δ_{13}、Δ_{1p} 分别为多余未知力 X_1、X_2、X_3 及荷载 P 单独作用在基本结构上沿 X_1 方向产生的位移，如果用 δ_{11}、δ_{12}、δ_{13} 表示单位力 $X_1 = 1$、$X_2 = 1$、$X_3 = 1$ 单独作用在基本结构上产生的沿 X_1 方向的位移，如图 16-7c）~f）所示，则上面的几何位移条件即式(16-4)中的第一式可以写为

$$\Delta_1 = \delta_{11}X_1 + \delta_{12}X_2 + \delta_{13}X_3 + \Delta_{1p} = 0$$

另外两式以此类推，则得到以下求解多余未知力 X_1、X_2、X_3 的力法方程为

$$\left.\begin{aligned}\Delta_1 &= \delta_{11}X_1 + \delta_{12}X_2 + \delta_{13}X_3 + \Delta_{1p} = 0 \\ \Delta_2 &= \delta_{21}X_1 + \delta_{22}X_2 + \delta_{23}X_3 + \Delta_{2p} = 0 \\ \Delta_3 &= \delta_{31}X_1 + \delta_{32}X_2 + \delta_{33}X_3 + \Delta_{3p} = 0\end{aligned}\right\} \quad (16\text{-}5)$$

对于 n 次超静定结构,用力法计算时,去掉 n 个多余联系,代之以 n 个基本未知量,用同样的分析方法,可以得到相应的 n 个力法方程,称为力法典型方程,具体形式为

$$\left.\begin{aligned}\delta_{11}X_1+\delta_{12}X_2+\cdots+\delta_{1n}X_n+\Delta_{1\mathrm{p}}&=0\\ \delta_{21}X_1+\delta_{22}X_2+\cdots+\delta_{2n}X_n+\Delta_{2\mathrm{p}}&=0\\ &\vdots\\ \delta_{n1}X_1+\delta_{n2}X_2+\cdots+\delta_{nn}X_n+\Delta_{n\mathrm{p}}&=0\end{aligned}\right\} \quad (16\text{-}6)$$

力法典型方程的物理意义是:基本结构在荷载和多余约束反力共同作用下的位移和原结构的位移相等。

力法典型方程中的 Δ_{ip} 项不包含未知量,称为自由项,是基本结构在荷载单独作用下沿 X_i 方向产生的位移。从左上方 δ_{11} 到右下方的 δ_{nn} 主对角线上的系数项 δ_{ii} 称为主系数,是基本结构在 $X_i=1$ 作用下沿 X_i 方向产生的位移,其值恒为正;其余系数 δ_{ij} 称为副系数,是基本结构在 $X_j=1$ 作用下沿 X_i 方向产生的位移。根据位移互等定理可知 $\delta_{ij}=\delta_{ji}$,其值可能为正,也可能为负,这可能为零。

在求得基本未知量后,原结构的弯矩可按以下叠加公式求出,即

$$M=\overline{M}_1X_1+\overline{M}_2X_2+\cdots+\overline{M}_nX_n+M_\mathrm{p} \quad (16\text{-}7)$$

单元 16.3　荷载作用下超静定结构的计算

根据力法的基本原理,用力法求解荷载作用下超静定结构的一般步骤如下:

(1)确定结构的超静定次数,去掉多余的约束,得到基本结构,以多余未知力代替相应的多余约束。

(2)建立力法的典型方程。

(3)分别作出基本结构在荷载 P 及单位未知力 $\overline{X}_i=1$ 作用下的内力图。

(4)利用图乘法求方程中的主副系数项 δ_{ij} 和自由项 Δ_{ip}。

(5)解力法典型方程,求出多余未知力 X_i。

(6)用叠加原理画出弯矩图,由基本结构画轴力图和剪力图。

下面举例说明用力法计算荷载作用下超静定结构的过程。对于刚架,在计算力法方程的各项系数时,通常忽略轴力和剪力的影响而只考虑弯矩的影响,这样可使计算得到简化。

【例 16-1】　用力法求图 16-8a)所示超静定梁,作出内力图,其中 EI 为常数。

解:(1)梁的超静定次数为一次,确定基本未知量 X_1,选取基本结构如图 16-8b)所示。

(2)建立力法典型方程:

$$\Delta_1=\delta_{11}X_1+\Delta_{1\mathrm{p}}=0$$

(3)分别画出基本结构在单位荷载 $\overline{X}_1=1$ 作用下的弯矩图 $\overline{M}_1$ 和荷载弯矩图 M_p,如图 16-8c)、d)所示。

(4)用图乘法求力法典型方程中的主、副系数和自由项:

$$\delta_{11}=\frac{1}{EI}\left(\frac{l^2}{2}\times\frac{2l}{3}\right)=\frac{l^3}{3EI}$$

$$\Delta_{1p} = -\frac{1}{EI}\left(\frac{1}{2} \times \frac{l}{2} \times \frac{Pl}{2}\right) \times \left(\frac{2l}{3} + \frac{1}{3} \times \frac{l}{2}\right) = -\frac{5Pl^3}{48EI}$$

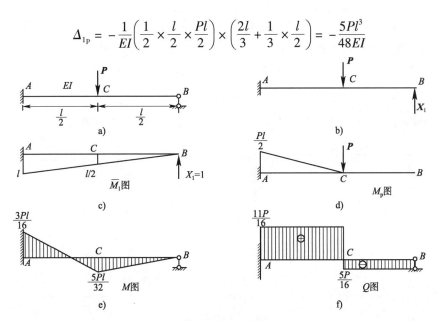

图 16-8　力法作超静定梁的内力图

(5) 解力法典型方程,求出多余未知力 X_1:

$$X_1 = -\frac{\Delta_{1p}}{\delta_{11}} = -\frac{-\dfrac{5Pl^3}{48EI}}{\dfrac{l^3}{3EI}} = \frac{5P}{16}(\uparrow)$$

(6) 用叠加法求梁的内力:

$$M = \overline{M}_1 X_1 + M_P$$

$$M_{AB} = l \times \frac{5P}{16} - \frac{Pl}{2} = -\frac{3Pl}{16}(上侧受拉)$$

$$M_C = \frac{l}{2} \times \frac{5P}{16} = \frac{5Pl}{32}(下侧受拉)$$

$$Q_{AB} = P - \frac{5P}{16} = \frac{11P}{16}$$

$$Q_{BA} = -\frac{5P}{16}$$

画出原超静定梁的内力图,如图 16-8e)、f) 所示。

【例 16-2】　试作图 16-9a) 所示刚架的内力图,各杆的刚度 EI 为常数。

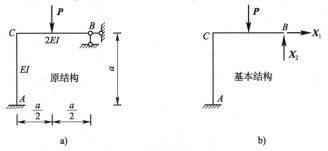

图 16-9　超静定刚架

解：(1) 确定超静定次数为两次，基本未知量为 X_1、X_2，选取基本结构，如图 16-9b) 所示。

(2) 建立力法典型方程：

$$\left.\begin{array}{l}\delta_{11}X_1 + \delta_{12}X_2 + \Delta_{1p} = 0 \\ \delta_{21}X_1 + \delta_{22}X_2 + \Delta_{2p} = 0\end{array}\right\}$$

(3) 画出 $\overline{M}_1$、$\overline{M}_2$ 图和 M_p 图，如图 16-10a)、c) 所示，求主、副系数和自由项。

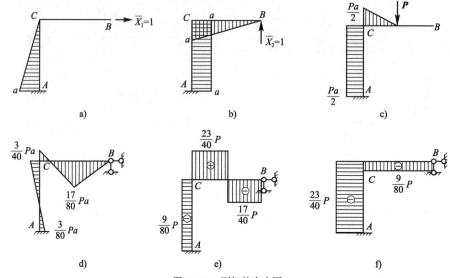

图 16-10 刚架的内力图

a) $\overline{M}_1$ 图；b) $\overline{M}_2$ 图；c) M_p 图；d) M 图；e) Q 图；f) N 图

由 $\overline{M}_1$ 自乘，得

$$\delta_{11} = \frac{1}{EI}\left(\frac{a^2}{2} \times \frac{2a}{3}\right) = \frac{a^3}{3EI}$$

由 $\overline{M}_2$ 自乘，得

$$\delta_{22} = \frac{1}{2EI}\left(\frac{a^2}{2} \times \frac{2a}{3}\right) + \frac{1}{EI}(a^2 \times a) = \frac{7a^3}{6EI}$$

由 $\overline{M}_1$、$\overline{M}_2$ 图乘，得

$$\delta_{12} = \delta_{21} = -\frac{1}{EI}\left(\frac{a^2}{2} \times a\right) = -\frac{a^3}{2EI}$$

由 $\overline{M}_1$、M_p 图乘，得

$$\Delta_{1p} = \frac{1}{EI}\left(\frac{a^2}{2} \times \frac{Pa}{2}\right) = \frac{Pa^3}{4EI}$$

由 $\overline{M}_2$、M_p 图乘，得

$$\Delta_{2p} = -\frac{1}{2EI}\left(\frac{1}{2} \times \frac{Pa}{2} \times \frac{a}{2} \times \frac{5a}{6}\right) - \frac{1}{EI}\left(\frac{Pa^2}{2} \times a\right) = -\frac{53Pa^3}{96EI}$$

(4) 求出多余未知力。将以上系数和自由项代入力法典型方程，即

$$\left.\begin{array}{l}\dfrac{a^3}{3EI}X_1 + -\dfrac{a^3}{2EI}X_2 + \dfrac{Pa^3}{4EI} = 0 \\ -\dfrac{a^3}{2EI}X_1 + \dfrac{7a^3}{6EI}X_2 - \dfrac{53Pa^3}{96EI} = 0\end{array}\right\}$$

解联立方程,得

$$X_1 = -\frac{9}{80}P(\leftarrow), X_2 = \frac{17}{40}P(\uparrow)$$

(5)最后画出弯矩图及剪力、轴力图。弯矩图由叠加法求得,则

$$M = \overline{M}_1 X_1 + \overline{M}_2 X_2 + M_p$$

剪力图和轴力图可以取基本体系,按静定结构绘制内力图的方法求得,如图 16-10 所示。

【例 16-3】 试计算图 16-11a)所示超静定桁架,已知各杆的材料和截面面积相同。

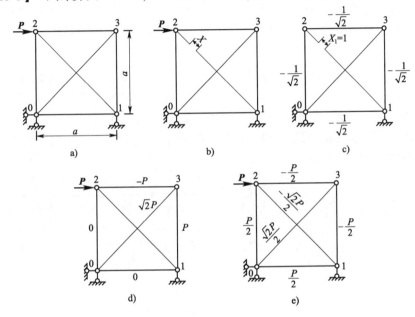

图 16-11 超静定桁架的内力计算
a)原结构;b)基本结构;c)N_1 图;d)N_p 图;e)N 图

解:(1)确定超静定次数,选取基本结构。此桁架是一次超静定桁架。现将杆 12 切断,并代以多余力 X_1,基本结构如图 16-11b)所示。

(2)建立力法典型方程。根据杆 12 切口处两侧截面的相对位移应等于零的条件,可建立力法典型方程为

$$\Delta_1 = \delta_{11} X_1 + \Delta_{1p} = 0$$

(3)求主系数和自由项。为了计算系数和自由项,先分别求出单位多余力和已知荷载作用于基本结构时产生的轴力,如图 16-11c)、d)所示。

$$\delta_{11} = \sum \frac{\overline{N}^2 l}{EA} = \frac{1}{EA}\left[\left(-\frac{1}{\sqrt{2}}\right)^2 \times a \times 4 + 1^2 \times \sqrt{2}a \times 2\right] = \frac{2(1+\sqrt{2})a}{EA}$$

$$\Delta_{1p} = \sum \frac{\overline{N} N_p l}{EA} = \frac{1}{EA}\left[\left(-\frac{1}{\sqrt{2}}\right) \times (-P) \times a \times 2 + 1 \times \sqrt{2}P \times \sqrt{2}a\right] = \frac{(2+\sqrt{2})Pa}{EA}$$

(4)求解多余力。将上述系数和自由项代入力法典型方程后解得

$$X_1 = -\frac{\Delta_{1p}}{\delta_{11}} = -\frac{\dfrac{(2+\sqrt{2})Pa}{EA}}{\dfrac{2(1+\sqrt{2})a}{EA}} = -\frac{\sqrt{2}}{2}P(压)$$

(5) 求各杆最后轴力。由叠加原理，则

$$N = \overline{N}_1 X_1 + N_p$$

求得各杆轴力如图 16-11e) 所示。

单元 16.4　温度变化时超静定结构的计算

所谓温度变化，是指结构使用时的温度相对于施工时温度所发生的变化。

对于静定结构，当温度改变时不引起内力，但材料会发生膨胀和收缩，使结构产生变形和位移；对于超静定结构，当温度改变时，结构的变形将受多余约束的限制，因此必将产生反力和内力。

在用力法计算超静定结构由于温度改变所引起的内力时，计算原理与前述荷载作用下相同，仍是根据基本结构在温度和多余未知力共同作用下，在所去掉多余约束处的位移，应与原结构的位移相等，建立力法典型方程，求解多余未知力的，不同之处仅为自由项的计算。

图 16-12a) 所示为 3 次超静定结构，设各杆外侧温度均升高 t_1，内侧温度均升高 t_2，现用力法典型方程计算其内力。

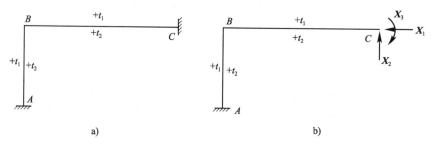

图 16-12　温度改变时超静定结构计算简图
a) 原结构；b) 基本结构

去掉支座 C 处的 3 个多余联系，代以多余未知力 X_1、X_2 和 X_3，得到基本结构如图 16-12b) 所示。假设基本结构的 C 点由于温度改变沿 X_1、X_2 和 X_3 方向所产生的位移分别为 Δ_{1t}、Δ_{2t} 和 Δ_{3t}，它们可按下式计算，即

$$\Delta_{it} = \sum \alpha t_0 \int \overline{N}_i \mathrm{d}s + \sum \frac{\alpha \Delta t}{h} \int \overline{M}_i \mathrm{d}s \quad (i = 1, 2, 3) \tag{16-8}$$

根据基本结构在多余未知力 X_1、X_2 和 X_3 以及温度改变的共同作用下 C 点产生的位移应与原结构相同的条件，可以列出如下的力法典型方程，即

$$\left. \begin{aligned} \delta_{11}X_1 + \delta_{12}X_2 + \delta_{13}X_3 + \Delta_{1t} &= 0 \\ \delta_{21}X_1 + \delta_{22}X_2 + \delta_{23}X_3 + \Delta_{2t} &= 0 \\ \delta_{31}X_1 + \delta_{32}X_2 + \delta_{33}X_3 + \Delta_{3t} &= 0 \end{aligned} \right\} \tag{16-9}$$

其中，各系数的计算仍与以前所述相同，自由项则按式(16-8)计算。

由于基本结构是静定的，温度的改变并不使其产生内力，因此由式(16-8)解出多余未知力 X_1、X_2 和 X_3 后，按下式计算原结构的弯矩，即

$$M = \overline{M}_1 X_1 + \overline{M}_2 X_2 + \overline{M}_3 X_3 \tag{16-10}$$

再根据平衡条件，即可求其剪力和轴力。

【例 16-4】 试计算图 16-13a)所示刚架的内力,假设刚架各杆内侧温度升高 10℃,外侧温度无变化,各杆线膨胀系数为 α,EI 和截面高度 h 均为常数。

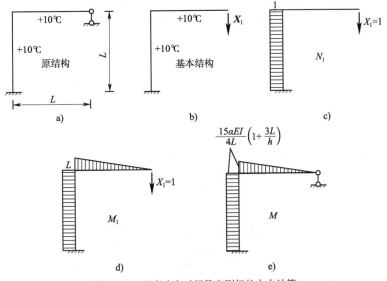

图 16-13 温度改变时超静定刚架的内力计算

解:此刚架为一次超静定结构,取基本结构如图 16-13b)所示。力法典型方程为

$$\delta_{11}X_1 + \Delta_{1t} = 0$$

画 $\overline{M}_1$ 和 $\overline{N}_1$ 图,分别如图 16-13c)、d)所示。求得主系数项和自由项为

$$\delta_{11} = \frac{1}{EI}\left(L^2 \times L + \frac{L^2}{2} \times \frac{2}{3}L\right) = \frac{4L^3}{3EI}$$

$$\Delta_{1t} = \sum \alpha t_0 \int \overline{N}_i \mathrm{d}s + \sum \frac{\alpha \Delta t}{h} \int \overline{M}_i \mathrm{d}s = -\alpha \times 5 \times L + \left[-\alpha \times \frac{10}{h}\left(L^2 + \frac{1}{2}L^2\right)\right]$$

$$= -5\alpha L\left(1 + \frac{3L}{h}\right)$$

代入力法典型方程,求得

$$X_1 = -\frac{\Delta_{1t}}{\delta_{11}} = -\frac{-5\alpha L\left(1+\frac{3L}{h}\right)}{\frac{4L^3}{3EI}} = \frac{15\alpha EI}{4L^2}\left(1+\frac{3L}{h}\right)$$

根据 $M = \overline{M}_1 X_1$ 即可作出最后弯矩图,如图 16-13e)所示。得出 M 图后,则不难据此求出其他内力图。

由以上例题可以看出,超静定结构由于温度改变引起的内力与各弯曲刚度的绝对值有关,这与荷载作用下的情况有所不同。

单元 16.5 支座移动时超静定结构的计算

对于静定结构,当支座移动时可产生位移,但不引起内力。对超静定结构,当支座移动时,由于有多余约束,变形受到了限制,因而产生内力。用力法计算超静定结构在支座移动所引起的内力时,其基本原理和解题步骤与荷载作用的情况相同,只是力法典型方程中自由项的计算有所不同,它表示基本结构由于支座位移在多余联系处沿多余未知力方向所引起的位移 Δ_{ic}。

【例16-5】 图16-14a)所示为单跨超静定梁,假设支座 A 发生转角 θ,试作梁的弯矩图,已知梁的刚度 EI 为常数。

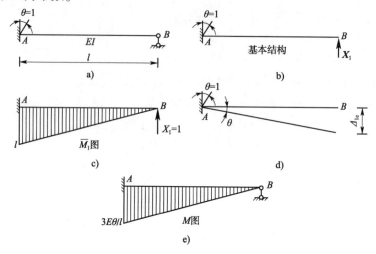

图16-14 支座移动时超静定梁的弯矩计算

解:(1)选取基本结构,如图16-14b)所示。

(2)建立力法典型方程,由于原结构在 B 处无竖向的位移,所以可建立力法典型方程为

$$\delta_{11}X_1 + \Delta_{1c} = 0$$

(3)计算系数项和自由项,画 $\overline{M}_1$ 图,分别如图16-14c)所示。求得主系数项和自由项为

$$\delta_{11} = \frac{1}{EI}\left(\frac{1}{2} \times l \times l \times \frac{2}{3}l\right) = \frac{l^3}{3EI}$$

$$\Delta_{1c} = -\sum \overline{R}C = -(l\theta) = -l\theta$$

(4)代入力法典型方程得

$$X_1 = -\frac{\Delta_{1c}}{\delta_{11}} = -\frac{-l\theta}{\frac{l^3}{3EI}} = \frac{3EI\theta}{l^2}$$

(5)画弯矩图。

由于支座位移在静定的基本结构中不会引起内力,只需要将 $\overline{M}_1$ 图乘以 X_1 值即可。

$$M = \overline{M}_1 X_1$$

$$M_{AB} = l \times \frac{3EI\theta}{l^2} = \frac{3EI\theta}{l}$$

$$M_{AB} = 0$$

画 M 图,如图16-14e)所示。

由所得的弯矩图不难看出,超静定结构由于支座位移引起的内力,其大小与杆件的刚度 EI 成正比,与杆长成反比。

单跨超静定梁在荷载作用下或在支座移动时的内力均可用力法求出。单跨超静定梁的杆端弯矩与杆端剪力值列于表16-1。

单跨超静定梁的杆端弯矩与杆端剪力值 表 16-1

编号	梁的简图	弯矩图	杆端弯矩		杆端剪力	
			M_{AB}	M_{BA}	Q_{AB}	Q_{BA}
1			$\dfrac{4EI}{l}=4i$	$2i$ ($i=\dfrac{EI}{l}$, 下同)	$-\dfrac{6i}{l}$	$-\dfrac{6i}{l}$
2			$-\dfrac{6i}{l}$	$-\dfrac{6i}{l}$	$\dfrac{12i}{l^2}$	$\dfrac{12i}{l^2}$
3			$3i$	0	$-\dfrac{3i}{l}$	$-\dfrac{3i}{l}$
4			$-\dfrac{3i}{l}$	0	$\dfrac{3i}{l^2}$	$\dfrac{3i}{l^2}$
5			i	$-i$	0	0
6			$-\dfrac{Pab^2}{l^2}$ 当 $a=b$ 时 $-\dfrac{Pl}{8}$	$\dfrac{Pa^2 b}{l^2}$ $\dfrac{Pl}{8}$	$\dfrac{Pb^2}{l^2}\left(1+\dfrac{2a}{l}\right)$ $\dfrac{P}{2}$	$-\dfrac{Pa^2}{l^2}\left(1+\dfrac{2b}{l}\right)$ $-\dfrac{P}{2}$
7			$-\dfrac{ql^2}{12}$	$-\dfrac{ql^2}{12}$	$\dfrac{ql}{2}$	$-\dfrac{ql}{2}$
8			$\dfrac{Mb(3a-l)}{l^2}$	$\dfrac{Ma(3b-l)}{l^2}$	$-\dfrac{6ab}{l^2}M$	$-\dfrac{6ab}{l^2}M$
9			$-\dfrac{Pab(l+b)}{2l^2}$ 当 $a=b=\dfrac{1}{2}$ 时 $-\dfrac{3Pl}{16}$	0	$\dfrac{Pb(3l^2-b^2)}{2l^3}$ $\dfrac{11}{16}P$	$-\dfrac{Pa^2(2l+b)}{2l^3}$ $-\dfrac{5}{16}P$
10			$-\dfrac{ql^2}{8}$	0	$\dfrac{5}{8}ql$	$-\dfrac{3}{8}ql$

续上表

编号	梁的简图	弯矩图	杆端弯矩 M_{AB}	杆端弯矩 M_{BA}	杆端剪力 Q_{AB}	杆端剪力 Q_{BA}
11			$\dfrac{M(l^2-3b^2)}{2l^2}$	0	$-\dfrac{3M(l^2-b^2)}{2l^3}$	$-\dfrac{3M(l^2-b^2)}{2l^3}$
12			$-\dfrac{Pl}{2}$	$-\dfrac{Pl}{2}$	P	P
13			$-\dfrac{Pa(l+b)}{2l}$ 当 $a=b$ 时 $-\dfrac{3Pl}{8}$	$-\dfrac{P}{2l}a^2$ $-\dfrac{Pl}{8}$	P	0
14			$-\dfrac{ql^2}{3}$	$-\dfrac{ql^2}{6}$	ql	0

单元 16.6　超静定结构的特性

超静定结构具有以下重要特性：

(1) 超静定结构是有多余约束的几何不变体系。

(2) 超静定结构的全部内力和反力仅由静力平衡条件求解不出，还必须考虑几何变形条件。

(3) 超静定结构的内力与材料的性质和截面的几何特征有关，即与刚度有关。荷载引起的内力与各杆的刚度比值有关。因此，只有在设计超静定结构时事先假定截面的尺寸，才能求出内力；然后根据内力重新选择截面尺寸。另外，还可以通过调整各杆的刚度比值达到调整内力的目的。

(4) 温度改变、支座移动、材料收缩、制造误差等都将导致超静定结构产生内力。

(5) 超静定结构存在多余约束，当某一约束破坏后结构仍有一定的承载能力，但承载能力会下降。

(6) 超静定结构由于存在多余约束，与相应的静定结构比较而言，超静定结构的内力分布较为均匀，刚度和稳定性都有所提高。

模块小结

1. 力法的基本结构是静定结构。力法是以多余未知力作为基本未知量，由满足原结构的位移条件来求解未知量，然后通过静定结构计算超静定结构的内力，将超静定问题转化为静定问题来处理，这是力法的基本思想。

2. 力法典型方程是一组变形协调方程，其物理意义是基本结构在多余未知力和荷载的共同作用下，多余未知力作用处的位移与原结构相应处的位移相同，在计算静定结构时，要同时运用平衡条件和变形条件，这是求解静定结构与超静定结构的根本区别。

熟练地选取基本结构，熟练地计算力法方程中的系数和自由项是掌握和运用力法的关键。因此，必须熟练地理解系数和自由项的物理意义，并在此基础上理解力法的基本思想。

3. 温度改变、支座移动、材料收缩、制造误差等都将导致超静定结构产生内力。

知识拓展

一、想一想

图16-15所示为一座预应力混凝土连续刚构桥。连续刚构桥是将墩身与连续主梁固结而成的一种桥梁。它是在连续梁桥和T形刚构桥的基础上发展起来的大跨径桥梁中最常用的形式，具有跨越能力大，伸缩缝少(仅设两道)、平顺度好，行车舒适，施工无体系转换，无须大型支座，顺桥向抗弯、横桥向抗扭刚度大，顺桥向的抗推刚度小，能充分适应温度、混凝土收缩徐变、地震的影响等特点。请想一想，如何计算连续刚构桥的内力？

图16-15 连续刚构桥

二、练一练

1. 支座的简化(图16-16)

(1)滚轴支座：约束杆端不能竖向移动，但可水平移动和转动。只有竖向反力。

(2)定向支座：允许杆端沿一定方向自由移动，而沿其他方向不能移动，也不能转动。

(3)固定端：约束杆端不能移动也不能转动，有3个反力分量。

(4)铰支座：约束杆端不能移动，但可以转动。有两个互相垂直的反力，或合成为一个合力。

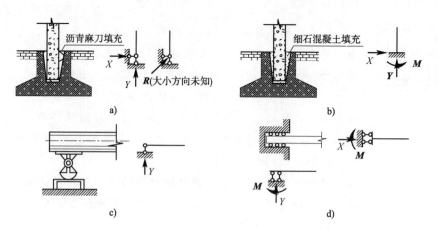

图 16-16 支座简化
a)铰支座;b)固定端支座;c)滚轴支座;d)定向支座

2. 结点的简化(图 16-17)

杆件间的连接区通常简化为以下三种理想情况:

(1) 铰结点:约束各杆端不能相对移动,但可相对转动;可以传递力,不能传递力矩。

(2) 刚结点:连接各杆端既不能相对移动,又不能相对转动;既可以传递力,又可传递力矩。

(3) 组合结点:一些杆端为刚接,另一些杆端为铰接。

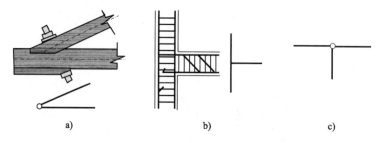

图 16-17 结点简化
a)铰结点;b)刚结点;c)组合结点

3. 结构体系的简化

一般结构实际上都是空间结构,各部相连成为一空间整体,以承受各方向可能出现的荷载。在多数情况下,常忽略一些次要的空间约束,而将实际结构分解为平面结构,如图 16-18 ~ 图 16-20 所示。

单层厂房常采用排架结构,它由屋架(屋面大梁)、柱和基础组成。当排架柱上(含柱顶)受力,进行排架内力计算时,屋架刚度很大,常可将屋架简化为与柱顶铰接刚度无限大的链杆,柱与基础的刚性连接简化为固定端。

计算排架时,一般把两端铰支的横梁作为多余约束而切断,代以相应约束力,利用切口两侧相对位移为零的条件建立力法典型方程。

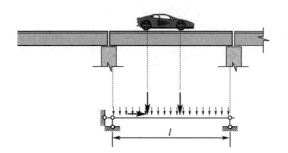

图 16-18　简支梁简化

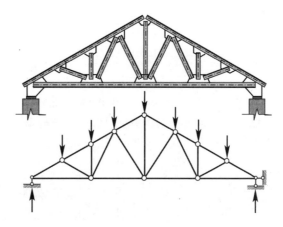

图 16-19　桁架简化

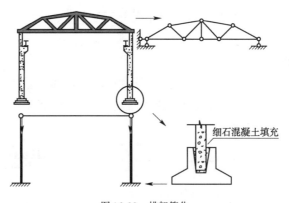

图 16-20　排架简化

16-1　静定结构与超静定结构的区别是什么？

16-2　在选定力法的基本结构时，应掌握什么原则？对于给定的超静定结构，它的力法基本结构是唯一的吗？基本未知量的数目是确定的吗？

16-3　力法典型方程中的主系数、副系数、自由项 Δ 的物理意义是什么？为什么主系数恒大于零，而副系数可能为正值、负值或零？

16-4　为什么在荷载作用下超静定结构的内力状态只与各杆的 EI、EA 相对值有关，而与它们的绝对值无关？为什么静定结构的内力与各杆 EI、EA 值无关？

16-5　用力法计算超静定结构时,当基本未知量求得后,绘制超静定结构的最后内力图,可用哪两种方法?

16-6　如题图16-1所示,试确定结构的超静定次数。

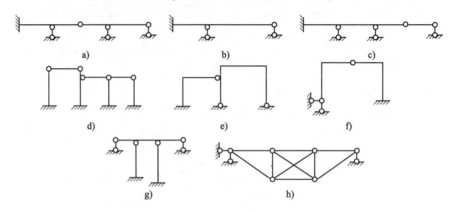

题图 16-1　超静定结构

16-7　试用力法计算题图16-2所示的超静定梁,并画出内力图,各杆 EI 为常数。

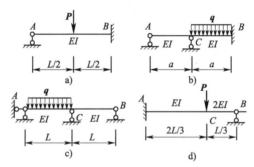

题图 16-2　力法计算超静定梁

16-8　试用力法计算题图16-3所示的超静定刚架,并画出内力图,各杆 EI 为常数。

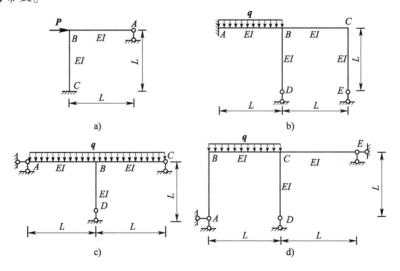

题图 16-3

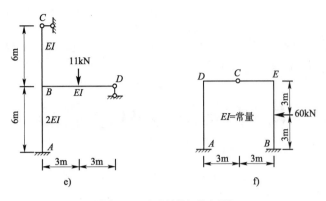

e)   f)

题图 16-3   力法计算超静定刚架

16-9   试用力法计算题图 16-4 所示的桁架,假设各杆 EA 相同。

16-10   试用力法计算并作题图 16-5 所示结构的 M 图。已知: $\alpha = 0.00001$,各杆矩形截面高 $h = 0.3\mathrm{m}$, $EI = 2 \times 10^5 \mathrm{kN \cdot m^2}$。

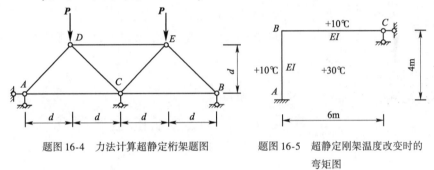

题图 16-4   力法计算超静定桁架题图   题图 16-5   超静定刚架温度改变时的弯矩图

16-11   试用力法计算并作题图 16-6 所示结构由支座移动引起的 M 图,假设 EI 为常数。

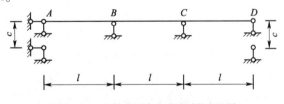

题图 16-6   超静定梁支座移动时的变矩图

模块 17　位移法和力矩分配法

1. 掌握位移法的基本概念,正确判断位移法的基本未知量。
2. 理解位移法解题的基本原理,重点掌握和运用位移法基本体系和典型方程的解法。
3. 熟练进行荷载作用下 1~2 个未知量的刚架和连续梁的内力计算。
4. 掌握力矩分配法的基本原理;理解转动刚度、分配系数和传递系数的物理意义。

单元 17.1　位移法的基本概念

一、位移法的基本思路

位移法是以某些结点位移为基本未知量,由平衡条件建立位移法方程,求出位移后,再计算内力。

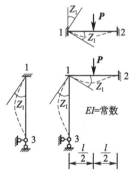

图 17-1　刚架计算示意图

下文以图 17-1 所示的刚架为例予以说明,刚架在荷载 P 作用下将发生如图虚线所示的变形。在刚结点 1 处发生转角 Z_1,结点没有线位移。则 12 杆可以视为一根两端固定的梁。其受荷载 P 作用和支座 1 发生转角 Z_1,这两种情况下的内力均可以由力法求出。同理,13 杆可以视为一根一端固定另一端铰支的梁。在固定端 1 处发生了转角 Z_1,其内力同样由力法求出。

在计算刚架时,如果以 Z_1 为基本未知量,首先设法求出 Z_1,则各杆的内力即可求出。这就是位移法的基本思路。

因此,在位移法中须解决以下问题:
(1) 用力法算出单跨超静定梁在杆端发生各种位移时以及荷载等因素作用下的内力。
(2) 确定以结构上的哪些位移作为基本未知量?
(3) 如何求出这些位移?

二、位移法基本未知量的确定

位移法的基本未知量是结点位移,选择哪些结点位移作为位移法的基本未知量是位移法解题的关键。

1. 独立的结点转角位移

因为同一刚结点处各杆的转角是相等的,因此每个刚结点只有一个独立的角位移。在固定支座处,转角为零,没有角位移。而铰结点和铰支座处的角位移,容许自由转动,其角位移是不独立的,不能作为基本未知量。所以,结点角位移数等于结构的刚结点数。

2. 结点线位移的确定

确定独立的结点线位移的几点假设:
(1) 忽略由轴力引起的变形。
(2) 结点转角和各杆旋转角都很小。
(3) 直杆变形后,曲线两端连线的长度等于原直线的长度。

3. 确定独立结点线位移数目的方法

确定独立结点线位移数目的方法主要有直接判断法和铰化结点判断法。

常用的方法是铰化结点判断法。其具体做法是:将所有的刚结点变成铰后,若有线位移则为几何可变体系,通过增加链杆的方法使体系变成无多余约束的几何不变体系(静定结构),需要增加的链杆数就是独立的线位移数。

如图 17-2 所示的刚架,可以确定其有 2 个角位移,然后采用铰化结点判断法,必须增加一个链杆才能成为几何不变体系,所以其结点线位移有 1 个。

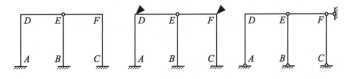

图 17-2 刚架未知量的确定

所以此结构的基本未知量数是 2 + 1 = 3。

单元 17.2 转角位移方程

用位移法计算超静定刚架时,每根杆件均视为单跨超静定梁。计算时,要用到各种单跨超静定梁在杆端产生位移(线位移、角位移)时,以及在荷载等因素作用下的杆端内力(弯矩、剪力)。为了应用方便,首先推导杆端弯矩公式。

位移法将整体结构拆成的杆件不外乎三种"单跨超静定梁":①两端固定梁;②一端固定、一端简支梁;③一端固定、一端定向支承的梁。

一、符号规则

1. 杆端弯矩

规定杆端弯矩顺时针方向为正,逆时针方向为负。
杆端弯矩具有以下两个特征:

(1) 对杆件隔离体,杆端弯矩是外力偶,顺时针方向为正,逆时针方向为负。
(2) 若把杆件装配成结构,杆端弯矩又成为内力,弯矩图仍画在受拉边。

2. 结点转角

结点转角以顺时针方向为正,逆时针方向为负。

3. 杆件两端相对侧移

杆件两端相对侧移 Δ 的正负号与旋转角 β 的正负号一致。而 β 以顺时针方向为正,逆时针方向为负。

二、转角位移方程

等直杆的转角位移方程可以应用力法典型方程求出,对于常见的三种类型的单跨超静梁的转角位移方程,归纳汇总如下(式中线刚度)。以下是三种常见单跨静定梁的转角位移方程。

1. 对于两端固定的单跨超静定梁

$$M_{AB} = 4i\,\varphi_A + 2i\,\varphi_B - 6i\frac{\Delta_{AB}}{l} + M_{AB}^F$$

$$M_{BA} = 2i\,\varphi_A + 4i\,\varphi_B - 6i\frac{\Delta_{AB}}{l} + M_{AB}^F$$

$$F_{QAB} = -\frac{6i}{l}\varphi_A - \frac{6i}{l}\varphi_B + 12i\frac{\Delta_{AB}}{l^2} + F_{QAB}^F$$

$$F_{QBA} = -\frac{6i}{l}\varphi_A - \frac{6i}{l}\varphi_B + 12i\frac{\Delta_{AB}}{l^2} + F_{QBA}^F$$

2. 对于一端固定、一端铰支的单跨超静定梁

$$M_{AB} = 3i\,\varphi_A - 3i\frac{\Delta_{AB}}{l} + M_{AB}^F$$

$$M_{BA} = 0$$

$$F_{QAB} = -\frac{3i}{l}\varphi_A + 3i\frac{\Delta_{AB}}{l^2} + F_{QAB}^F$$

$$F_{QBA} = -\frac{3i}{l}\varphi_A + 3i\frac{\Delta_{AB}}{l^2} + F_{QBA}^F$$

3. 对于一端固定、一端定向支承的单跨超静定梁

$$M_{AB} = i\,\varphi_A + M_{AB}^F$$

$$M_{BA} = -i\,\varphi_A + M_{BA}^F$$

$$F_{QAB} = F_{QAB}^F$$

$$F_{QBA} = 0$$

为了应用方便,表 17-1 列出了以上三种单跨超静定梁在各种不同荷载作用、位移情况下的杆端弯矩和杆端剪力值。

单跨超静定梁在各种不同荷载作用、位移情况下的杆端弯矩和杆端剪力值　　表17-1

编号	梁的简图	弯矩		剪力	
		M_{AB}	M_{BA}	F_{QAB}	F_{QBA}
1	两端固定,A端转角$\theta=1$	$\dfrac{4EI}{l}=4i$	$\dfrac{2EI}{l}=2i$	$-\dfrac{6EI}{l^2}=-6\dfrac{i}{l}$	$-\dfrac{6EI}{l^2}=-6\dfrac{i}{l}$
2	两端固定,B端沉陷$\Delta=1$	$-\dfrac{6EI}{l^2}=-6\dfrac{i}{l}$	$-\dfrac{6EI}{l^2}=-6\dfrac{i}{l}$	$\dfrac{12EI}{l^3}=12\dfrac{i}{l^2}$	$\dfrac{12EI}{l^3}=12\dfrac{i}{l^2}$
3	两端固定,集中荷载F_P	$-\dfrac{F_p ab^2}{l^2}-\dfrac{F_p l}{8}$ $\left(a=b=\dfrac{l}{2}\right)$	$\dfrac{F_p a^2 b}{l^2}$ $\dfrac{F_p l}{8}$	$\dfrac{F_p b^2(l+2a)}{l^3}$ $\dfrac{F_p}{2}$	$-\dfrac{F_p a^2(l+2b)}{l^3}$ $-\dfrac{F_p}{2}$
4	两端固定,均布荷载q	$-\dfrac{1}{12}ql^2$	$\dfrac{1}{12}ql^2$	$\dfrac{1}{2}ql$	$-\dfrac{1}{2}ql$
5	两端固定,三角形分布荷载	$-\dfrac{1}{20}ql^2$	$\dfrac{1}{30}ql^2$	$\dfrac{7}{20}ql$	$-\dfrac{3}{20}ql$
6	两端固定,集中力偶M	$\dfrac{b(3a-l)}{l^2}M$	$\dfrac{a(3b-l)}{l^2}M$	$-\dfrac{6ab}{l^3}M$	$-\dfrac{6ab}{l^3}M$
7	一端固定一端铰支,A端转角$\theta=1$	$\dfrac{3EI}{l}=3i$	0	$-\dfrac{3EI}{l^2}=-3\dfrac{i}{l}$	$-\dfrac{3EI}{l^2}=-3\dfrac{i}{l}$
8	一端固定一端铰支,B端沉陷$\Delta=1$	$-\dfrac{3EI}{l^2}=-3\dfrac{i}{l}$	0	$\dfrac{3EI}{l^3}=3\dfrac{i}{l^2}$	$\dfrac{3EI}{l^3}=3\dfrac{i}{l^2}$
9	一端固定一端铰支,集中荷载F_P	$-\dfrac{F_p ab(l+b)}{2l^2}$ $-\dfrac{3}{16}F_p l$ $\left(a=b=\dfrac{l}{2}\right)$	0	$\dfrac{F_p b(3l^2-b^2)}{2l^3}$ $\dfrac{11}{16}F_p$	$-\dfrac{F_p a^2(2l+b)}{2l^3}$ $-\dfrac{5}{16}F_p$
10	一端固定一端铰支,均布荷载q	$-\dfrac{1}{8}ql^2$	0	$\dfrac{5}{8}ql$	$-\dfrac{3}{8}ql$
11	一端固定一端铰支,三角形分布荷载	$-\dfrac{1}{15}ql^2$	0	$\dfrac{4}{10}ql$	$-\dfrac{1}{10}ql$
12	一端固定一端铰支,三角形分布荷载	$-\dfrac{7}{120}ql^2$	0	$\dfrac{9}{40}ql$	$-\dfrac{11}{40}ql$

续上表

编号	梁的简图	弯矩		剪力	
		M_{AB}	M_{BA}	F_{QAB}	F_{QBA}
13		$\dfrac{l^2-3b^2}{2l^2}M$ $\dfrac{M}{8}\left(a=b=\dfrac{l}{2}\right)$	0 $(a<l)$	$-\dfrac{3(l^2-b^2)}{2l^3}M$ $-\dfrac{9}{8l}M$	$-\dfrac{3(l^2-b^2)}{2l^3}M$ $-\dfrac{9}{8l}M$
14		$\dfrac{EI}{l}=i$	$-\dfrac{EI}{l}=-i$	0	0
15		$-\dfrac{F_p a(l+b)}{2l}$ $-\dfrac{3F_p l}{8}$ $\left(a=b=\dfrac{l}{2}\right)$	$-\dfrac{F_p a^2}{2l}-\dfrac{F_p l}{8}$	F_p	0
16		$-\dfrac{1}{3}ql^2$	$-\dfrac{1}{6}ql^2$	ql	0
17		$-\dfrac{1}{8}ql^2$	$-\dfrac{1}{24}ql^2$	$\dfrac{1}{2}ql$	0
18		$-\dfrac{5}{24}ql^2$	$-\dfrac{1}{8}ql^2$	$\dfrac{1}{2}ql$	0
19		$-M\dfrac{b}{l}-\dfrac{M}{2}$ $\left(a=b=\dfrac{l}{2}\right)$	$-M\dfrac{a}{l}-\dfrac{M}{2}$	0	0

单元 17.3　位移法典型方程

位移法的基本体系，在荷载和结点位移的共同作用下，转化为原结构的条件就是建立满足平衡条件的位移法方程。

下文以图 17-3 所示的刚架为例，阐述在位移法中如何建立求解基本未知量的方程及具体计算步骤。

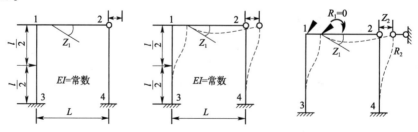

图 17-3　刚架未知量方程的建立

基本未知量为 Z_1、Z_2。根据叠加原理有

$$\left.\begin{array}{l}R_1 = R_{11} + R_{12} + R_{1P} = 0\\R_2 = R_{21} + R_{22} + R_{2P} = 0\end{array}\right\} \quad (17\text{-}1)$$

式中,R_1 为附加刚臂上的反力矩,R_2 为附加链杆上的反力,第一个下标表示该反力的位置,第二个下标表示引起该反力的原因。

设以 r_{11}、r_{12} 分别表示由单位位移,所引起的刚臂上的反力矩,以 r_{21}、r_{22} 分别表示由单位位移所引起的链杆上的反力,则式(17-1)可写为

$$\left.\begin{array}{l}r_{11}Z_1 + r_{12}Z_2 + R_{1P} = 0\\r_{21}Z_1 + r_{22}Z_2 + R_{2P} = 0\end{array}\right\} \quad (17\text{-}2)$$

式(17-1)、式(17-2)这就是求解 Z_1、Z_2 的方程,即位移法基本方程。位移法基本方程的物理意义是:基本结构在荷载等外因和结点位移的共同作用下,每一个附加联系中的附加反力矩或反力都应等于零。

对于具有 n 个独立结点位移的刚架,同样可以建立 n 个方程:

$$r_{11}Z_1 + \cdots + r_{1i}Z_i + \cdots + r_{1n}Z_n + R_{1P} = 0$$
$$\vdots$$
$$r_{i1}Z_1 + \cdots + r_{ii}Z_i + \cdots + r_{in}Z_n + R_{iP} = 0$$
$$\vdots$$
$$r_{n1}Z_1 + \cdots + r_{ni}Z_i + \cdots + r_{nn}Z_n + R_{nP} = 0$$

在上述位移法典型方程中,r_{ii} 称为主系数,$r_{ij}(i \neq j)$ 称为副系数,R_{iP} 称为自由项。主系数恒为正,副系数和自由项可能为正、负或零。据反力互等定理有副系数 $r_{ij} = r_{ji}(i \neq j)$。

下面通过例题来具体说明位移法典型方程的具体应用。

【例17-1】 用位移法计算图17-4中的超静定结构,并画出弯矩图。

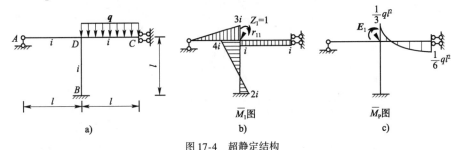

图17-4 超静定结构

解:(1)确定基本未知量和基本结构,有一个角位移未知量,其基本结构如图17-4所示。
(2)位移法典型方程:

$$r_{11}Z_1 + R_{1p} = 0$$

(3)确定系数并解方程:

$$r_{11} = 8i, R_{1p} = -\frac{1}{3}ql^2$$

$$8iZ_1 - \frac{1}{3}ql^2 = 0$$

$$Z_1 = \frac{ql^2}{24i}$$

(4) 画 M 图,如图 17-5 所示。

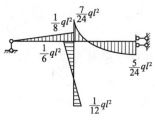

图 17-5 M 图

由上例题所述,位移法的计算步骤归纳如下:

(1) 确定结构的基本未知量的数目,并引入附加联系而得到基本结构。

(2) 令各附加联系发生与原结构相同的结点位移,根据基本结构在荷载等外因和各结点位移共同作用下,各附加联系上的反力矩或反力均应等于零的条件,建立位移法的基本方程。

(3) 绘出基本结构在各单位结点位移作用下的弯矩图和荷载作用下(支座位移、温度变化等其他外因作用下)的弯矩图,由平衡条件求出各系数和自由项。

(4) 计算典型方程,求出作为基本未知量的各结点位移。

(5) 按叠加法绘制最后弯矩图。

【例 17-2】 用位移法计算图 17-6 所示的刚架,画出 M 图。

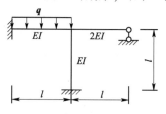

图 17-6 刚架

解:(1) 确定基本未知量和基本结构,有一个角位移未知量,其基本结构如图 17-7 所示。

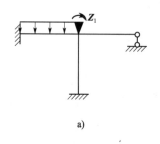
a)

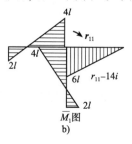
b) $\overline{M}_1$ 图

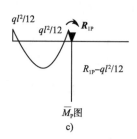
c) $\overline{M}_P$ 图

图 17-7 基本结构

(2) 位移法典型方程:

$$r_{11}Z_1 + R_{1P} = 0$$

(3) 确定系数并解方程:

$$Z_1 = -\frac{ql^2}{168i}$$

(4) 画 M 图,如图 17-8 所示。

图 17-8

单元 17.4 对称性的利用

在用力法计算超静定结构时,曾得到一个重要结论:对称结构在正对称荷载作用下,其内力和位移都是正对称的;对称结构在反对称荷载作用下,其内力和位移都是反对称的。在位移法中,同样可以利用这一结论简化计算。

图 17-9 所示的结构,在利用位移法计算时,就可以利用对称性简化计算。其简化过程如图 17-9 所示。

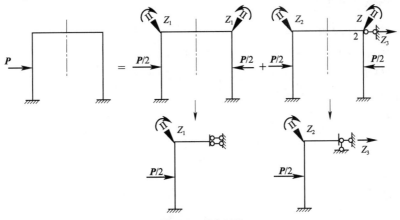

图 17-9 简化过程

【例 17-3】 用位移法作出图 17-10 所示结构的弯矩图。

解:(1)利用对称性,得到图 17-11 所示的结构。

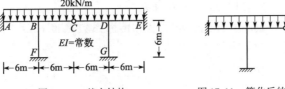

图 17-10 基本结构　　　图 17-11 简化后的结构

(2) 由图 17-12 可知: $r_{11} = \dfrac{4}{3}EI$, $R_{1p} = -300 \text{kN} \cdot \text{m}$

所以
$$\dfrac{4}{3}EIZ_1 - 300 = 0$$

可得
$$Z_1 = 300 \times \dfrac{3}{4EI} = \dfrac{225}{EI}$$

(3) 求最终弯矩图,如图 17-13 所示。

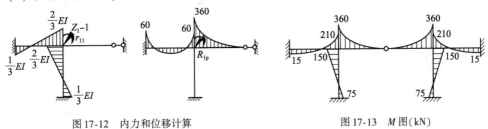

图 17-12 内力和位移计算　　　图 17-13 M 图(kN)

单元 17.5　力矩分配法

力矩分配法是指在位移法基础上发展起来的一种数值解法,它不必计算结点位移,也无须求解联立方程,可以直接通过代数运算得到杆端弯矩。力矩分配法适用于连续梁和无结点线位移刚架。内力正负号的规定与位移法的规定一致。

为了说明力矩分配法的概念和步骤,先定义以下几个常用的系数。

一、转动刚度系数 S

不同杆件对于杆端转动的抵抗能力是不同的。杆件固定端转动单位角位移所引起的力矩,称为该杆的转动刚度。它与远端约束及线刚度有关。

不同支撑情况的等直杆,相应的近端转动刚度分别为

远端为固定支座	$S = 4i$
远端为铰支座	$S = 3i$
远端为定向支座	$S = i$
远端为自由端	$S = 0$ (i 为线刚度)

二、传递系数

当杆件的近端发生转动时,其远端弯矩与近端弯矩的比值为

$$C = \frac{M_{远端}}{M_{近端}} \tag{17-3}$$

式中,C 称为传递系数,它只与远端约束有关。

由图 17-14 中可知,等截面直杆的转动刚度和传递系数见表 17-2。

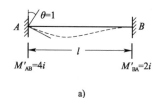 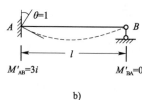 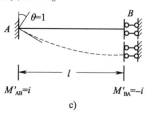

图 17-14 传递系数

等截面直杆的转动刚度和传递系数   表 17-2

远端支承	转动刚度	传递系数
固定支座	$4i$	1/2
铰支座	$3i$	0
定向支座	i	-1

三、弯矩分配系数

图 17-15 所示的刚架,只有一个刚结点 1,只能转动不能移动。当有外力矩 M 加在 1 结点时,与此结点连接的各杆将发生变形和内力。假设刚架发生图 17-15 所示的变形,各杆的 1 端发生相同的转角,最后达到平衡,求出杆端弯矩。

$$M = M_{1A} + M_{1B} + M_{1C}$$
$$= S_{1A} \cdot \varphi_1 + S_{1B} \cdot \varphi_1 + S_{1C} \cdot \varphi_1$$

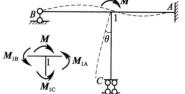

图 17-15 弯矩分配系数示意图   得

$$\varphi_1 = \frac{M}{S_{1A} + S_{1B} + S_{1C}}$$

所以结点 1 的各杆端弯矩表达式为

$$M_{1A} = \frac{S_{1A}}{S_{1A}+S_{1B}+S_{1C}} \cdot M = \mu_{1A} \cdot M$$

$$M_{1B} = \frac{S_{1B}}{S_{1A}+S_{1B}+S_{1C}} \cdot M = \mu_{1B} \cdot M$$

$$M_{1C} = \frac{S_{1C}}{S_{1A}+S_{1B}+S_{1C}} \cdot M = \mu_{1C} \cdot M$$

式中,μ_{1A}、μ_{1B}、μ_{1C} 称为分配系数。

对于结点 1,满足 $\sum \mu = \mu_{1A}+\mu_{1B}+\mu_{1C}=1$。

对于承受结点外力的单结点结构而言,各杆的最终弯矩也可直接通过相应的分配系数、传递系数而分别算得,符合按位移法中加原理所得的结果。

【例 17-4】 用力矩分配法作图 17-16 所示结构的弯矩图。

解:(1)转动刚度:

$$S_{DA} = \frac{8EI}{3}$$

$$S_{DB} = \frac{4EI}{3}$$

$$S_{DC} = \frac{3EI}{3}$$

$$S_{DF} = 0$$

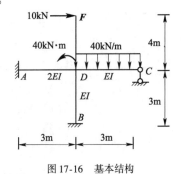

图 17-16 基本结构

(2)分配系数:

$$\mu_{DA} = \frac{8}{15} = \mu_{DB} = \frac{4}{15} = \mu_{DC} = \frac{3}{15} = \mu_{DF} = 0$$

(3)固端弯矩:

$$M_{AD}^F = M_{DA}^F = 0$$
$$M_{DB}^F = M_{BD}^F = 0$$
$$M_{DC}^F = -45 \text{kN} \cdot \text{m}$$
$$M_{DF}^F = -40 \text{kN} \cdot \text{m}$$
$$M_{CD}^F = M_{FD}^F = 0$$

(4)不平衡力矩:

$$M_D = M_{DF}^F + M_{DC}^F = -85 \text{kN} \cdot \text{m}$$

(5)被分配力矩: $M = -40 - M_D = 45 \text{kN} \cdot \text{m}$

(6)分配传递,求杆端弯矩,见表 17-3。

杆端变矩　　　　　表 17-3

结　　点	A	B	D				C	F
杆　　端	AD	BD	DA	DB	DC	DF	CD	FD
分配系数	—	—	8/15	4/15	3/15	0	—	—
固端弯矩	0	0	0	0	−45	−40	0	0
分配传递	12	6	24	12	9	0	—	—
杆端弯矩	12	6	24	12	−36	−40	0	0

(7)作结构的弯矩图,如图 17-17 所示。

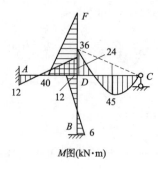

图 17-17 弯矩图

模块小结

1. 位移法是以刚性结点的转角位移和独立结点线位移为基本未知量的,其未知量的数目与结构的超静定次数无关。因此,对于超静定次数高而结点位移数目少的超静定结构,用位移法计算较用力法计算要简便得多。

2. 位移法解题,按下述步骤进行:

(1)确定基本未知量。

(2)建立基本结构,写出各单元杆件转角位移方程。

(3)建立位移法的基本方程,即结点力矩平衡方程和立柱剪力平衡方程。

(4)求解基本未知量。

(5)计算各杆杆端弯矩,画弯矩图。

3. 力矩分配法的计算步骤如下:

(1)确定分配结点。

(2)计算各杆的线刚度、转动刚度 S,确定刚结点处各杆的分配系数 μ。并注意每个结点处总分配系数为 1。

(3)计算刚结点处的不平衡力矩,将结点不平衡力矩变号分配,得近端分配弯矩。

(4)根据远端约束条件确定传递系数 C,计算远端传递弯矩。

(5)依次对各结点循环进行分配、传递计算。

(6)用叠加法绘制结构的弯矩图。

一、超静定结构的特点

1. 超静定结构与静定结构的区别

(1)超静定结构有较强的防护能力。

超静定结构在某些多余约束被破坏后,仍能维持几何不变性;而静定结构在任一约束被破坏后,即变成可变体系而失去承载能力。因此,在抗震防灾、国防建设等方面,超静定结构比静定结构具有较强的防护能力。

(2)超静定结构的内力和变形分布比较均匀。

静定结构由于没有多余约束,一般内力分布范围小,峰值大;刚度小、变形大。而超静定结构由于存在多余约束,较之相应静定结构,其内力分布范围大、峰值小;且刚度大、变形小。

2.超静定结构的优点

(1)结构变形小,结构刚度强。

(2)截面尺寸小,节省材料,自重较轻。

(3)内力分配可以通过改变材料来调整到最佳的受力状态。

(4)具有较好的抵抗破坏能力,多余联系被破坏后仍能维持其几何不变性。

二、超静定结构在工程中的应用

超静定结构在常见的工程结构中非常普遍,如围墙、框架结构的房屋梁等。工程实际中常见的超静定结构类型有超静定梁、超静定桁架、刚架以及超静定组合结构。

(1)随着交通运输特别是高等级公路的迅速发展,对行车平顺舒适度提出了更高的要求,超静定结构连续梁桥(图 17-18)以其整体性好、结构刚度大、变形小、抗震性能好、主梁变形挠曲线平缓、伸缩缝少和行车平稳舒适等优点而得到迅速发展。

(2)超静定刚架多应用于看台(图 17-19)等构件。体育场的看台由钢筋混凝土刚架支撑,雨篷由带悬臂的刚架和倾斜钢管支柱做支撑。

(3)在工程实际中,无铰拱的应用很广泛。在隧道工程(图 17-20)中都采用混凝土的拱圈做衬砌。

图 17-18　超静定结构连续梁桥　　图 17-19　看台　　图 17-20　隧道工程

17-1　试确定题图 17-1 所示各结构的位移法的基本未知量。

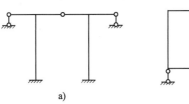 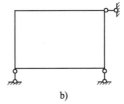 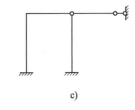

a)　　　　　　　　b)　　　　　　　　c)

题图　17-1

17-2　用位移法计算题图 17-2 所示结构的内力,并作弯矩图。

17-3　用位移法计算题图 17-3 所示的结构并作 M 图。假设各杆 EI 为常数,$q = 20\text{kN/m}$。

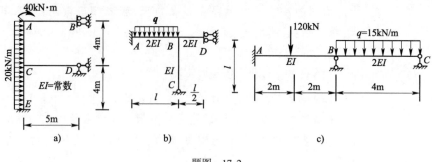

题图 17-2

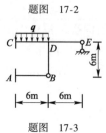

题图 17-3

17-4 用位移法计算题图 17-4 所示的结构并作 M 图。

17-5 用位移法计算题图 17-5 所示的对称结构并作 M 图。假设各杆的 EI 相同。

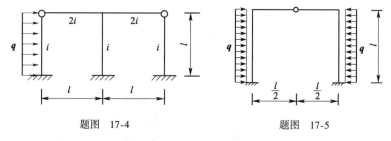

题图 17-4　　　　　　　　题图 17-5

17-6 用力矩分配法作题图 17-6 所示结构的弯矩图。

17-7 题图 17-7 所示为一连续梁,用力矩分配法求作弯矩图。

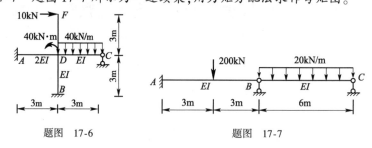

题图 17-6　　　　　　　　题图 17-7

18 模块 影响线

1. 掌握影响线的概念。
2. 掌握单跨静定梁和多跨静定梁反力内力影响线的画法。
3. 掌握应用影响线求移动荷载作用下量值的方法。

单元 18.1 影响线的概念

在城市轨道交通、建筑、路桥等工程实际中,常常有移动荷载作用的情况(图 18-1),结构的量值(反力、内力、位移)随荷载位置变动而变化,不仅不同截面的一量值的变化规律不同,而且同一截面的不同量值在同样移动荷载作用下变化规律往往也不相同。因此,每次只能研究一个量值的变化规律。

由于实际的移动荷载是多种多样的,不可能对每一个具体的荷载都进行讨论。根据叠加的方法,只要选取一个单位集中荷载作研究即可,如图 18-2 所示。

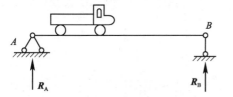

图 18-1 移动荷载作用

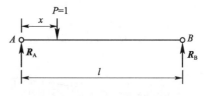

图 18-2 单位集中移动荷载

当方向不变的竖向单位集中荷载 $P=1$ 沿结构移动时,表示结构某一指定处的某一量值变化规律的图形称为该量值的影响线。

单元 18.2 用静力法作单跨静定梁的影响线

将竖向单位集中荷载 $P=1$ 置于结构的任意位置,并选定一坐标系,以横坐标表示荷载作用点的位置,再根据平衡条件求出所求量值与荷载位置之间的函数方程(称为量值的影响线方程),再按方程作出该量值的影响线,这种方法称为静力法。

一、简支梁反力影响线

图 18-3a)所示简支梁,设反力向上为正,由静力平衡条件可得

$$\sum M_A = 0 \quad R_B \cdot l - P \cdot x = 0$$

$$\sum M_B = 0 \quad R_A \cdot l - P \cdot (l-x) = 0$$

解得

$$\left.\begin{array}{l} R_A = 1 - \dfrac{x}{l} \\ \\ R_B = \dfrac{x}{l} \end{array}\right\} (0 \leq x \leq l) \qquad (18\text{-}1)$$

式(18-1)就是反力影响线方程,都是一次函数。取竖向单位集中荷载 $P=1$ 作用点的位置为横坐标,以量值为纵坐标,根据式(18-1)可作出影响线,如图 18-3b)、c)所示。

二、简支梁内力影响线

现要作图 18-4 所示简支梁截面 K 的剪力、弯矩影响线。当 $P=1$ 在截面 K 的左侧移动时,沿截面 K 截开后取右段分析,如图 18-5a)所示。

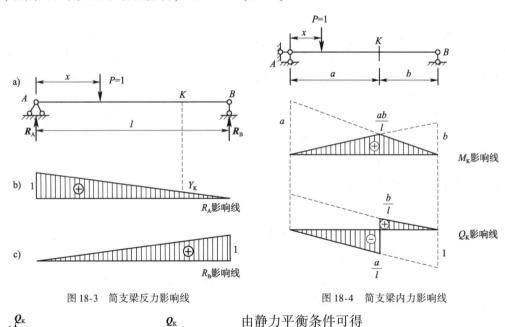

图 18-3 简支梁反力影响线　　图 18-4 简支梁内力影响线

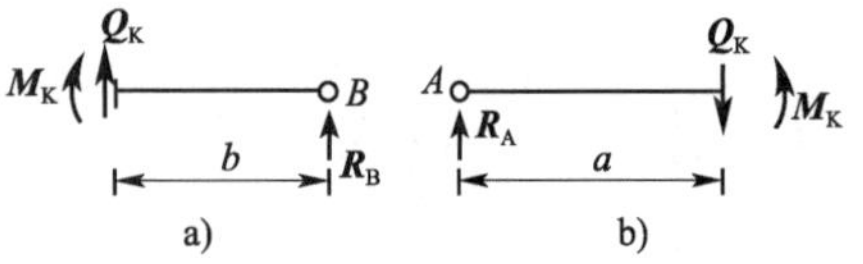

图 18-5 K 截面内力分析

由静力平衡条件可得

$$Q_K = -R_B = \dfrac{-x}{l}(0 < x < a)$$

$$M_K = R_B \cdot b = \dfrac{bx}{l}(0 < x < a)$$

当 $P=1$ 在截面 K 的右侧移动时,沿截面 K 截开后取左段分析,如图 18-5b)所示。由静力平衡条件可得

$$Q_K = R_A = \frac{1-x}{l}(0 \leqslant x \leqslant a)$$

$$M_K = R_A \cdot a = \frac{a(1-x)}{l}(0 \leqslant x \leqslant a)$$

显然,剪力 Q、弯矩 M 均是一次函数,取竖向单位集中荷载 $P=1$ 作用点的位置为横坐标,以量值 Q_K 与 M_K 为纵坐标,即可作出其影响线,如图 18-4 所示。

三、外伸梁的反力、内力影响线

图 18-6a)所示为外伸梁,假设反力向上为正,由静力平衡条件可得

$$\left. \begin{array}{l} R_A = 1 - \dfrac{x}{l} \\ R_B = \dfrac{x}{l} \end{array} \right\} \quad (18\text{-}2)$$

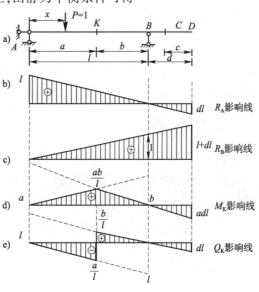

式(18-2)为外伸梁的反力影响线方程。其实,外伸梁的反力影响线方程和简支梁的反力影响线方程是一样的,因此只需将简支梁的反力影响线作相应的延伸即可,如图 18-6b)、c)所示。

当 $P=1$ 在截面 K 的左侧移动时,沿截面 K 截开后取右段分析,由静力平衡条件可得

$$Q_K = -R_B = \frac{-x}{l}(0 \leqslant x \leqslant a)$$

$$M_K = R_B \cdot b = \frac{bx}{l}(0 \leqslant x \leqslant a)$$

图 18-6 外伸梁反力与内力影响线(一)

当 $P=1$ 在截面 K 的右侧移动时,沿截面 K 截开后取左段分析,由静力平衡条件可得

$$Q_K = R_A = \frac{1-x}{l}(a \leqslant x \leqslant l+d)$$

$$M_K = R_A \cdot a = \frac{a(1-x)}{l}(a \leqslant x \leqslant l+d)$$

同理,外伸梁截面 K 的内力影响线方程和简支梁的内力影响线方程是一样的,因此只需将简支梁的内力影响线作相应的延伸即可,如图 18-6d)、e)所示。

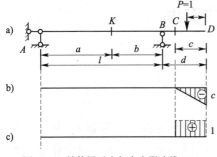

图 18-7 外伸梁反力与内力影响线(二)

当 $P=1$ 在截面 C 的左侧移动时,沿截面 C 截开后取右段分析,由静力平衡条件可得

$$Q_C = 0, M_C = 0$$

当 $P=1$ 在截面 C 的右侧移动时,沿截面 C 截开后取左段分析,由静力平衡条件可得

$$Q_C = 1, M_C = x - c(0 \leqslant x \leqslant c)$$

由此作出截面 C 的剪力与弯矩影响线,如图 18-7b)、c)所示。

单元 18.3　用机动法作多跨静定梁的影响线

一、反力影响线

在用机动法作图 18-8a)所示的支座反力 R_C 影响线时,首先解除 C 支座的约束,代之以向上的反力 R_C,C 处向上移动一个单位位移,所得的位移图就是 R_C 影响线图,如图 18-8c)所示。

二、剪力影响线

在用机动法作图 18-8a)所示的截面 K 剪力 Q_K 影响线时,首先解除截面 K 剪力的约束,代之以一对剪力 Q_K,K 处沿剪力的正向移动一个相对单位位移,所得的位移图就是 Q_K 影响线图,如图 18-8e)所示。

三、弯矩影响线

在用机动法作图 18-8a)所示的截面 K 弯矩 M_K 影响线时,首先解除截面 K 弯矩的约束,代之以一对弯矩 M_K,K 处沿弯矩的正向转动一个相对单位角位移,所得的位移图就是 M_K 影响线图,如图 18-8g)所示。

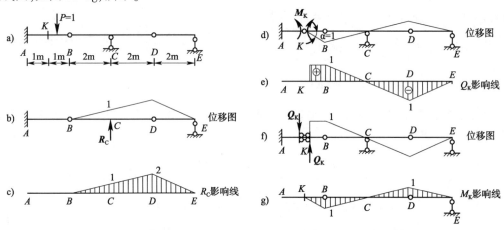

图 18-8　机动法作多跨静定梁影响线

单元 18.4　影响线的应用

一、利用影响线求固定荷载作用下的量值

1. 固定集中荷载作用

设某量值 S 的影响线如图 18-9 所示。现有若干固定位置的竖向集中荷载 P_1、P_2、$\cdots$、P_n 作用,各荷载对应的影响线纵坐标分别为 y_1、y_2、$\cdots$、y_n。根据叠加原理,若干固定位置的竖向集中荷载所产生的量值 S 为

$$S = P_1 \cdot y_1 + P_2 \cdot y_2 + \cdots + P_n \cdot y_n = \sum P_i \cdot y_i \tag{18-3}$$

式(18-3)表明，在若干固定集中荷载作用下产生的某量值 S 等于各集中力与其作用点之下的相应影响线纵坐标的乘积的代数和。

2. 固定均布荷载作用

假设某量值 S 的影响线上作用有均布荷载 q 如图 18-10a)所示。根据微积分的方法可知，均布荷载 q 所产生的量值为

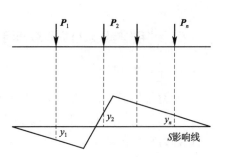

图 18-9　某量值 S 的影响线

$$S = \int_a^b q \cdot y \mathrm{d}x = q \int_a^b y \mathrm{d}x = q\omega \tag{18-4}$$

式中，ω 为影响线在均布荷载范围内的面积，如图 18-10b)所示。

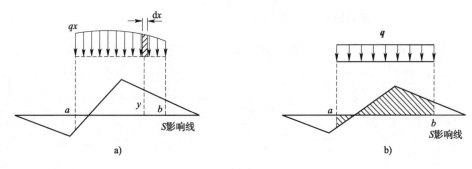

图 18-10　固定均布荷载作用下量值 S 的计算

式(18-4)表明，在固定均布荷载作用下产生的某量值 S 等于均布荷载范围内影响线的面积乘以荷载集度 q。

【例 18-1】　试利用影响线求图 18-11a)所示外伸梁截面 C 的剪力。

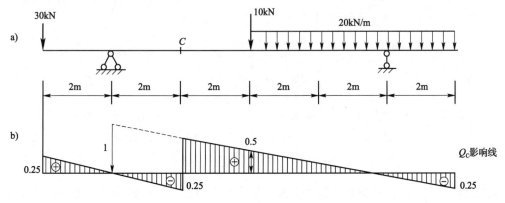

图 18-11　外伸梁截面 C 的剪力计算

解：画出 Q_C 影响线如图 18-11b)所示，根据比例关系求出各集中荷载作用点、均布荷载两端点对应的影响线纵坐标。由式(18-3)、式(18-4)可得

$$Q_C = 0.25 \times 30 + 0.5 \times 10 + \left(\frac{1}{2} \times 0.5 \times 4 - \frac{1}{2} \times 0.25 \times 2\right) \times 20 = 27.5 \mathrm{kN}$$

二、利用影响线求行列荷载作用下某量值的最大值

1. 行列荷载

所谓行列荷载,是指一系列间距保持不变的移动集中荷载(也包括均布荷载),如汽车车队、中活载等,如图 18-12 所示。通常应先找出使研究量值产生极值的荷载位置(这个荷载位置称为临界荷载位置,对应于影响线顶点位置的荷载称为临界荷载),然后再从量值的极值中选出最大值。

2. 三角形影响线上临界荷载判别式

$$\left.\begin{array}{c}\dfrac{R_{左}+P_{K}}{a}>\dfrac{R_{右}}{b}\\[2mm]\dfrac{R_{左}}{a}<\dfrac{R_{右}+P_{K}}{b}\end{array}\right\} \tag{18-5}$$

满足式(18-5)条件的荷载就是临界荷载。

【例 18-2】 求图 18-13 所示行列荷载作用下简支梁中点截面的最大弯矩。

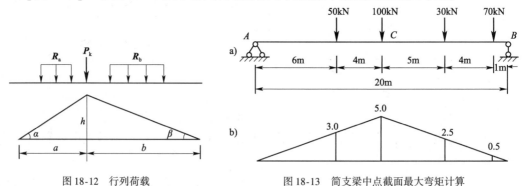

图 18-12 行列荷载　　　　图 18-13 简支梁中点截面最大弯矩计算

解:先画出中点截面的弯矩影响线[图 18-13b)],根据比例关系求出各集中荷载作用点对应的影响线纵坐标;再应用三角形影响线上临界荷载判别式

$$\dfrac{50+100}{10} > \dfrac{30+70}{10}$$

$$\dfrac{50}{10} < \dfrac{30+70+100}{10}$$

可知此时影响线上临界荷载为 100kN,于是简支梁中点截面的最大弯矩为

$$M_{C\max}=50\times 3.0+100\times 5.0+30\times 2.5+70\times 0.5=760\mathrm{kN\cdot m}$$

1. 当方向不变的竖向单位集中荷载 $P=1$ 沿结构移动时,表示结构某一指定处的某一量值变化规律的图形称为该量值的影响线。

2. 将竖向单位集中荷载 $P=1$ 置于结构的任意位置,并选定一坐标系,用横坐标表示荷载作用点的位置,根据平衡条件求出所求量值与荷载位置之间的函数方程称为量值的影响线方程。按方程画出该量值的影响线,这种方法就称为静力法。

3.利用影响线求固定荷载作用下的量值。

(1)在若干固定集中荷载作用下产生的某量值 S,等于各集中力与其作用点之下的相应影响线纵坐标的乘积的代数和。

(2)在固定均布荷载作用下产生的某量值 S,等于均布荷载范围内影响线的面积乘以荷载集度 q。

4.所谓行列荷载,是指一系列间距保持不变的移动集中荷载(也包括均布荷载),如汽车车队、中活载等。通常应先找出使研究量值产生极值的荷载位置(这个荷载位置称为临界荷载位置,对应于影响线顶点位置的荷载称为临界荷载),然后再从量值的极值中选出最大值。

在钢筋混凝土结构设计中,为了配置钢筋,通常需要求出在结构重力和活载共同作用下各截面的最大和最小内力值,以此为设计或验算的依据,连接各截面最大、最小内力的图形称为内力包络图。

假设梁所承受的结构重力为均布荷载 q,某一内力 S 的影响线的正、负面积及总面积分别用 ω_+、ω_- 及 $\sum\omega$ 表示,活载的等代荷载为 K,则内力 S 的最大和最小值的计算公式为

$$S_{\max} = q\sum\omega + (1+\mu)K\omega_+$$
$$S_{\min} = q\sum\omega + (1+\mu)K\omega_-$$

18-1 试作题图 18-1 所示梁截面 C 的剪力与弯矩影响线。

18-2 试作题图 18-2 所示梁的反力及截面 C 的剪力与弯矩影响线。

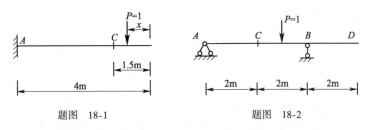

题图 18-1　　　　　题图 18-2

18-3 试作题图 18-3 所示梁截面 C 的剪力与弯矩影响线。

18-4 试作题图 18-4 所示多跨静定梁截面 E 的剪力与弯矩影响线。

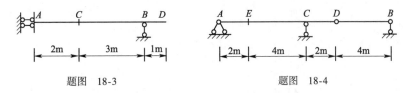

题图 18-3　　　　　题图 18-4

18-5 试利用影响线求题图 18-5 所示外伸梁截面 C 的剪力与弯矩。

18-6 如题图 18-6 所示,试求荷载作用下,距 A 端 5m 处截面的最大弯矩。

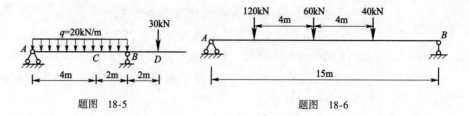

题图 18-5　　　　　　　　题图 18-6

附录 《热轧型钢》(GB/T 706—2016)(节选)

型钢截面如附图1～附图4所示,相应的截面尺寸、截面面积、理论重量及截面特性分别见附表1～附表4。

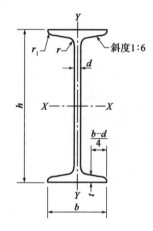

附图1 工字钢截面图

h-高度;b-腿宽度;d-腰厚度;t-腿中间厚度;r-内圆弧半径;r_1-腿端圆弧半径

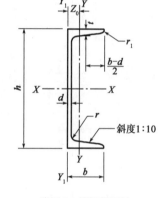

附图2 槽钢截面图

h-高度;b-腿宽度;d-腰厚度;t-腿中间厚度;r-内圆弧半径;r_1-腿端圆弧半径;Z_0-重心距离

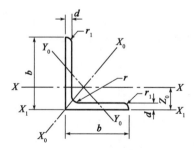

附图3 等边角钢截面图

b-边宽度;d-边厚度;r-内圆弧半径;r_1-边端圆弧半径;Z_0-重心距离

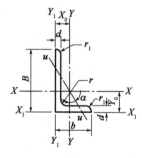

附图4 不等边角钢截面图

B-长边宽度;b-短边宽度;d-边厚度;r-内圆弧半径;r_1-边端圆弧半径;X_0-重心距离;Y_0-重心距离

附表 1

工字钢截面尺寸、截面面积、理论重量及截面特性

型号	截面尺寸(mm)						截面面积 (cm²)	理论重量 (kg/m)	外表面积 (m²/m)	惯性矩 (cm⁴)		惯性半径 (cm)		截面模数 (cm³)	
	h	b	d	t	r	r_1				I_x	I_y	i_x	i_y	W_x	W_y
10	100	68	4.5	7.6	6.5	3.3	14.33	11.3	0.432	245	33.0	4.14	1.52	49.0	9.72
12	120	74	5.0	8.4	7.0	3.5	17.80	14.0	0.493	436	46.9	4.95	1.62	72.7	12.7
12.6	126	74	5.0	8.4	7.0	3.5	18.10	14.2	0.505	488	46.9	5.20	1.61	77.5	12.7
14	140	80	5.5	9.1	7.5	3.8	21.50	16.9	0.553	712	64.4	5.76	1.73	102	16.1
16	160	88	6.0	9.9	8.0	4.0	26.11	20.5	0.621	1130	93.1	6.58	1.89	141	21.2
18	180	94	6.5	10.7	8.5	4.3	30.74	24.1	0.681	1660	122	7.36	2.00	185	26.0
20a	200	100	7.0	11.4	9.0	4.5	35.55	27.9	0.742	2370	158	8.15	2.12	237	31.5
20b	200	102	9.0	11.4	9.0	4.5	39.55	31.1	0.746	2500	169	7.96	2.06	250	33.1
22a	220	110	7.5	12.3	9.5	4.8	42.10	33.1	0.817	3400	225	8.99	2.31	309	40.9
22b	220	112	9.5	12.3	9.5	4.8	46.50	36.5	0.821	3570	239	8.78	2.27	325	42.7
24a	240	116	8.0	13.0	10.0	5.0	47.71	37.5	0.878	4570	280	9.77	2.42	381	48.4
24b	240	118	10.0	13.0	10.0	5.0	52.51	41.2	0.882	4800	297	9.57	2.38	400	50.4
25a	250	116	8.0	13.0	10.0	5.0	48.51	38.1	0.898	5020	280	10.2	2.40	402	48.3
25b	250	118	10.0	13.0	10.0	5.0	53.51	42.0	0.902	5280	309	9.94	2.40	423	52.4
27a	270	122	8.5	13.7	10.5	5.3	54.52	42.8	0.958	6550	345	10.9	2.51	485	56.6
27b	270	124	10.5	13.7	10.5	5.3	59.92	47.0	0.962	6870	366	10.7	2.47	509	58.9
28a	280	122	8.5	13.7	10.5	5.3	55.37	43.5	0.978	7110	345	11.3	2.50	508	56.6
28b	280	124	10.5	13.7	10.5	5.3	60.97	47.9	0.982	7480	379	11.1	2.49	534	61.2
30a	300	126	9.0	14.4	11.0	5.5	61.22	48.1	1.031	8950	400	12.1	2.55	597	63.5
30b	300	128	11.0	14.4	11.0	5.5	67.22	52.8	1.035	9400	422	11.8	2.50	627	65.9
30c	300	130	13.0	14.4	11.0	5.5	73.22	57.5	1.039	9850	445	11.6	2.46	657	68.5

《热轧型钢》(GB/T 706—2016)(节选)

续上表

型号	截面尺寸(mm)						截面面积 (cm²)	理论重量 (kg/m)	外表面积 (m²/m)	惯性矩 (cm⁴)		惯性半径 (cm)		截面模数 (cm³)	
	h	b	d	t	r	r_1				I_x	I_y	i_x	i_y	W_x	W_y
32a	320	130	9.5	15.0	11.5	5.8	67.12	52.7	1.084	11100	460	12.8	2.62	692	70.8
32b	320	132	11.5	15.0	11.5	5.8	73.52	57.7	1.088	11600	502	12.6	2.61	726	76.0
32c	320	134	13.5	15.0	11.5	5.8	79.92	62.7	1.092	12200	544	12.3	2.61	760	81.2
36a	360	136	10.0	15.8	12.0	6.0	76.44	60.0	1.185	15800	552	14.4	2.69	875	81.2
36b	360	138	12.0	15.8	12.0	6.0	83.64	65.7	1.189	16500	582	14.1	2.64	919	84.3
36c	360	140	14.0	15.8	12.0	6.0	90.84	71.3	1.193	17300	612	13.8	2.60	962	87.4
40a	400	142	10.5	16.5	12.5	6.3	86.07	67.6	1.285	21700	660	15.9	2.77	1090	93.2
40b	400	144	12.5	16.5	12.5	6.3	94.07	73.8	1.289	22800	692	15.6	2.71	1140	96.2
40c	400	146	14.5	16.5	12.5	6.3	102.1	80.1	1.293	23900	727	15.2	2.65	1190	99.6
45a	450	150	11.5	18.0	13.5	6.8	102.4	80.4	1.411	32200	855	17.7	2.89	1430	114
45b	450	152	13.5	18.0	13.5	6.8	111.4	87.4	1.415	33800	894	17.4	2.84	1500	118
45c	450	154	15.5	18.0	13.5	6.8	120.4	94.5	1.419	35300	938	17.1	2.79	1570	122
50a	500	158	12.0	20.0	14.0	7.0	119.2	93.6	1.539	46500	1120	19.7	3.07	1860	142
50b	500	160	14.0	20.0	14.0	7.0	129.2	101	1.543	48600	1170	19.4	3.01	1940	146
50c	500	162	16.0	20.0	14.0	7.0	139.2	109	1.547	50600	1220	19.0	2.96	2080	151
55a	550	166	12.5	21.0	14.5	7.3	134.1	105	1.667	62900	1370	21.6	3.19	2290	164
55b	550	168	14.5	21.0	14.5	7.3	145.1	114	1.671	65600	1420	21.2	3.14	2390	170
55c	550	170	16.5	21.0	14.5	7.3	156.1	123	1.675	68400	1480	20.9	3.08	2490	175
56a	560	166	12.5	21.0	14.5	7.3	135.4	106	1.687	65600	1370	22.0	3.18	2340	165
56b	560	168	14.5	21.0	14.5	7.3	146.6	115	1.691	68500	1490	21.6	3.16	2450	174
56c	560	170	16.5	21.0	14.5	7.3	157.8	124	1.695	71400	1560	21.3	3.16	2550	183
63a	630	176	13.0	22.0	15.0	7.5	154.6	121	1.862	93900	1700	24.5	3.31	2980	193
63b	630	178	15.0	22.0	15.0	7.5	167.2	131	1.866	98100	1810	24.2	3.29	3160	204
63c	630	180	17.0	22.0	15.0	7.5	179.8	141	1.870	102000	1920	23.8	3.27	3300	214

注:表中 r、r_1 的数据用于孔型设计,不做交货条件。

附表 2

槽钢截面尺寸、截面面积、理论重量及截面特性

型号	截面尺寸 (mm)						截面面积 (cm^2)	理论重量 (kg/m)	外表面积 (m^2/m)	惯性矩 (cm^4)			惯性半径 (cm)		截面模数 (cm^3)		重心距离 (cm)
	h	b	d	t	r	r_1				I_x	I_y	I_{y1}	i_x	i_y	W_x	W_y	Z_0
5	50	37	4.5	7.0	7.0	3.5	6.925	5.44	0.226	26.0	8.30	20.9	1.94	1.10	10.4	3.55	1.35
6.3	63	40	4.8	7.5	7.5	3.8	8.446	6.63	0.262	50.8	11.9	28.4	2.45	1.19	16.1	4.50	1.36
6.5	65	40	4.3	7.5	7.5	3.8	8.292	6.51	0.267	55.2	12.0	28.3	2.54	1.19	17.0	4.59	1.38
8	80	43	5.0	8.0	8.0	4.0	10.24	8.04	0.307	101	16.6	37.4	3.15	1.27	25.3	5.79	1.43
10	100	48	5.3	8.5	8.5	4.2	12.74	10.0	0.365	198	25.6	54.9	3.95	1.41	39.7	7.80	1.52
12	120	53	5.5	9.0	9.0	4.5	15.36	12.1	0.423	346	37.4	77.7	4.75	1.56	57.7	10.2	1.62
12.6	126	53	5.5	9.0	9.0	4.5	15.69	12.3	0.435	391	38.0	77.1	4.95	1.57	62.1	10.2	1.59
14a	140	58	6.0	9.5	9.5	4.8	18.51	14.5	0.480	564	53.2	107	5.52	1.70	80.5	13.0	1.71
14b	140	60	8.0	9.5	9.5	4.8	21.31	16.7	0.484	609	61.1	121	5.35	1.69	87.1	14.1	1.67
16a	160	63	6.5	10.0	10.0	5.0	21.95	17.2	0.538	866	73.3	144	6.28	1.83	108	16.3	1.80
16b	160	65	8.5	10.0	10.0	5.0	25.15	19.8	0.542	935	83.4	161	6.10	1.82	117	17.6	1.75
18a	180	68	7.0	10.5	10.5	5.2	25.69	20.2	0.569	1270	98.6	190	7.04	1.96	141	20.0	1.88
18b	180	70	9.0	10.5	10.5	5.2	29.29	23.0	0.600	1370	111	210	6.84	1.95	152	21.5	1.84
20a	200	73	7.0	11.0	11.0	5.5	28.83	22.6	0.654	1780	128	244	7.86	2.11	178	24.2	2.01
20b	200	75	9.0	11.0	11.0	5.5	32.83	25.8	0.658	1910	144	268	7.64	2.09	191	25.9	1.95
22a	220	77	7.0	11.5	11.5	5.8	31.83	25.0	0.709	2390	158	298	8.67	2.23	218	28.2	2.10
22b	220	79	9.0	11.5	11.5	5.8	36.23	28.5	0.713	2570	176	326	8.42	2.21	234	30.1	2.03
24a	240	78	7.0			6.0	34.21	26.9	0.752	3050	174	325	9.45	2.25	254	30.5	2.10
24b	240	80	9.0			6.0	39.01	30.6	0.756	3280	194	355	9.17	2.23	274	32.5	2.03
24c	240	82	11.0			6.0	43.81	34.4	0.760	3510	213	388	8.96	2.21	293	34.4	2.00
25a	250	78	7.0	12.0	12.0	6.0	34.91	27.4	0.722	3370	176	322	9.82	2.24	270	30.6	2.07
25b	250	80	9.0	12.0	12.0	6.0	39.91	31.3	0.776	3530	196	353	9.41	2.22	282	32.7	1.98
25c	250	82	11.0	12.0	12.0	6.0	44.91	35.3	0.780	3690	218	384	9.07	2.21	295	35.9	1.92

续上表

型号		截面尺寸 (mm)					截面面积 (cm^2)	理论重量 (kg/m)	外表面积 (m^2/m)	惯性矩 (cm^4)			惯性半径 (cm)		截面模数 (cm^3)		重心距离 (cm)
	h	b	d	t	r	r_1				I_x	I_y	I_{y1}	i_x	i_y	W_x	W_y	Z_0
27a	270	82	7.5	12.5	12.5	6.2	39.27	30.8	0.826	4360	216	393	10.5	2.34	323	35.5	2.13
27b		84	9.5				44.67	35.1	0.830	4690	239	428	10.3	2.31	347	37.7	2.06
27c		86	11.5				50.07	39.3	0.834	5020	261	467	10.1	2.28	372	39.8	2.03
28a	280	82	7.5	12.5	12.5	6.2	40.02	31.4	0.846	4760	218	388	10.9	2.33	340	35.7	2.10
28b		84	9.5				45.62	35.8	0.850	5130	242	428	10.6	2.30	366	37.9	2.02
28c		86	11.5				51.22	40.2	0.854	5500	268	463	10.4	2.29	393	40.3	1.95
30a	300	85	7.5	13.5	13.5	6.8	43.89	34.5	0.897	6050	260	467	11.7	2.43	403	41.1	2.17
30b		87	9.5				49.89	39.2	0.901	6500	289	515	11.4	2.41	433	44.0	2.13
30c		89	11.5				55.89	43.9	0.905	6950	316	560	11.2	2.38	463	46.4	2.09
32a	320	88	8.0	14.0	14.0	7.0	48.50	38.1	0.947	7600	305	552	12.5	2.50	475	46.5	2.24
32b		90	10.0				54.90	43.1	0.951	8140	336	593	12.2	2.47	509	49.2	2.16
32c		92	12.0				61.30	48.1	0.955	8690	374	643	11.9	2.47	543	52.6	2.09
36a	360	96	9.0	16.0	16.0	8.0	60.89	47.8	1.053	11900	455	818	14.0	2.73	650	63.5	2.44
36b		98	11.0				68.09	53.5	1.057	12700	497	880	13.6	2.70	703	66.9	2.37
36c		100	13.0				75.29	59.1	1.061	13400	536	948	13.4	2.67	746	70.0	2.34
40a	400	100	10.5	18.0	18.0	9.0	75.04	58.9	1.144	17600	592	1070	15.3	2.81	879	78.8	2.49
40b		102	12.5				83.04	65.2	1.148	18600	640	1140	15.0	2.78	932	82.5	2.44
40c		104	14.5				91.04	71.5	1.152	19700	688	1220	14.7	2.75	986	86.2	2.42

注：表中 $r、r_1$ 的数据用于孔型设计，不做交货条件。

附表 3 等边角钢截面尺寸、截面面积、理论重量及截面特性

型号	截面尺寸 (mm) b	d	r	截面面积 (cm²)	理论重量 (kg/m)	外表面积 (m²/m)	惯性矩 (cm⁴) I_x	I_{x1}	I_{x0}	I_{y0}	惯性半径 (cm) i_x	i_{x0}	i_{y0}	截面模数 (cm³) W_x	W_{x0}	W_{y0}	重心距离 (cm) Z_0
2	20	3	3.5	1.132	0.89	0.078	0.40	0.81	0.63	0.17	0.59	0.75	0.39	0.29	0.45	0.20	0.60
		4		1.459	1.15	0.077	0.50	1.09	0.78	0.22	0.58	0.73	0.38	0.36	0.55	0.24	0.64
2.5	25	3		1.432	1.12	0.098	0.82	1.57	1.29	0.34	0.76	0.95	0.49	0.46	0.73	0.33	0.73
		4		1.859	1.46	0.097	1.03	2.11	1.62	0.43	0.74	0.93	0.48	0.59	0.92	0.40	0.76
3.0	30	3		1.749	1.37	0.117	1.46	2.71	2.31	0.61	0.91	1.15	0.59	0.68	1.09	0.51	0.85
		4		2.276	1.79	0.117	1.84	3.63	2.92	0.77	0.90	1.13	0.58	0.87	1.37	0.62	0.89
3.6	36	3	4.5	2.109	1.66	0.141	2.58	4.68	4.09	1.07	1.11	1.39	0.71	0.99	1.61	0.76	1.00
		4		2.756	2.16	0.141	3.29	6.25	5.22	1.37	1.09	1.38	0.70	1.28	2.05	0.93	1.04
		5		3.382	2.65	0.141	3.95	7.84	6.24	1.65	1.08	1.36	0.70	1.56	2.45	1.00	1.07
4	40	3	5	2.359	1.85	0.157	3.59	6.41	5.69	1.49	1.23	1.55	0.79	1.23	2.01	0.96	1.09
		4		3.086	2.42	0.157	4.60	8.56	7.29	1.91	1.22	1.54	0.79	1.60	2.58	1.19	1.13
		5		3.792	2.98	0.156	5.53	10.7	8.76	2.30	1.21	1.52	0.78	1.96	3.10	1.39	1.17
4.5	45	3	5	2.659	2.09	0.177	5.17	9.12	8.20	2.14	1.40	1.76	0.89	1.58	2.58	1.24	1.22
		4		3.486	2.74	0.177	6.65	12.2	10.6	2.75	1.38	1.74	0.89	2.05	3.32	1.54	1.26
		5		4.292	3.37	0.176	8.04	15.2	12.7	3.33	1.37	1.72	0.88	2.51	4.00	1.81	1.30
		6		5.077	3.99	0.176	9.33	18.4	14.8	3.89	1.36	1.70	0.80	2.95	4.64	2.06	1.33
5	50	3	5.5	2.971	2.33	0.197	7.18	12.5	11.4	2.98	1.55	1.96	1.00	1.96	3.22	1.57	1.34
		4		3.897	3.06	0.197	9.26	16.7	14.70	3.82	1.54	1.94	0.99	2.56	4.16	1.96	1.38
		5		4.803	3.77	0.196	11.2	20.90	17.8	4.54	1.53	1.92	0.98	3.13	5.03	2.31	1.42
		6		5.688	4.46	0.196	13.1	25.1	20.7	5.42	1.52	1.91	0.98	3.68	5.85	2.63	1.46

续上表

型号	截面尺寸 (mm)				截面面积 (cm^2)	理论重量 (kg/m)	外表面积 (m^2/m)	惯性矩 (cm^4)				惯性半径 (cm)			截面模数 (cm^3)			重心距离 (cm)
	b	d		r				I_x	I_{x1}	I_{x0}	I_{y0}	i_x	i_{x0}	i_{y0}	W_x	W_{x0}	W_{y0}	Z_0
5.6	56	3		6	3.343	2.62	0.221	10.2	17.6	16.1	4.24	1.75	2.20	1.13	2.48	4.08	2.02	1.48
		4			4.39	3.45	0.220	13.2	23.4	20.9	5.46	1.73	2.18	1.11	3.24	5.28	2.52	1.53
		5			5.415	4.25	0.220	16.0	29.3	25.4	6.61	1.72	2.17	1.10	3.97	6.42	2.98	1.57
		6			6.42	5.04	0.220	18.7	35.3	29.7	7.73	1.71	2.15	1.10	4.68	7.49	3.40	1.61
		7			7.404	5.81	0.219	21.2	41.2	33.6	8.82	1.69	2.13	1.09	5.36	8.49	3.80	1.64
		8			8.367	6.57	0.219	23.6	47.2	37.4	9.89	1.68	2.11	1.09	6.03	9.44	4.16	1.68
6	60	5		6.5	5.829	4.58	0.236	19.9	36.1	31.6	8.21	1.85	2.33	1.19	4.59	7.44	3.48	1.67
		6			6.914	5.43	0.235	23.4	43.3	36.9	9.60	1.83	2.31	1.18	5.41	8.70	3.98	1.70
		7			7.977	6.26	0.235	26.4	50.7	41.9	11.0	1.82	2.29	1.17	6.21	9.88	4.45	1.74
		8			9.02	7.08	0.235	29.5	58.0	46.7	12.3	1.81	2.27	1.17	6.98	11.0	4.88	1.78
6.3	63	4		7	4.978	3.91	0.248	19.0	33.4	30.2	7.89	1.96	2.46	1.26	4.13	6.78	3.29	1.70
		5			6.143	4.82	0.248	23.2	41.7	36.8	9.57	1.94	2.45	1.25	5.08	8.25	3.90	1.74
		6			7.288	5.72	0.247	27.1	50.1	43.0	11.2	1.93	2.43	1.24	6.00	9.66	4.46	1.78
		7			8.412	6.60	0.247	30.9	58.6	49.0	12.8	1.92	2.41	1.23	6.88	11.0	4.98	1.82
		8			9.515	7.47	0.247	34.5	67.1	54.6	14.3	1.90	2.40	1.23	7.75	12.3	5.47	1.85
		10			11.66	9.15	0.246	41.1	84.3	64.9	17.3	1.88	2.36	1.22	9.39	14.6	6.36	1.93
7	70	4		8	5.570	4.37	0.275	26.4	45.7	41.8	11.0	2.18	2.74	1.40	5.14	8.44	4.17	1.86
		5			6.876	5.40	0.275	32.2	57.2	51.1	13.3	2.16	2.73	1.39	6.32	10.3	4.95	1.91
		6			8.160	6.41	0.275	37.8	68.7	59.9	15.6	2.15	2.71	1.38	7.48	12.1	5.67	1.95
		7			9.424	7.40	0.275	43.1	80.3	68.4	17.8	2.14	2.69	1.38	8.59	13.8	6.34	1.99
		8			10.67	8.37	0.274	48.2	91.9	76.4	20.0	2.12	2.68	1.37	9.68	15.4	6.98	2.03

续上表

型号	截面尺寸 (mm)			截面面积 (cm^2)	理论重量 (kg/m)	外表面积 (m^2/m)	惯性矩 (cm^4)				惯性半径 (cm)			截面模数 (cm^3)			重心距离 (cm)
	b	d	r				I_x	I_{x1}	I_{x0}	I_{y0}	i_x	i_{x0}	i_{y0}	W_x	W_{x0}	W_{y0}	Z_0
7.5	75	5	9	7.412	5.82	0.295	40.0	70.6	63.3	16.6	2.33	2.92	1.50	7.32	11.9	5.77	2.04
		6		8.797	6.91	0.294	47.0	84.6	74.4	19.5	2.31	2.90	1.49	8.64	14.0	6.67	2.07
		7		10.16	7.98	0.294	53.6	98.7	85.0	22.2	2.30	2.89	1.48	9.93	16.0	7.44	2.11
		8		11.50	9.03	0.294	60.0	113	95.1	24.9	2.28	2.88	1.47	11.2	17.9	8.19	2.15
		9		12.83	10.1	0.294	66.1	127	105	27.5	2.27	2.86	1.46	12.4	19.8	8.89	2.18
		10		14.13	11.1	0.293	72.0	142	114	30.1	2.26	2.84	1.46	13.6	21.5	9.56	2.22
8	80	5	9	7.912	6.21	0.315	48.8	85.4	77.3	20.3	2.48	3.13	1.60	8.34	13.7	6.66	2.15
		6		9.397	7.38	0.314	57.4	103	91.0	23.7	2.47	3.11	1.59	9.87	16.1	7.65	2.19
		7		10.86	8.53	0.314	65.6	120	104	27.1	2.46	3.10	1.58	11.4	18.4	8.58	2.23
		8		12.30	9.66	0.314	73.5	137	117	30.4	2.44	3.08	1.57	12.8	20.6	9.46	2.27
		9		13.73	10.8	0.314	81.1	154	129	33.6	2.43	3.06	1.56	14.3	22.7	10.3	2.31
		10		15.13	11.9	0.313	88.4	172	140	36.8	2.42	3.04	1.56	15.6	24.8	11.1	2.35
9	90	6	10	10.64	8.35	0.354	82.8	146	131	34.3	2.79	3.51	1.80	12.6	20.6	9.95	2.44
		7		12.30	9.66	0.354	94.8	170	150	39.2	2.78	3.50	1.78	14.5	23.6	11.2	2.48
		8		13.94	10.9	0.353	106	195	169	44.0	2.76	3.48	1.78	16.4	26.6	12.4	2.52
		9		15.57	12.2	0.353	118	219	187	48.7	2.75	3.46	1.77	18.3	29.4	13.5	2.56
		10		17.17	13.5	0.353	129	244	204	53.3	2.74	3.45	1.76	20.1	32.0	14.5	2.59
		12		20.31	15.9	0.352	149	294	236	62.2	2.71	3.41	1.75	23.6	37.1	16.5	2.67

续上表

型号	截面尺寸 (mm)			截面面积 (cm²)	理论重量 (kg/m)	外表面积 (m²/m)	惯性矩 (cm⁴)				惯性半径 (cm)			截面模数 (cm³)			重心距离 (cm)
	b	d	r				I_x	I_{x1}	I_{x0}	I_{y0}	i_x	i_{x0}	i_{y0}	W_x	W_{x0}	W_{y0}	Z_0
10	100	6	12	11.93	9.37	0.393	115	200	182	47.9	3.10	3.90	2.00	15.7	25.7	12.7	2.67
		7		13.80	10.8	0.393	132	234	209	54.7	3.09	3.89	1.99	18.1	29.6	14.3	2.71
		8		15.64	12.3	0.393	148	267	235	61.4	3.08	3.88	1.98	20.5	33.2	15.8	2.76
		9		17.46	13.7	0.392	164	300	260	68.0	3.07	3.86	1.97	22.8	36.8	17.2	2.80
		10		19.26	15.1	0.392	180	334	285	74.4	3.05	3.84	1.96	25.1	40.3	18.5	2.84
		12		22.80	17.9	0.391	209	402	331	86.8	3.03	3.81	1.95	29.5	46.8	21.1	2.91
		14		26.26	20.6	0.391	237	471	374	99.0	3.00	3.77	1.94	33.7	52.9	23.4	2.99
		16		29.63	23.3	0.390	263	540	414	111	2.98	3.74	1.94	37.8	58.6	25.6	3.06
11	110	7	12	15.20	11.9	0.433	177	311	281	73.4	3.41	4.30	2.20	22.1	36.1	17.5	2.96
		8		17.24	13.5	0.433	199	355	316	82.4	3.40	4.28	2.19	25.0	40.7	19.4	3.01
		10		21.26	16.7	0.432	242	445	384	100	3.38	4.25	2.17	30.6	49.4	22.9	3.09
		12		25.20	19.8	0.431	283	535	448	117	3.35	4.22	2.15	36.1	57.6	26.2	3.16
		14		29.06	22.8	0.431	321	625	508	133	3.32	4.18	2.14	41.3	65.3	29.1	3.24
12.5	125	8	14	19.75	15.5	0.492	297	521	471	123	3.88	4.88	2.50	32.5	53.3	25.9	3.37
		10		24.37	19.1	0.491	362	652	574	149	3.85	4.85	2.48	40.0	64.9	30.6	3.45
		12		28.91	22.7	0.491	423	783	671	175	3.83	4.82	2.46	41.2	76.0	35.0	3.53
		14		33.37	26.2	0.490	482	916	764	200	3.80	4.78	2.45	54.2	86.4	39.1	3.61
		16		37.74	29.6	0.489	537	1050	851	224	3.77	4.75	2.43	60.9	96.3	43.0	3.68

续上表

型号	截面尺寸 (mm)			截面面积 (cm^2)	理论重量 (kg/m)	外表面积 (m^2/m)	惯性矩 (cm^4)				惯性半径 (cm)			截面模数 (cm^3)			重心距离 (cm)
	b	d	r				I_x	I_{x1}	I_{x0}	I_{y0}	i_x	i_{x0}	i_{y0}	W_x	W_{x0}	W_{y0}	Z_0
14	140	10	14	27.37	21.5	0.551	515	915	817	212	4.34	5.46	2.78	50.6	82.6	39.2	3.82
		12		32.51	25.5	0.551	604	1100	959	249	4.31	5.43	2.76	59.8	96.9	45.0	3.90
		14		37.57	29.5	0.550	689	1280	1090	284	4.28	5.40	2.75	68.8	110	50.5	3.98
		16		42.54	33.4	0.549	770	1470	1220	319	4.26	5.36	2.74	77.5	123	55.6	4.06
15	150	8	14	23.75	18.6	0.592	521	900	827	215	4.69	5.90	3.01	47.4	78.0	38.1	3.99
		10		29.37	23.1	0.591	638	1130	1010	262	4.66	5.87	2.99	58.4	95.5	45.5	4.08
		12		34.91	27.4	0.591	749	1350	1190	308	4.63	5.84	2.97	69.0	112	52.4	4.15
		14		40.37	31.7	0.590	856	1580	1360	352	4.60	5.80	2.95	79.5	128	58.8	4.23
		15		43.06	33.8	0.590	907	1690	1440	374	4.59	5.78	2.95	84.6	136	61.9	4.27
		16		45.74	35.9	0.589	958	1810	1520	395	4.58	5.77	2.94	89.6	143	64.9	4.31
16	160	10	16	31.50	24.7	0.630	780	1370	1240	322	4.98	6.27	3.20	66.7	109	52.8	4.31
		12		37.44	29.4	0.630	917	1640	1460	377	4.95	6.24	3.18	79.0	129	60.7	4.39
		14		43.30	34.0	0.629	1050	1910	1670	432	4.92	6.20	3.16	91.0	147	68.2	4.47
		16		49.07	38.5	0.629	1180	2190	1870	485	4.89	6.17	3.14	103	165	75.3	4.55
18	180	12	16	42.24	33.2	0.710	1320	2330	2100	543	5.59	7.05	3.58	101	165	78.4	4.89
		14		48.90	38.4	0.709	1510	2720	2410	622	5.56	7.02	3.56	116	189	88.4	4.97
		16		55.47	43.5	0.709	1700	3120	2700	699	5.54	6.98	3.55	131	212	97.8	5.05
		18		61.96	48.6	0.708	1880	3500	2990	762	5.50	6.94	3.51	146	235	105	5.13

续上表

型号	截面尺寸 (mm)				截面面积 (cm²)	理论重量 (kg/m)	外表面积 (m²/m)	惯性矩 (cm⁴)				惯性半径 (cm)			截面模数 (cm³)			重心距离 (cm)
	b	d		r				I_x	I_{x1}	I_{x0}	I_{y0}	i_x	i_{x0}	i_{y0}	W_x	W_{x0}	W_{y0}	Z_0
20	200	14		18	54.64	42.9	0.788	2100	3730	3340	864	6.20	7.82	3.98	145	236	112	5.46
		16			62.01	48.7	0.788	2370	4270	3760	971	6.18	7.79	3.96	164	266	124	5.54
		18			69.30	54.4	0.787	2620	4810	4160	1080	6.15	7.75	3.94	182	294	136	5.62
		20			76.51	60.1	0.787	2870	5350	4550	1180	6.12	7.72	3.93	200	322	147	5.69
		24			90.66	71.2	0.785	3340	6460	5290	1380	6.07	7.64	3.90	236	374	167	5.87
22	220	16		21	68.67	53.9	0.866	3190	5680	5060	1310	6.81	8.59	4.37	200	326	154	6.03
		18			76.75	60.3	0.866	3540	6400	5620	1450	6.79	8.55	4.35	223	361	168	6.11
		20			84.76	66.5	0.865	3870	7110	6150	1590	6.76	8.52	4.34	245	395	182	6.18
		22			92.68	72.8	0.865	4200	7830	6670	1730	6.73	8.48	4.32	267	429	195	6.26
		24			100.5	78.9	0.864	4520	8550	7170	1870	6.71	8.45	4.31	289	461	208	6.33
		26			108.3	85.0	0.864	4830	9280	7690	2000	6.68	8.41	4.30	310	492	221	6.41
25	250	18		24	87.84	69.0	0.985	5270	9380	8370	2170	7.75	9.76	4.97	290	473	224	6.84
		20			97.05	76.2	0.984	5780	10400	9180	2380	7.72	9.73	4.95	320	519	243	6.92
		22			106.2	83.3	0.983	6280	11500	9970	2580	7.69	9.69	4.93	349	564	261	7.00
		24			115.2	90.4	0.983	6770	12500	10700	2790	7.67	9.66	4.92	378	608	278	7.07
		26			124.2	97.5	0.982	7240	13600	11500	2980	7.64	9.62	4.90	406	650	295	7.15
		28			133.0	104	0.982	7700	14600	12200	3180	7.61	9.58	4.89	433	691	311	7.22
		30			141.8	111	0.981	8160	15700	12900	3380	7.58	9.55	4.88	461	731	327	7.30
		32			150.5	118	0.981	8600	16800	13600	3570	7.56	9.51	4.87	488	770	342	7.37
		35			163.4	128	0.980	9240	18400	14600	3850	7.52	9.46	4.86	527	827	364	7.48

注：截面图中的 $r_1 = 1/3d$ 及表中 r 的数据用于孔型设计，不做交货条件。

附表 4

不等边角钢截面尺寸、截面面积、理论重量及截面特性

型号	截面尺寸 (mm) B	b	d	r	截面面积 (cm²)	理论重量 (kg/m)	外表面积 (m²/m)	惯性矩 (cm⁴) I_x	I_{x1}	I_y	I_{y1}	I_u	惯性半径 (cm) i_x	i_y	i_u	截面模数 (cm³) W_x	W_y	W_u	$\tan\alpha$	重心距离 (cm) X_0	Y_0
2.5/1.6	25	16	3	3.5	1.162	0.91	0.080	0.70	1.56	0.22	0.43	0.14	0.78	0.44	0.34	0.43	0.19	0.16	0.392	0.42	0.86
			4		1.499	1.18	0.079	0.88	2.09	0.27	0.59	0.17	0.77	0.43	0.34	0.55	0.24	0.20	0.381	0.46	0.90
3.2/2	32	20	3		1.492	1.17	0.102	1.53	3.27	0.46	0.82	0.28	1.01	0.55	0.43	0.72	0.30	0.25	0.382	0.49	1.08
			4		1.939	1.52	0.101	1.93	4.37	0.57	1.12	0.35	1.00	0.54	0.42	0.93	0.39	0.32	0.374	0.53	1.12
4/2.5	40	25	3	4	1.890	1.48	0.127	3.08	5.39	0.93	1.59	0.56	1.28	0.70	0.54	1.15	0.49	0.40	0.385	0.59	1.32
			4		2.467	1.94	0.127	3.93	8.53	1.18	2.14	0.71	1.36	0.69	0.54	1.49	0.63	0.52	0.381	0.63	1.37
4.5/2.8	45	28	3	5	2.149	1.69	0.143	4.45	9.10	1.34	2.23	0.80	1.44	0.79	0.61	1.47	0.62	0.51	0.383	0.64	1.47
			4		2.806	2.20	0.143	5.69	12.1	1.70	3.00	1.02	1.42	0.78	0.60	1.91	0.80	0.66	0.380	0.68	1.51
5/3.2	50	32	3	5.5	2.431	1.91	0.161	6.24	12.5	2.02	3.31	1.20	1.60	0.91	0.70	1.84	0.82	0.68	0.404	0.73	1.60
			4		3.177	2.49	0.160	8.02	16.7	2.58	4.45	1.53	1.59	0.90	0.69	2.39	1.06	0.87	0.402	0.77	1.65
5.6/3.6	56	36	3	6	2.743	2.15	0.181	8.88	17.5	2.92	4.7	1.73	1.80	1.03	0.79	2.32	1.05	0.87	0.408	0.80	1.78
			4		3.590	2.82	0.180	11.5	23.4	3.76	6.33	2.23	1.79	1.02	0.79	3.03	1.37	1.13	0.408	0.85	1.82
			5		4.415	3.47	0.180	13.9	29.3	4.49	7.94	2.67	1.77	1.01	0.78	3.71	1.65	1.36	0.404	0.88	1.87
6.3/4	63	40	4	7	4.058	3.19	0.202	16.5	33.3	5.23	8.63	3.12	2.02	1.14	0.88	3.87	1.70	1.40	0.398	0.92	2.04
			5		4.993	3.92	0.202	20.0	41.6	6.31	10.9	3.76	2.00	1.12	0.87	4.74	2.07	1.71	0.396	0.95	2.08
			6		5.908	4.64	0.201	23.4	50.0	7.29	13.1	4.34	1.96	1.11	0.86	5.59	2.43	1.99	0.393	0.99	2.12
			7		6.802	5.34	0.201	26.5	58.1	8.24	15.5	4.97	1.98	1.10	0.86	6.40	2.78	2.29	0.389	1.03	2.15
7/4.5	70	45	4	7.5	4.553	3.57	0.226	23.2	45.9	7.55	12.3	4.40	2.26	1.29	0.98	4.86	2.17	1.77	0.410	1.02	2.24
			5		5.609	4.40	0.225	28.0	57.1	9.13	15.4	5.40	2.23	1.28	0.98	5.92	2.65	2.19	0.407	1.06	2.28
			6		6.644	5.22	0.225	32.5	68.4	10.6	18.6	6.35	2.21	1.26	0.98	6.95	3.12	2.59	0.404	1.09	2.32
			7		7.658	6.01	0.225	37.2	80.0	12.0	21.8	7.16	2.20	1.25	0.97	8.03	3.57	2.94	0.402	1.13	2.36

续上表

型号	截面尺寸 (mm)				截面面积 (cm^2)	理论重量 (kg/m)	外表面积 (m^2/m)	惯性矩 (cm^4)					惯性半径 (cm)			截面模数 (cm^3)			$tan\alpha$	重心距离 (cm)	
	B	b	d	r				I_x	I_{x1}	I_y	I_{y1}	I_u	i_x	i_y	i_u	W_x	W_y	W_u		X_0	Y_0
7.5/5	75	50	5	8	6.126	4.81	0.245	34.9	70.0	12.6	21.0	7.41	2.39	1.44	1.10	6.83	3.3	2.74	0.435	1.17	2.40
			6		7.260	5.70	0.245	41.1	84.3	14.7	25.4	8.54	2.38	1.42	1.08	8.12	3.88	3.19	0.435	1.21	2.44
			8		9.467	7.43	0.244	52.4	113	18.5	34.2	10.9	2.35	1.40	1.07	10.5	4.99	4.10	0.429	1.29	2.52
			10		11.59	9.10	0.244	62.7	141	22.0	43.4	13.1	2.33	1.38	1.06	12.8	6.04	4.99	0.423	1.36	2.60
8/5	80	50	5	8	6.376	5.00	0.255	42.0	85.2	12.8	21.1	7.66	2.56	1.42	1.10	7.78	3.32	2.74	0.388	1.14	2.60
			6		7.560	5.93	0.255	49.5	103	15.0	25.4	8.85	2.56	1.41	1.08	9.25	3.91	3.20	0.387	1.18	2.65
			7		8.724	6.85	0.255	56.2	119	17.0	29.8	10.2	2.54	1.39	1.08	10.6	4.48	3.70	0.384	1.21	2.69
			8		9.867	7.75	0.254	62.8	136	18.9	34.3	11.4	2.52	1.38	1.07	11.9	5.03	4.16	0.381	1.25	2.73
9/5.6	90	56	5	9	7.212	5.66	0.287	60.5	121	18.3	29.5	11.0	2.90	1.59	1.23	9.92	4.21	3.49	0.385	1.25	2.91
			6		8.557	6.72	0.286	71.0	146	21.4	35.6	12.9	2.88	1.58	1.23	11.7	4.96	4.13	0.384	1.29	2.95
			7		9.881	7.76	0.286	81.0	170	24.4	41.7	14.7	2.86	1.57	1.22	13.5	5.70	4.72	0.382	1.33	3.00
			8		11.18	8.78	0.286	91.0	194	27.2	47.9	16.3	2.85	1.56	1.21	15.3	6.41	5.29	0.380	1.36	3.04
10/6.3	100	63	6	10	9.618	7.55	0.320	99.1	200	30.9	50.5	18.4	3.21	1.79	1.38	14.6	6.35	5.25	0.394	1.43	3.24
			7		11.11	8.72	0.320	113	233	35.3	59.1	21.0	3.20	1.78	1.38	16.9	7.29	6.02	0.394	1.47	3.28
			8		12.58	9.88	0.319	127	266	39.4	67.9	23.5	3.18	1.77	1.37	19.1	8.21	6.78	0.391	1.50	3.32
			10		15.47	12.1	0.319	154	333	47.1	85.7	28.3	3.15	1.74	1.35	23.3	9.98	8.24	0.387	1.58	3.40
10/8	100	80	6	10	10.64	8.35	0.354	107	200	61.2	103	31.7	3.17	2.40	1.72	15.2	10.2	8.37	0.627	1.97	2.95
			7		12.30	9.66	0.354	123	233	70.1	120	36.2	3.16	2.39	1.72	17.5	11.7	9.60	0.626	2.01	3.00
			8		13.94	10.9	0.353	138	267	78.6	137	40.6	3.14	2.37	1.71	19.8	13.2	10.8	0.625	2.05	3.04
			10		17.17	13.5	0.353	167	334	94.7	172	49.1	3.12	2.35	1.69	24.2	16.1	13.1	0.622	2.13	3.12

续上表

型号	截面尺寸 (mm)				截面面积 (cm²)	理论重量 (kg/m)	外表面积 (m²/m)	惯性矩 (cm⁴)					惯性半径 (cm)			截面模数 (cm³)			$\tan\alpha$	重心距离 (cm)	
	B	b	d	r				I_x	I_{x1}	I_y	I_{y1}	I_u	i_x	i_y	i_u	W_x	W_y	W_u		X_0	Y_0
11/7	110	70	6	10	10.64	8.35	0.354	133	266	42.9	69.1	25.4	3.54	2.01	1.54	17.9	7.90	6.53	0.403	1.57	3.53
			7		12.30	9.66	0.354	153	310	49.0	80.8	29.0	3.53	2.00	1.53	20.6	9.09	7.50	0.402	1.61	3.57
			8		13.94	10.9	0.353	172	354	54.9	92.7	32.5	3.51	1.98	1.53	23.3	10.3	8.45	0.401	1.65	3.62
			10		17.17	13.5	0.353	208	443	65.9	117	39.2	3.48	1.96	1.51	28.5	12.5	10.3	0.397	1.72	3.70
12.5/8	125	80	7	11	14.10	11.1	0.403	228	455	74.4	120	43.8	4.02	2.30	1.76	26.9	12.0	9.92	0.408	1.80	4.01
			8		15.99	12.6	0.403	257	520	83.5	138	49.2	4.01	2.28	1.75	30.4	13.6	11.2	0.407	1.84	4.06
			10		19.71	15.5	0.402	312	650	101	173	59.5	3.98	2.26	1.74	37.3	16.6	13.6	0.404	1.92	4.14
			12		23.35	18.3	0.402	364	780	117	210	69.4	3.95	2.24	1.72	44.0	19.4	16.0	0.400	2.00	4.22
14/9	140	90	8	12	18.04	14.2	0.453	366	731	121	196	70.8	4.50	2.59	1.98	38.5	17.3	14.3	0.411	2.04	4.50
			10		22.26	17.5	0.452	446	913	140	246	85.8	4.47	2.56	1.96	47.3	21.2	17.5	0.409	2.12	4.58
			12		26.40	20.7	0.451	522	1100	170	297	100	4.44	2.54	1.95	55.9	25.0	20.5	0.406	2.19	4.66
			14		30.46	23.9	0.451	594	1280	192	349	114	4.42	2.51	1.94	64.2	28.5	23.5	0.403	2.27	4.74
15/9	150	90	8	12	18.84	14.8	0.473	442	898	123	196	74.1	4.84	2.55	1.98	43.9	17.5	14.5	0.364	1.97	4.92
			10		23.26	18.3	0.472	539	1120	149	246	89.9	4.81	2.53	1.97	54.0	21.4	17.7	0.362	2.05	5.01
			12		27.60	21.7	0.471	632	1350	173	297	105	4.79	2.50	1.95	63.8	25.1	20.8	0.359	2.12	5.09
			14		31.86	25.0	0.471	721	1570	196	350	120	4.76	2.48	1.94	73.3	28.8	23.8	0.356	2.20	5.17
			15		33.95	26.7	0.471	764	1680	207	376	127	4.74	2.47	1.93	78.0	30.5	25.3	0.354	2.24	5.21
			16		36.03	28.3	0.470	806	1800	217	403	134	4.73	2.45	1.93	82.6	32.3	26.8	0.352	2.27	5.25

续上表

型号	截面尺寸 (mm)				截面面积 (cm²)	理论重量 (kg/m)	外表面积 (m²/m)	惯性矩 (cm⁴)				惯性半径 (cm)			截面模数 (cm³)			$\tan\alpha$	重心距离 (cm)	
	B	b	d	r				I_x	I_{x1}	I_y	I_{y1}	I_u	i_x	i_y	i_u	W_x	W_y	W_u		X_0	Y_0
16/10	160	100	10	13	25.32	19.9	0.512	669	1360	205	337	122	5.14	2.85	2.19	62.1	26.6	21.9	0.390	2.28	5.24
			12		30.05	23.6	0.511	785	1640	239	406	142	5.11	2.82	2.17	73.5	31.3	25.8	0.388	2.36	5.32
			14		34.71	27.2	0.510	896	1910	271	476	162	5.08	2.80	2.16	84.6	35.8	29.6	0.385	2.43	5.40
			16		39.28	30.8	0.510	1000	2180	302	548	183	5.05	2.77	2.16	95.3	40.2	33.4	0.382	2.51	5.48
18/11	180	110	10	14	28.37	22.3	0.571	956	1940	278	447	167	5.80	3.13	2.42	79.0	32.5	26.9	0.376	2.44	5.89
			12		33.71	26.5	0.571	1120	2330	325	539	195	5.78	3.10	2.40	93.5	38.3	31.7	0.374	2.52	5.98
			14		38.97	30.6	0.570	1290	2720	370	632	222	5.75	3.08	2.39	108	44.0	36.3	0.372	2.59	6.06
			16		44.14	34.6	0.569	1440	3110	412	726	249	5.72	3.06	2.38	122	49.4	40.9	0.369	2.67	6.14
20/12.5	200	125	12	14	37.91	29.8	0.641	1570	3190	483	788	286	6.44	3.57	2.74	117	50.0	41.2	0.392	2.83	6.54
			14		43.87	34.4	0.640	1800	3730	551	922	327	6.41	3.54	2.73	135	57.4	47.3	0.390	2.91	6.62
			16		49.74	39.0	0.639	2020	4260	615	1060	366	6.38	3.52	2.71	152	64.9	53.3	0.388	2.99	6.70
			18		55.53	43.6	0.639	2240	4790	677	1200	405	6.35	3.49	2.70	169	71.7	59.2	0.385	3.06	6.78

注：截面图中的 $r_1=1/3d$ 及表中 r 的数据用于孔型设计，不做交货条件。

参 考 文 献

[1] 哈尔滨工业大学理论力学教研室. 理论力学[M]. 8版. 北京:高等教育出版社,2016.
[2] 孙训方,方孝淑,关来泰. 材料力学[M]. 6版. 北京:高等教育出版社,2019.
[3] 徐道远,黄孟生,朱为玄,等. 材料力学[M]. 南京:河海大学出版社,2004.
[4] 贾启芬,李昀泽. 工程力学[M]. 天津:天津大学出版社,2003.
[5] 林贤根. 土木工程力学[M]. 2版. 北京:机械工业出版社,2006.
[6] 李轮,宋林锦. 结构力学[M]. 3版. 北京:人民交通出版社,2008.
[7] 孟祥林. 工程力学[M]. 北京:机械工业出版社,2009.